거주의 의미

Meaning of Human Dwelling

-거주인간학과 도시건축-

거주인간학과 도시건축

거주의 의미

Meaning of Human Dwelling

민병호

삶에 빛을 더하는 친구들, 아내,

그리고

단 기 에게

서 문

도시 짓고 집 지으며 사는 일에서 인간에 대한 말 많이 하지만 이 말이 왠지 서글퍼 보이는 듯도 싶고. 누구나 삶의 질이 이렇다 저렇다 말하는데 이것도 좀 헛헛하다 느껴지는, 21세기에 우리는 산다. 무언가 알고 나면 그렇게 어려울 것 같지도 않을 텐데, 우린 한번도 제대로 생각해본 적 없고 누구한테 똑바르게 들어본 적도 없다. 인간이 무언지, 삶이 무언지, 질은 또 무언지? 잘 모르면서 우린 그래도 말을 많이 했다. 그림도 많이 그렸다. 실수도 좀 한 것 같다.

하기야 우린 너무 바쁘게, 혹은 무언가를 두려워하며, 허겁지겁 일해왔다. 생각할 것도 많고 할 일도 끝이 없는데, 뒤쳐지고 있다는 느낌은 결코 받고 싶지 않은 탓이다. 세상이 이런데 사실 우리 중 누구에게도 책임을 묻기는 어려울 성싶다. 오늘따라 청년들, 젊고 어린 학생들이 더 쉽게 보인다. 누구도 속 알맹이 하나를 제대로 보여준 적이 없다. 사람을 위한다는 것이 어떤 것인지에 대해, 인간을 위한 도시건축이 무엇인지에 대해. 가슴이 저리고, 답답하다.

그래서 도시건축에 몸담은 우리가 지금 인간의 거주를 말하려는 것이다. 거주는 사람이 산다는 일이다. 무언가를 찾아 움직인다는 일이다. 이 일에는 도시나 동네나 아파트 같은 장치의 세계가 늘 있다. 우린 이것이 사람들을 향해 제대로 작동하는지, 산다는 일과 옳게 함께 가고 있는지를 말하고 싶은 것이다. 이 책은 결국 사람이 사람답게, 아름답게 거주한다는 일의 해답을 의미meaning에서 찾으려 하였다. 진실로, 삶에서 이루어지길 바라는 무언가를 위해 각자는 한시라도 거주라는 작동을 멈추지 못한다. 이것이 결국 삶의 목적 아닌가! 도시건축은 이 일을 위한 것 아닌가!

수많은 사람들에 대한 연민을 뿌리 삼아, 사람과 삶 그리고 주위를 둘러싼 세계 같은 것들에 관한 깨달음을 진심으로 구하고 또 구하다 보면, 인간다움의 진실된 뜻을 이해할 수 있다. 도시나 집 같은 장치의 세계도 한번 잘 지어볼 수 있다. 우린 잘 할 수 있다.

인간, 삶, 세계, 존재, 의미 같은 것들에 관해 영감을 준 분들, 후설, 하이데거, 데카르트, 하버마스, 이남인, 윤후명, 도종환, 문태준, 파올로 코엘료, 히라노 게이치로 같은 분들께 감사 드린다. 동료 교수님들과 제자들과 가족에게 송구스럽고, 출판사도 고맙다. 책의 초안을 삼분지 일쯤 써 내려갔을 때 불현듯 깨달았다. 진실로, 진실로 나의 말 속에 휴머니티 영혼이 살아있다면 그 분의 은공이요, 그렇지 않다면 내 몸을 찢고 영혼을 돌로 치소서.

2007년, 민 병 호

목 차

프롤로그

소개: 거주, 의미, 세계

책의 뜻을 한 눈에 읽고 싶어할 독자를 위해 전체에 관한 독자와 필자 사이 편안한 대화로부터 시작해보자. 온 내용을 일견하기 위해선 목차를 읽는 게 제격이지만, 의도했건 의도하지 않았건 대개 목차는 해답보다는 호기심을 부르는 쪽으로 짜여 있기 쉽다. 이를 대신해서 여기 프롤로그는 일부러 좀 볼륨 있게 만들어졌는데, 한 호흡에 일차로 전체를 훑어보고 싶은 독자를 위한 소개서라고 해도 좋을 듯싶다. 이 큰 호흡을 위해선 거주 그리고 이를 구성하는 인간, 세계, 경험, 의미, 소재 등 다섯 가지 축에 대한 해명이 있어야 한다. 우린 지금부터 사람의 거주에 관한 이야기를 해야 한다. 그리고 이야기를 이 다섯 가지 축으로 풀어가려 할 것이다. 지금은 먼저 거주 그리고 의미와 세계부터 소개해보자.

거주 — 누가 갑자기 거주가 무어냐고 물으면 우린 대개 덤덤해진다. 삶이 무언지를 말하라 해도 막막해질 것이며, 어떤 거주가 좋고 어떤 거주가 나쁜 것인지를 물어도 마찬가지이다. 거주라고 하면 흔히 집, 동네, 도시의 형상을 먼저 떠올리게 되고, 이를테면 일렬로 선 아파트나 길고 두껍게 뻗은 도로를 생각하기 십상이다.

평소엔 까맣게 잊고 지내다가 어디 아프기라도 해야 비로소 존재를 깨닫는 신체의 일부처럼, 거주라는 일은 집에 고장이 나거나 가족이 이사를 가거나 주택을 구입하는 일 같은 어떤 계기에 접하지 않고서는 좀처럼 모습을 드러내지 않는다. 집을 짓거나 실무자가 도시를 계획하는 때처럼, 큰 일이 닥쳐서야 비로소 거주는 우리 의식의 잘 보이는 쪽으로 나타난다. 지금은 사라진 그러나 한때 삶을 함께 구성했던 절친한 친구나 애인을 새롭게 회상하듯이, 무슨 변화가 있고 나서야 '그렇구나, 너는 존재하고 있었구나!' 하고 깨닫게 된다. 우린 지금 삶의 바로 곁에서 그것과 함께 흘러가고 있는 이 거주라는 문제를 명석하게 이해하려 한다. 나는 살아있다. 나는 거주한다. 그러므로 나는 존재한다.

거주란 자신의 의식을 곧추세우고 왜 자신이 삶의 한가운데 있게 되었는지를 깨닫는 일이다. 마치 서로가 다르다는 사실을 인정함으로써 서로를 이해하게 되는 자석의 양극과 같이, 거주란 자기를 다른 모든 것과 구분하는 것, 그럼으로써 자기 자리를 찾는 것과 같다. 거주의 문제를 이처럼 존재론적 사색으로 풀어 이해하려 한 내용은 이 책의 1장에 들어있다. 거주가 무엇인지를 말하고자 한 부분인데, 형식과 형태와 물상의 옷을 벗어버리고 순수한 인간 가슴으로 거주는 '그냥 집이 아니야, 그것은 집과 삶의 합이야!' 라고 외치는 어떤 인간학의 초병쯤 되는 부분이라고나 할까?

의미 — 고장이 나거나 이사 가거나 집을 짓는 일 같은 심상찮은 문제가 닥치면 그때 우린 사람이 집에서 산다는 일에 대해 조금 진지해진다. 혹시 동네가 산산이 파괴되는 비극에라도 접하게 되면 그땐 돌연히 모습을 드러내는 집과 삶, 도시와 인간존재의 관계를 전율과 함께 실감하게 된다. 잘 산다는 게 무얼까? 도대체 무엇을 위해 사는 것일까? 아니, 문제를 크게 벌리진 말고, 좋은 집은 어떤 것이며, 삶의 그 무엇 때문에 우린 도시와 건축에 대해 말하는 것일까? 꼭 인식의 부침을 건드리는 심상찮은 계기가 아니더라도, 매일같이 어김없이 우리 겨드랑이를 스쳐가는 일상의 눈높이로 문제를 볼 수 있다면.

하지만 좁아서 불편하다거나 가까워서 좋다거나 마루바닥이 깔끔하다거나 하는 간편한 지각 정도의 수준을 넘나드는 예컨대 의식의 수준까지를 포함한다면, 지금 우리가 말하려는 의미란 철학이나 문학이나 종교나 교육과 같은 인문학 전체가 끊임없이 추구하는 인간의 행복, 사랑, 자유, 충만, 성장과 같은 영원한 명제들과 크게 다르지 않을 것이다. 우리 거주가 상식적이지만 실제 도달하긴 어려운 이런 의의학적 의미에 다다르게 될 때 우리 삶은 진정으로 인간적인 삶이 될 것이다! 지금까진 잘 몰랐던, 어쩌면 모르기 때문에 말할 수 없었던, 하지만 알았더라면 지금과는 다른 희열과 감동과 충만감을 맛보았을 것 같은 우리 거주의 짜릿한 종착. 책의 2장에서는 의미란 무엇인가를 서술하고 있다. 살면서 혹시 자신도 모르는 사이에 우린 눈에 보이는 세상을 눈에 보이지 않는 어떤 다른 언어로 변환하여 마음 속에 담아두고 있는 것은 아닌지?

세계 — 개개인을 둘러싼 수많은 외적 요소와 영향력들. 시인 김수영의 외침처럼, 나 또는 우리를 중심 삼아 '직선으로 혹은 대각선으로 맞닥뜨리는 것 같은' 외계의 자극들. 몇 차례 공들여 걸러내지 않고서는 도저히 어찌해보기 힘든 저 바깥세상으로부터의 엄청난 공세들. 거주가 세계 속의 절차일진대 (필자는 이것이 우리 논의의 전제이며 소여라고 생각하는데, 이점에 대해서는 어느 누구도 토를 달지 않을 것으로 믿는다), 발끝에서부터 저 너머 보이지 않는 곳까지 연장되는 외적 세계는 거주의 모든 순간에 거주에게 있어서 이를테면 넓디넓은 밭이다. 동시에 그것은 밭을 이루는 흙과 돌과 물이며 '하늘과 바람과 별'이며 그 속의 농작물이다. 나와 내 거주는 이 거대한 경작지 안에 있으며, 경작지를 구성한다. 그리고 경작한다! 그리하여 의미란 오직 이 밭으로부터 거둬들이는 열매이며 삶에 관한 시(詩)이다. 우린 말할 수 있다. 의미는 자기 자신만으로는 나오지 않는다. 그것은 인간과 세계로부터 나온다. 세계 속에서의 자기 경작, 그리고 세계와의 하나됨으로부터.

인간, 경험, 소재

돌연 각성제 이야기를 꺼내 느닷없다 싶지만 이 책에는 거주와 의미와 세계에 관한 몇 개의 각성제가 들어있다. 표현이 좀 일방적인 듯한데, 여기서 각성이라 말한 의도는 지금 우리에겐 우리가 통상 쉽게 지나치기 쉬운 몇 가지 상식적 교리를 새롭게 깨우쳐야 할 성품이 필요하다는 뜻이다. 이 교리라 함은 다름아니라 방금 소개를 마친 거주, 의미, 세계의 삼의론적 관계에 관한 것이다. 이 관계로부터 우리가 앞으로 설명할 거주의 나머지 세 키워드 즉 인간, 경험, 소재가 나온다.

인간 — 거주와 의미의 뜻이 합치면 사람이 산다는 것 그리고 사람이 무엇을 위해 사는가에 관한 내용을 말해준다. 무엇을 위해 나는 여기 사는가? 우리 거주 인간학에선 처음부터 끝까지 인간이 중심이다. 세계 내 자아로서, 삶이라는 끝없는 탐구의 주체로서 사람을 뿌리로 삼는다. 거주란 자기 존재의 의미와 산다는 일의 가치를 탐구하는 일이다. 당연히 그 목적은 인간으로서 존립의 타당성을 찾는데 있다. 이것이 인간의 조건이고 인간적임의 필연이다.

간단하다. 각자는 요구와 목표와 기대와 예감을 가지고 있고, 꿈과 소망과 갈망을 지니고 있으며, 열정과 의지로 자신을 무장하고 있다. 우린 이것을 잊지 말아야 한다. 자기 존재의 정당성에 관한 끝없는 의문, 미래를 더 낫게 만들고자 하는 자아 불충족의 순환 같은 것들을 주머니에 챙겨 넣고 사람은 거주 속으로 뛰어든다. 하이데거의 말처럼, 이 목마름 때문에 사람은 '세계 내 자아' 가 된다.

우리가 집이나 동네나 도시 같은 거주세계를 만드는 목적은 인간을 위함이며 그들의 목마름을 채우기 위함이다. 세계를 만드는 모든 일은 삶이 무엇을 얻으려 하며 어디로 향하려 하는가라는 물음을 전제로 삼는다. 사람은 계속되는 갈증으로 혹은 행복, 사랑, 자유, 충만, 성장과 같은 것들에 대한 열정으로 세계의 밭을 경작하려 할 것이다. 그리하여 세계의 원래 색을 변화시킬 것이다. 변화된 색은 틀림없이 자기 속의 이성이나 감정과 같은 언어로 만들어진 자기 마음의 색과 닮아 있을 것이다. 이와 관련된 내용은 책의 3장 '의미를 말하는 이유' 에 넓게 수록되어 있다.

경험 — 거주와 세계의 뜻이 합하면 사람이 세계와 만나는 경계가 된다. 삶이 세계와 맞닥뜨려 형성하는 길고 역동적인 접경이다. 사람이 어차피 자기를 둘러싼 세계 안에 있음으로 지당한 말 같지만, 사실 이 접점에서 발현되는 각가지 현상을 이해하는 일은 그렇게 수월치만은 않다. 왜냐하면 이 조우의 현장에서 세계는 온갖 대상적, 장치적 실체를 사람에게 던지기 때문이다. 덧붙여 인간은 자신의 복잡하고 가변적인 삶에 대한 의식을 이 세계적 실체들과 섞는다. 우린 현장의 이 불꽃 튀는 사건들을 경험이란 말로 함축할 수 있다. 경험이란 사람이 세계의 밭에서 의미의 열매를 수확하려 애쓰는 하나하나의 사건이다. 이 내용은 책의 4장 '의미가 오는 길'에 자세히 전개되어 있다.

몇 가지만 들어 이 접경의 정체를 들춰보자. 세계는 여러 형상과 크기의 망토를 입고 사람 앞에 나타난다. 그 안에는 여러 것들이 대상, 장치, 재료가 되어 사람의 깨달음에 영향을 가할 태세를 갖추고 있다. 여기서 대상으로는 세계의 모든 존재자들 예컨대 모든 사람(他者), 사물, 기성이념과 사회제도, 가치관, 그리고 이들이 만드는 각가지 행위와 사건이 포함될 것이다. 더불어 여기서 장치로는 인간이 세계와 만나는 모든 그라운드, 지리적 혹은 사회적 무대, 시간적 혹은 역사적 배경, 공간적 환경과 물리적 맥락, 그리고 체제나 조직이나 이념의 테두리로서 사회문화적 환경이 포함될 것이다. 그러므로 형상이나 크기를 막론하고 모든 세계는 사람, 사물, 이념제도, 가치관, 행위사건, 시간역사, 공간맥락, 조직체제, 가치집단의 합이다.

자, 이제 이 두터운 망토에 어떤 사람이 자기 창과 방패를 가지고 달려든다 치자. 이건 돈키호테의 망상이나 프로이트의 무의식과는 본질이 다르다. 실없는 제스처도 아니다. 여기엔 창과 방패라고 말한 그 사람의 존재동기와 자유의지의 명철함, 생애의 요구와 목표, 꿈과 소망, 의지와 의도의 합리성이 있다. 그리고 이들에 의해 인도되는 지극히 현실적인 삶의 절차가 있다. 이것이 경험이다.

여기서 우린 인간과 세계 사이의 접전 곧 경험을 세 가지 작용으로 해명할 것이다. 뒤에서 자세히 말하겠지만 이들은 표상화, 실행화, 의식화 작용이다. 이 세 가지란 인간이 감각을 거쳐 지각과 인지까지 가는 일차적 추론 단계, 이어서 운동력을 겸비한 실행과 행동의 단계, 실행이 끝난 후의 이차적 추론 즉 행동으로부터 현출되는 의미를 해석하는 의식화 단계를 말한다. 중도에서 그치는 경우도 없진 않겠지만 대개의 의미 있는 경험은 이 세 단계를 순항한다.

경험이 순항하면서 세계도 차례로 변한다. 냉정했던 저 외부세계가 내 주위의 근접세계로 변하며, 그것이 또 내 의미의 의식세계로 진화한다. 이렇게 보면 경험도 세 가지요 (표상화, 실행화, 의식화), 세계도 세 가지 세계이다 (경험 전의 외적 실제, 경험세계 즉 거주세계, 그리고 경험 후의 내적 의식 실재). 아, 그랬구나! 저 외부세상은 내 경험을 통해 내면의 것으로 변하는 것이구나. 이 다의적 세계와 다의적 인간 사이 접경의 아수라장이 곧 경험의 장이 될 터이다. 다시 말하지만, 책 4장의 내용이다.

소재 — 이제 마지막으로 의미와 세계의 관계를 살펴보자. 의미와 세계가 합한 것은 의미가 있는 곳이란 뜻 즉 소재(所在)가 된다. 경험이 토해놓은 그 싱싱한 의미들은 모두 어디에 숨어있을까? 의미와 세계의 뜻이 합해지는 부위에서 우린 당연히 의미세계로 탈바꿈한 본래 세계의 모습에 대해 말하지 않을 수 없다. 의미세계, 좀 전에 말한 내적 의미실재라 불리는 것은 분명 의식 속에 있는데, 이것은 본래 외적 세계가 경험을 통해 의미의 의식으로 채색된 모습을 가지고 있다. 의식이 형상을 갖춘다는 말이다.

다소 복잡해질 수 있겠지만 말을 좀 바꿔보자. 앞에서 세계는 사람의 경험을 통해 속성이 변한다 하였고, 그럼으로써 세 가지 세계가 있다 하였다. 원래의 모든 존재자가 있는 그대로의 모습으로 존재하는 저 외적 현실을 제 1세계라 한다면, 제 1세계는 경험영역 혹은 일상 거주 영역이라고 말해지는 제 2세계를 거쳐 (2세계는 반드시 1세계의 한 부분일 것이다), 꼭 필연적이라고 말할 수는 없지만 대개는 내면의 의식적 실재 혹은 초월론적 현상세계인 제 3세계로 탈바꿈한다. 이 마지막 세계는 의식에 의해 느낌으로 채색된 세계이다.

하기야 세계가 이렇게 느낌의 채색으로 탈바꿈하지 못한들 어쩔 수 없는 노릇이다. 그러나 경험이 어느 누구에게 진정 의미 있는 것이라면 그리고 그것이 삶에 관한 뜻 깊은 것이라면, 세계의 어떤 부분들은 기필코 내 의식 속에서 다채로운 운조(韻調)로 채색될 수 있지 않을까? 그렇다. 의미는 내 안에서 태어나 어느새 예의 그 본래 물질적, 사회적 현실세계 속으로 숨어들어갔는데, 채색된 상태로 있구나! 운조나 채색은 당연히 경험의 뒤안길과도 같은 하나의 산출물이라고도 하겠다. 그것이 경험을 통해 세계 속으로 다시 들어갔으니 그것은 틀림없이 세계의 대상과 장치의 밭 속에 숨어있겠다. 이를테면 사람, 사물, 이념 제도와 신조, 운동과 행위사건, 시간역사, 위치와 공간맥락, 조직체제, 가치집단 중 어느 하나 혹은 조합 속에 의미가 숨어 있을 것이다. 경험을 통해 의식 안에서 뭉클대며 형성된 의미와 존재이유에 대한 답 하나는 돌연히 의식을 벗어나 세계의 실체에 전회(轉回)된다. 의식은 사람이나 사물이나 시간이나 공간 속으로 숨어들어간다. 그래서 나는 의식을 뒤집어 보이지 않고서도 저 사람과 이 사람을 구분했고, 저 사물과 이 사물을 차별했으며, 시간이나 공간도 저것과 이것을 구별할 수 있었던 것이다.

엄밀히 말하면 경험세계는 한 사람의 의미가 전회된 부분과 의미가 실리지 않은 부분으로 나뉜다. 어느 시점에서 세계의 대상과 장치는 의식으로 변모된 부분 즉 의미를 담고 있는 것들과 그렇지 못한 부분 즉 거주의미나 삶의 목적과는 거리가 먼 것들로 배분되어 있다. 우린 당연히 전자를 한 사람의 거주의 실재reality로 받아들이고 있는 것인데, 의미를 담은 이 일상 거주의 실재가 현상학자나 비판이론가들이 말한 생활세계lebenswelt, lifeworld와 다를 바 없다 (그렇다면 후자는 키에르케고르나 사르트르가 말한 '여분의 존재', 남아도는 잉여적 존재와 상통하는 뜻일 것이다). 그렇다면 생활세계에는 의미에 관한 관념들이 있을 것이며 이것과 짝을 이루는 세계 실체적 소재들도 있을 것이다. 실재가 의미의 정보망이라면 그것은 또한 소재의 실체망이다. 사람, 사물, 시간, 공간, 제도, 체제, 집단 등의 웹이다.

만약 세계의 어떤 실체들이 인간의 행복, 사랑, 자유, 충만, 성장 등에 관한 뜻을 함유하고 있다면 이 세계야말로 우리가 찾고 있는 그 희망의 나라가 아닐까? 어느 누가 있어 세계를 만들어가는데, 이를테면 도시건축 실무자가 만드는 우리 도시건축 세계의 부분 부분이 인간의 존재나 목적을 상징하는 소재가 된다는 사실은 얼마나 황홀한 일인가! 세계의 어느 대상이나 장치가 인간의 흔적이 되어 그의 존재이유와 거주의미를 상징하고 있다니! 책의 5장이 이 내용을 현상적 소재와 형상적 소재로 다루고 있다.

실천: 의미를 향한 도시건축

후설의 권위자 이남인 교수는 실천철학으로서의 현상학을 평하면서 '발생적으로 낮은 단계의 실천'과 '발생적으로 높은 단계의 실천'을 구분하고 있다. 평소에도 좋은 이론이야말로 실천의 최선임을 강조했던 필자로서는 이보다 더 적절한 표현을 만나본 적이 없다. 낮은 단계의 실천이 비이성적이며 맹목적인 것이라면 높은 단계의 실천은 이성적 숙고가 겸비된 신중한 실천을 이른다.

물론 이 논리를 도시건축의 세계에 원전대로 적용하긴 힘들다. 그 예로 이남인 교수는 발생학적 수순을 강조하면서 낮은 수준의 실천을 높은 수준의 실천으로 나아가기 위한 전제조건 내지는 준비요건으로 본다. 하지만 우리 도시건축을 돌아보면 준비는커녕 비이성적이고 맹목적인 실천이 진화를 멈춘 채 끝없이 반복되고 있는 듯하다. 비록 그대로 수긍하긴 어려워도 낮은 실천과 높은 실천의 구분은 우리가 흔히 범하는 그러나 아직도 스스로 깨우치지 못하고 있는, 이론과 이성의 기초에서 빗나간 추상적이고 개괄적이며 임의적인 실무활동을 스스로 경계하도록 촉구하기에는 충분하다.

우린 지금 거주에 대해 인간, 세계, 경험, 의미, 소재와 같은 다섯 가지 키워드로 말하고 있다. 거주란 무엇인가? 거주는 존재의 한 방편이다. 살아있음의 뜻이며 목적과 의미를 찾는 삶을 말한다. 그러므로 거주는 다섯 가지 전부를 말한다. 거주는 인간과 세계와 경험과 의미와 소재를 포괄하면서 이들이 서로 맺고 풀어지는 상호작용의 절차를 말한다. 그러면 이제부터 거주를 설명할 이 다섯 가지 키워드들의 상호관계에 관한 몇 가지 소여를 짤막하게 제시해보기로 하자. 이 과정에서 우린 세계 내 자아의 세계 경험, 인간행동과 세계이용, 그리고 장소나 장면 혹은 라이프 프로그램과 같은 좀더 진보된 실천적 개념들을 논해야 할 것이다.

세계 내 자아의 세계 경험 그리고 행동 — 의미의 원초적 에너지는 인간 내면으로부터 태동한다. 자아가 의미를 형성하는 주체라는 말이다. 이 말이 의미의 실천에 어떤 뜻을 가지고 있는가? 의미는 가만히 기다림으로써 얻을 수 있는 것이 아니다. 외부로부터 자연스레 주어지는 것이거나 강제되는 것도 아니다. 그것은 자기 삶을 완전히 자기 것으로 만들고자 하는 자아의 내면적 동기의식으로부터 나온다. 삶에 관한 요구와 목표, 기대와 예감, 삶에서 이루어지길 바라는 소망과 뜻, 의지와 열정.

이 같은 동기의식은 사람에게 있어서 본능적이며 근원적이다. 자기 거주를 의미로운 것으로 만들고자 하는 본능적 의식 때문에 사람은 외적 세계에 자기를 던지고, 기꺼이 그것과 하나가 되어 세계와의 화합을 꾀한다. 그리하여 세계와 의미연관을 맺는다. 우리가 말하는 실천이란 삶의 의미 있음을 얻기 위한 동기를 바탕에 두고 스스로 세계와 하나가 되어 여러 현실적 결단을 수행하고 통제하는 일이다. 이것이 세계 내 자아를 뜻하며, 이것이 곧 거주이고 실천이다. 이것은 주체의, 주체를 위한, 주체에 의한 의미 취득 활동을 말한다.

왜 우린 세계와 자아가 하나임을 말하며, 세계를 객관과 주관으로 양분하려는 논리를 멀리하려는 것일까? 하이데거 철학에 빗대어 말하면, 나는 다른 모든 공존자와 함께 이 세계를 구성하는 구성원이다. 나는 세계의 모든 존재자에게로 열려있는 현존재이다. 그러므로 내가 세계와 모종의 관계를 맺고 있는 것처럼 다른 존재자도 이와 유사하거나 동등하게 세계와 관계 맺고 있음을 이해한다. 자신이 타자의 입장에서 타자가 가지고 있는 이 관계 맺음을 이해하는, 후설이 말한 타자 유비 이해와 같은 뜻이다. 말하자면 나 없는 세계가 존재할 수 없고 또 세계 없는 내가 존재할 수 없는 것인데, 이는 나의 존재가 나와 다른 존재자들 사이의 이 상호 지향적 관계에 의해 유지되기 때문이다.

물론 우린 숲(세계)을 그 숲의 밖에서 바라볼 수도 있다. 하지만 아무리 객관적으로 생각해도 밖에서 보는 숲은 이미 나와 무관하지 않다. 더욱이 이 지각적 교통만으로도 이미 숲과 나는 하나의 세계가 된다. 이 교통이 내가 의도하는 어떤 의미를 가능하게 한다. 따라서 이런 방법으로 나는 그리고 다른 존재자들 각각은 이 세계 안에서 자신의 존재 의미를 찾게 된다. 내게 있어서 세계는 전체적으로 이런 의미연관들로 이루어지게 된다. 세계 내 자아란 뜻 즉 세계 안에서 현존재 한다는 뜻은 내가 이런 의미연관에 입각하여 세계의 다른 존재자들과 구체적으로 또 기능적으로 서로 관계하면서 존재한다는 것을 뜻한다.

독자들과의 대화가 다소 어렵게 빗나간 것 같은데, 꽃밭을 예로 들어 쉽게 한번 풀어보자. (1) 세계 내 자아로서 세계 속에서 거주한다는 말은 내가 이미 꽃밭 속에 존재하며 꽃밭과 나 사이 상호지향내지는 의미연관을 추구한다는 말을 이른다. 꽃밭에는 아빠도 있고 흙과 돌과 꽃들도 있는데, 이들은 나와 마찬가지로 각각 꽃밭과 그리고 나와 어떤 구성원적 지시관계 즉 기능관계 내지는 의미관계를 지니고 있다. 이 공존적 의미관계가 없으면 꽃밭이라는 세계는 성립되지 않는다. (2) (자, 이제 이것은 이남인 교수의 논지를 인용한 것인데) 내가 꽃밭 그리고 그 속의 존재자들과 관계를 맺으려 한다는 말은 '무엇을 얻으려 노력함' 혹은 '부족한 것을 취득하려 함' 이라는 자아 의지를 함의한다. 말하자면 의미관계는 '의미를 취득하고자 활동함' 이라는, 한편으로는 목마름과 의지 그리고 다른 한편으로는 실행과 행동을 전제로 하여 형성된다. 이미 모종의 의미관계를 맺고 있다는 말에도 그 이전에 벌써 이런 동기와 의지 그리고 그 실행이 있었음을 뜻한다. (3) 꽃밭 속의 내가 만드는 이 관계 형성의 절차가 다름아닌 경험이다. 따라서 경험이란 세계의 타 존재자들을 향한 신체활동적 실행 혹은 목적을 품은 대상지향적 행동을 일컫는 말이 된다. 경험이 무의식이나 묵상 혹은 단순한 심리적, 감각적 작용을 넘는 실천 그 자체라는 뜻이다.

경험은 이처럼 '부족한 것을 취득' 하려는 합목적적 의지나 의도, 신체적 운동과 움직임, 행동과 실행을 중심으로 움직인다. 행동이 중심이다. 경험은 대상지향적인데, 그것은 직접적이고 생생한 참여, 현실행동을 내포하는 기능적 실천, 합목적적 세계이용이다. 이것은 꽃밭 속에서 신체운동을 통해 꽃밭에 대해 행동하고 꽃밭을 활용함으로써 꽃밭이 내게 주는 의미를 얻는 것과 같다.

꽃밭 속에서처럼, 분명하게도 나는 항상 어떤 세계 속에서 거주하고 있지 않은가! 엄연히 나는 세계의 어느 대상을 거주대상으로 지향하며 세계의 어느 장치를 거주장치로 사용한다. 명백히 나의 거주는 어떤 세계적 환경 안에서 진행되며 그 환경과 하나로 유지된다. 나의 본질이 변화하면 이 때문에 나와 세계와의 관계도 따라 변한다. 마찬가지로 세계의 어느 요소가 변화하면 그것과 나와의 의미연관이 따라 변한다. 거주의 의미는 이처럼 자아 속에서 발현하여 자아와 세계의 합을 유지하는 세계와 자아 사이의 합일적, 유기적 실행관계들 속에 함의된다. 경험에서 신체운동, 행동체험, 의지적 세계이용을 강조하는 이유가 여기에 있다.

장소와 장면 그리고 라이프 프로그램 — 인간의 동기, 세계 참여, 행동과 실천, 의미연관에 관한 지금까지 논의의 연장선상에서 우린 장소place, 장면life scene, 라이프 프로그램life program과 같은 보다 실천적인 개념들을 생각해볼 수 있다.

앞서 우린 경험을 표상화 단계, 실행화 단계, 의식화 단계로 구분한 바 있다. 본문에서 자세히 말하겠지만 표상은 동기와 세계의 비교이고, 실행은 행동과 실천이며, 의식화는 의미를 정의하는 의식화 그리고 의미를 세계 소재로 전회하는 의식화를 뜻한다. 최초 표상화와 마지막 의식화는 관찰이 쉽지 않은 내면적 심리작용이다. 반면에 실행화는 세계와의 의미관계를 형성하기 위한 중심인 동시에 세계 요소들에 지향된 합목적적 운동이고 행동이며 이용이다. 이들은 관찰 가능하며 조작 가능하다. 이들이 실천이고, 따라서 도시건축 실무의 유용한 도구가 된다. 우린 의미의 실천을 위한 결정적 실마리를 인간행동 내지는 세계이용이라는 눈에 보이는 사건으로부터 찾아낼 수 있다.

이 실천의 현실은 작은 사건들의 연속이다. 우린 결코 본래의 제 1 세계 전체를 경험할 수 없다. 더욱이 그 부분으로서의 거주영역 즉 경험세계도 한번에 전체를 경험할 수 없다. 경험은 그리고 경험세계는 상황situation이라 불리는 작은 단위들로 이루어져 있다. 상황은 거주의 작은 덩어리이며 경험 하나하나마다의 세포이다. 자아에게 그때그때마다 주어지고 또 관심거리로 등장하는 세계의 단면이자, 자아가 그때그때마다 처해있는 경험의 토대를 말한다. '어떤 상황에 처해 있음'과 같은 말은 흔한 표현인데, 이것은 잘게 자른 인간 동기와 세계 부분이 서로 접하는 각각의 양상 내지는 사태를 뜻한다.

상황의 이 정의는 현상학과 심리학의 개념을 응용한 것이다. 딱히 새로울 것은 없다. 하지만 한 가지 다른 점은 어느 상황이 누군가의 한 가지 이상 의미를 담게 되면 우린 이를 더 이상 상황이라 부를 수 없다는 것이다. 경험을 거쳐 의식으로 잠입한 상황, 진정 누군가의 소중한 의미를 담은 주관적 상황을 우린 장면 혹은 생활의 풍경이라 달리 일컫는다. 그러므로 장면은 의미로 채색된 사건, 의식화에 의해 한 사람의 특별한 의미가 담긴 경험단위를 뜻한다. 이처럼 특별히 부르는 이유는 거주의미를 말하는 우리에게 부득이한 일인데, 그것은 우리가 사람들의 의미가 담긴 세계와 그렇지 않은 세계를 분명히 구분해야 하기 때문이다. 일상 경험세계의 한 부분이 자아와 의미관계를 득할 때 그것이 의식세계 즉 의미실재로 변하는 것처럼, 각각의 상황도 의미를 얻으면 장면이 된다. 거주세계가 상황을 단위로 삼는 것이라면, 의식세계는 장면을 단위로 삼는다. 아래처럼 그려보자.

제 1세계 → 거주세계(제 2세계, 경험영역) → 상황

↓ 의미관계 　　↓ 의미관계

의식세계 　　장면

(제 3세계, 의미실재이며 생활세계)

인간은 동기와 의지로, 세계는 대상과 장치로, 그리고 경험은 행동

을 중심으로 이루어져 있다. 상황은 인간, 세계, 경험의 단위 합이다. 각각의 상황은 자아를 포함하여 세계의 사물, 이념, 시간, 공간, 사회조직 등 대상적 혹은 장치적 요소 그리고 세계이용 행동으로 구성되어 있다. 장면은 여기에 누군가의 감정이나 느낌 혹은 인식이나 지식 등으로 치장된 의미가 덧붙어 있는 구조가 된다. 물론 의미가 전회된 소재도 덧붙어 있다. 이를테면 한 상황과 관련하여 우린 '누가 어떤 대상에 대해 어떤 장치에서 어떻게 행동하는지'를 말한다. 장면에 대해서는 인간, 세계, 경험에 덧붙여 '그래서 그 사람에게 어떤 의미인지 그리고 의미가 어떤 소재로 상징되고 있는지'를 말할 수 있다. 이 논의는 아래와 같은 도식으로 정리된다.

거주
(인간,세계,경험,의미,소재)

인간 (동기의식의 주체)
(세계경험과 행동의 주체)

세계 (대상과 장치)
(상황 단위)

경험 (표상, 실행, 해석)
(행동체험, 세계이용)

의미 (삶의 목적, 존재가치)
(이성/지성과 감정/느낌의 합)

소재 (의미의 대상과 장치=장소)
(장면 단위, 라이프 프로그램)

지금까지의 논의로부터 우선행동, 장소, 장면, 라이프 프로그램과 같은 실천개념들이 자연스럽게 따라 나온다. 경험의 구성단위로서 상황이 인간에게 뜻 깊은 체험이 되면 의미와 소재가 덧붙여진 장면이 되고, 그렇게 되면 인간의 동기는 충족되는 것이다. 그 속의 행동은 우리가 앞으로 우선행동이라 부를 의미의 행동이 된다. 그리고 그 속의 작은 세계는 우리가 장소라고 부르는 의미의 시공간이 된다. 우선행동을 통해 세계는 장소로 함축된다. 더 나아가 장소는 장면(유의미 상황)의 배경이 된다. 그리고 장면들이 모여 개인 혹은 집단의 라이프 프로그램을 엮는다.

라이프 프로그램이란 일상경험의 계획이며 거주생활의 플랜인데, 그냥 산다는 게 아니고 삶을 뜻 깊게 그리고 존재를 타당하게 만드는 플랜을 뜻한다. 아무 대상이나 장치 그리고 하찮은 행동이 아니라 진정 소중한 장소 그리고 유의미의 우선행동들을 짜맞추는 퍼즐게임이다. 일상의 아무 객관적 상황이 아니라 퍼즐의 빈 칸을 어떤 깊은 체험을 주는 생활의 장면들로 채우는 일이다. 심리학자 브라이언 리틀의 자기과제personal project이론이 내포하고 있는 협력타자, 생활행동, 실행시간, 사용장소, 활용제도 등의 관계와 순서를 정하는 일과도 같지만, 여기서 과제는 사람의 모든 동기와 요구와 소망과 존재이유를 채우는 것이어야 한다. 그러므로 이 프로그램은 진정한 삶의 의미 예컨대 행복, 사랑, 자유, 충만, 성장에 관한 소중한 가치들을 가져다 줄 것으로 믿어지는 삶의 계획표 혹은 거주의 이정표이다. 만약 어느 실천하는 자가 이렇게 선별된 우선행동과 장소와 장면으로 라이프 프로그램을 조직할 수 있다면 그 프로그램은 자기가 뜻한 최선의 의미, 자신이 목적하는 최상의 삶의 상태에 도달할 수 있을 것이다.

독자도 이미 눈치채고 있겠지만 이 진화과정을 실천하기 위해서는 모든 관련된 것들의 우선순위를 정하는 작업이 필요하다. 어떤 것이 다른 것보다 우선인지를 가려야 할 것이며, 더 나아가 사람, 사물, 이념과 같은 대상의 순위, 시간, 공간, 사회배경과 같은 장치의 순위, 행동의 순위를 정해야 한다. 동기나 의미의 순위도 그리고 소재의 순위도 정해야 한다. 순위 개념이 없다면 실천은 뒤죽박죽 될 것이며 뜻한 바 목적도 이루기 어렵다. 우선순위가 높다 함은 삶에 중요하거나 절실하다는 것을 뜻한다. 진정한 동기와 의미에 직접적으로 관련된 것임을 말한다. 우선행동, 장소, 장면, 라이프 프로그램 등을 하나하나 가려내는 작업을 우린 실천이라 말할 수 있는데, 그 이유는 순위가 높은 것부터 실천하는 것이 목표하는 삶의 질에 도달하는데 유익하기 때문이다.

잘 들여다 보면, 정도 차이는 있겠지만, 각자의 삶을 살면서 우린 이런 계획표 하나쯤 이미 마음 속에 챙겨두고 있는 것일지도 모를 일이다. 우리가 실천이라 말하는 것은 이것을 명철한 통찰을 통해 구체화하는 일이다. 실행과 실무의 각가지 언어와 방법을 통해 세계의 형태로 현실화하는 일이다. 그러면 이렇게 다듬어진 세계에서 우린 비로소 의미다운 의미들을 풍요롭게 수확할 수 있을 것이다. 만약 라이프 프로그램을 실현한다면 세계의 여러 부분들이 장소나 장면과 같은 의미의 소재로 차곡차곡 변모할 것이며, 이 소재들로부터 사람들 삶의 의미가 퐁퐁 솟아나올 것을 기대해도 될 것 같다.

9가지 의미와 100가지 실천지침 — 바커, 검프, 위커와 같은 환경심리학자들의 연구 한 가지를 소개해 보자. 작은 학교의 학생은 학교의 여러 생활프로그램에 두루 참여해야 할 것이다. 예컨대 그 학생에게는 반장이나 학급 회장과 같은 직책, 교실 미화나 당번과 같은 일상활동, 운동회나 학예회 같은 행사 등에서 동시에 여러 역할이 부여된다. 규모가 큰 학교도 작은 학교와 별반 다를 바 없는 프로그램을 유지한다. 하지만 학생 수가 많기 때문에 개인에게 돌아가는 참여에 대한 요구는 아무래도 줄어든다. 작은 학교에서는 수동적인 학생, 겉도는 학생이 줄어들면서 개인과 학교프로그램과의 관계가 긴밀해진다. 이 원리는 큰 교회와 작은 교회의 비교에도 적용된다. 두 교회의 프로그램은 대체로 동등하지만 개개 구성원에게 요구되는 역할에는 차이가 나타난다. 큰 교회에서 개인은 의도하든 아니든 익명의 신도로 남게 될 확률이 높다. 활동과 참여의 정도, 관심과 요구의 수준에 차이가 있기 때문에 경험과 의미의 정도에도 차이가 생긴다. 두 학교의 학생들 사이 그리고 두 교회의 구성원들 사이에 학교생활 혹은 종교생활에 관한 삶의 의미에 차이가 있다는 말이다.

도시나 동네도 같은 이론으로 풀어볼 수 있다. 두 거주세계가 서로 유사한 라이프 프로그램을 가질 때 구성원이 스스로 만드는 세계, 각자의 참여가 적극 독려되는 세계와 개인이 소외되어 자연스럽게 소극적인 태도를 가지게 되는 세계 사이에는 삶의 의미에 차이가 생기게 마련이다. 예컨대 자기 삶을 지극히 사랑하는 사람 혹은 자기 집을 스스로 짓는 사람들의 거주를 보라. 또 자기 도시나 동네에 깊은 애정을 가진 참여의 거주를 보라.

하지만 우리가 살아가는 이 시대 도시건축에서 우리 각자는 어쩔 수 없는 피동체이다. 현실세계는 명백히 사람의 내면적 의미실재로 변화되어야 한다. 그럼에도 불구하고 이 현실세계는 내 삶에 무심한 어느 타자의 의도와 숙련에 의해 계획된다. 나와 인연이 전무한 타자들이 내 삶이 몸담을 나의 세계를 창조하는 것이다. 외적 영역과 내 의식 사이에 존재하는 의미의 틈은 어쩔 수 없이 나 외의 어떤 타자의 세심한 거간의 도움을 받아 메워져야 한다. 현실 속 상황과 마음 속 장면, 익명의 공간과 의미의 장소 사이의 틈을 메우는 일도 마찬가지이다. 거주의 의미를 찾아가는 각자의 실천활동 중 많은 부분이 어떤 전문적 중개인에게 떠넘겨져 버렸다고나 할까!

성급한 중개인은 사람이 무슨 경험을 할까, 어떤 행동을 해야 할까를 걱정한다. 아이들 놀이를 생각하며 놀이터를 만들고, 길에서 사람들이 서로 만날 것을 고려하여 도시 가로를 색다르게 조성한다. 같은 생각으로 그들은 산책로를 만들고 나무를 심으며 건물을 세운다. 이런 실무는 실수이다. 왜냐하면 '사람이 무슨 경험을 하고 싶어 할까'를 정확히 알기 위해 그들은 '사람이 왜 그 경험을 하고 싶어 하는가'를 반드시 먼저 이해해야 하기 때문이다. 놀이로부터 얻을 아이들의 풍요로운 삶을 이해해야만 제대로 된 놀이장소를 만들 수 있듯이, 놀이터가 아니라 아이들 놀이라는 것 자체를 먼저 생각해야 하듯이, 전문가는 사람들의 이 '왜'에 관한 의식을 먼저 해결해야 한다. 이 '왜'(의미)를 이해해야만 실무는 사람들의 삶의 뜻을 향한 행로를 끝까지 지원할 수 있다. 더 나아가 실무의 실수로 이제는 잊혀진, 지금은 사람들이 알지 못하고 경험하지 못하는, 진정으로 뜻 깊은 거주를 하나씩 보여줄 수도 있다. 이것이 실무에서 의미를 먼저 생각해야 하는 이유이다.

따라서 이 책의 마무리 부분에는 전문가의 이 전문적 거간을 배려하는 모종의 전문적 지침이 있어야 할 것으로 짐작된다. 책의 6장 중 마지막을 장식하는 9가지 대의미와 25가지 소의미 그리고 약 100가지 실무지침이 그것이다. 지침 하나하나를 들여다보면 각각에서 인간 중심의 실무, 휴머니즘의 장소, 의미의 인간 장면을 향한 도시건축적 실천의 실마리들을 찾을 수 있을 것이다. 전문가에게는 막대한 권한과 함께 막대한 책임이 주어졌다. 여기 이 지침은 이런 전문가에게 있어 다른 여러 사람들의 거주 의미를 표시하는 나침반이 되어줄지도 모를 일이다.

프롤로그는 여기서 페이지를 닫는다. 프롤로그는 뒤에서 전개될 책의 내용들을 높은 곳에서 두루 한번 훑어보기 위한 것이었다. 이를테면 야무지게 긴장된 끈과 같다. 하지만 프롤로그의 부분부분은 뒤에서 펼쳐질 페이지마다 더 크게 또 더 느슨하게 전개될 것이다. 이제 앞으로 나아가는 독자들에 의해 이 끈의 긴장이 툭툭 저절로 풀려지기를 바란다.

꽃을 든 단기. 단기는 지금 11살이다. 아파트에 산다. 단기는 좀처럼 꽃을 들지 않는다. 그에게 이 거주세계는 최상의 행복은 아닌 것 같다. 많은 부분들이 그에게 의미나 감동이나 기쁨이 없는 '여분의 존재' 인 것 같다. 이 세계는 그의 꿈과 열정, 잠재력을 충분히 충족하지 못한다. 단기의 '본래의 삶' 은 무얼까? 이사가면 나아질까? 단기는 금방 보이스카우트 생활을 접었다.

1부 인간학으로서의 거주, 그 의미

1. 거주한다는 일: 인간, 세계와 공명하다

> 인간은 기나긴 세월에 걸쳐서 무엇인가를 끊임없이 모색하고 시도한다. 그 고단한 반복을 되풀이하는 것이 인간 특유의 아름다움인지도 모른다. 성공과 실패를 거듭하는 인간의 삶, 그것은 인간답게 살고자 하는 '연습'이다. (조정래, 「인간연습」, 32쪽, 실천문학사, 2006년)

인간 거주의 많은 문제들은 그것이 이미 인격, 사회, 문화적 원인에 의해 심히 왜곡되어 있음에도 불구하고 도시, 건축, 집과 같은 물상의 언어로만 해결을 모색하려는 우리의 편협한 시각에 의해 더욱 악화되고 있다. 이 시대 우리 의식은 불안정하다. 자본, 권력, 기성이념, 과학기술적 사유, 매스미디어와 같은 외적 세력은 존재에 관한 각자 의식에 크나큰 영향력을 행사한다. 하버마스는 의식이 이들 세력에 의해 '식민지화' 되었다고 선언한다. 도시, 동네, 집에 관한 사유 이른바 도시건축도 이 외적 세력의 지배 아래 있다는 점에서 예외가 아니다. 인간 거주를 논할 때 도시건축이 자기 울타리 밖으로 나가 넓은 시야로 그것을 조망해야 하는 이유가 여기에 있다. 좁은 곳에 머무르며 물상의 관념으로 거주를 논한다면 자신이 안고 있는 의식의 식민지적 폐해를 저 인간고객들에게 전가할 뿐이다.

인간이 거주한다는 것은 무엇을 말하는가? 앞으로 우린 책 전체를 통해 거주와 세계와 도시건축을 묶는 넓디넓은 광야를 꿰뚫고 가게 될 것이다. 그러면서 의미란 무엇이며 우리가 왜 그것을 말해야 하는지, 그리고 그것은 어떻게 형성되며 또 어떻게 만들어지는지에 관해 말하게 될 것이다. 이 모든 사색의 진로를 올바르게 개척하기 위해서는 지금 '거주는 무엇인가' 라는 질문의 본질을 명확하게 알아야 한다.

거주는 거(居)와 주(住)의 합성어이다. 거(居)는 사람이 일정한 곳에 머무른다는 것을 말하며, 주(住) 역시 한 장소에 처소를 정해 살아간다 함을 뜻한다. 두 말이 서로 다르지 않으니 이것은 사람 혹은 사람들, 거처 혹은 물리공간적 조건, 살아감 혹은 머무름과 같은 세 가지 뜻의 혼합을 이른다. 어의로 보면 거주에는 주체로서의 인간, 세계의 처소적 맥락, 살아감의 절차와 과정 등 세 가지 가닥의 지속적이며 복합적인 상호교섭이란 뜻이 포함된다. 일반적으론 살아간다는 일 즉 '삶'과 동일한 말이지만 단지 살거나 머무르는 것에 그치지 않고 자기 살아감의 뜻과 머무름의 진실된 이유를 추구한다는 말과 가깝다. 더 나아가 근대 이후 철학자들이 끝없이 탐구했던 주위를 에워싼 세계와의 관계 그리고 그 한 부분으로서 도시, 동네, 집과 같은 도시건축적 세계 안에서의 실존과 연관된 일이다. 이렇게 보면 거주는 세계적 여건 속에서의 인간적 삶 그리고 그 안에서 느끼는 존재의식의 현상과 다를 바 없다. 세계 속에서의 휴머니즘 그리고 존재론적 의미가 인간 거주를 지탱한다. 무엇을 위해 이 세계에 머무르는가? 거주는 인간, 세계, 경험, 의미, 소재의 다섯 가지 개념과 떨어질 수 없다.

인간 — 거주는 자아를 정립하는 의식화 과정이다. 자신을 다른 사람과 구분하고 완전한 자아를 정의하는 일이다. 거주에는 늘 인간 그리고 인간의 의식에 대한 사유가 수반된다. 왜냐하면 인간은 감각과 지각과 표상 그리고 행동과 의식의 주체로서 거주의 엔진을 켜고 거주라는 일련의 작용에 동력을 부여하는 에너지의 근원이기 때문이다. 이렇게 보면 거주란 사람이 자기 존재의 진정한 동기를 자신의 자유의지로 실천해나가는 일과 같다.

세계 — 거주는 세계와의 대면이고 화합이며 관계 맺음이다. 세계는 존재의 탐구에 영향을 미치는 외적 세력의 발원지로서 물리적, 사건적, 사회문화적, 시공간적 객체 모두를 이른다. 자아와 공존하는 사람, 사물, 행위사건, 제도이념, 시간역사, 공간맥락, 조직체제, 가치집단 등을 포함한다. 세계는 거주의 배경이며 동시에 상대개체이다. 인간 거주에서 상대방 즉 지향대상이 없는 거주란 존립하지 않는다.

경험 — 거주는 세계의 경험에 의해 추진된다. 경험은 목적을 가진 인간 그리고 그를 둘러싼 세계, 양측이 도달하고자 하는 소통과 화합을 향한 절차로서, 인간이 의미를 터득하는 유일한 수단이다. 거주는 경험을 통해 유지된다. 경험을 거치면서 사람은 세계와 조우하고 자기 동기를 실현하며 결국 세계 속 자기 존재의 가치를 터득한다.

의미 — 인간 거주는 그것의 진정한 의미, 세계 속 존재로서 자신의 존재가치를 탐구하는 과정이다. 의미는 거주의 본질이다. 거주한다 함은 의미를 얻는다는 말과 동의어이다. 거주는 자아의 의미를 향한 존재행위 즉 실존을 향한 몸부림을 일컫는다. 실존의 일상적 탐구, 자신이 존재하고 있음을 증빙하는 그 무언가를 찾는 일과 같다.

소재 — 거주는 의미의 의식화에서 끝나지 않는다. 사람은 스스로 터득한 삶에 관한 의식을 세계의 저 존재자들로 환원한다. 거주는 의미를 세계의 실체적 소재에 담아 의식에 저장하는 일이다. 이런 점에서 거주는 세계와 의식의 일원화를 향한 과정이라고 말할 수도 있다. 이를테면 세계 내 자아를 말하며 세계와 자신을 의미의 끈으로 단단히 연결하여 세계와의 공존관계에 도달하는 상태를 뜻한다.

이처럼 우린 인간 거주를 다섯 가지로 각각 정의할 수 있다. 이들을 함께 묶어 말하면, 거주란 목적을 가진 개인 혹은 집단이 자신의 현실세계를 구성하는 각가지 존재자들과의 경험적 대면을 통해 현출되는 삶의 의미를 깨닫고 그것을 다시 나와 공존하는 세계적 소재로 환원하는 경험적 의식화 과정이다. 이제 거주의 본질에 관한 위 다섯 가지 주장의 근거를 하나씩 자세히 논의해보자 (논의의 편이를 위해 다섯 가지의 순서를 바꿔 말해야 할 것 같다. 의미에서 시작해서 세계로 그리고 인간, 경험, 소재의 순서로 진행하기로 한다).

의미론적 정의

책벌레 피요는 자신이 살던 작은 시골 도서관에서 나와 세상 밖으로 먼 여행을 시작한다. 자신은 누구이며, 책벌레라는 존재는 무엇인가? 무엇 때문에 이 세상에 태어난 것인가? 이 문제는 이제 막 글읽기를 깨우친 어린 책벌레 피요의 영혼을 괴롭힌다. 바다, 대지, 하늘, 개와 벼룩과 인간과 다른 책벌레들과 조우하고, 수많은 책들을 모두 살펴 읽는다. 책벌레는 왜 존재하는가? 해답을 찾아 떠난 위험천만한 인생여행의 끝에서 피요는 드디어 스스로 해답을 얻는다. 제일 중요한 것은 여행 즉 삶 자체이며 그 결과가 아님을 터득한다. '오랫동안 심사 숙고한 끝에 이 세상의 모든 생물은 그것 때문에 이 세상에 온 거라는 걸 깨달았어. 바로 이 세상에 왜 왔는지 물으려고 온 거야' (만수르의 동화 '책벌레 피요' 중에서). 존재의 이유는 바로 '존재의 이유를 묻는다' 는데 있었다.

거(居)하는 것은 있음being이다. 존재를 뜻한다. 세계에 머무름의 목적을 추구하는 과정이다. 그리하여 우린 스스로 묻는다. 왜 거주하는가? 그 대답은 바로 '왜 거주하는가를 묻기 위해서 거주함' 이다.

이 야릇한 문답의 본질은 간단하다. 우린 그저 생각 없이 살지 않는다. 반드시 '~을 위하여' 산다. 부족한 것을 목마르게 느끼며 그것을 채우기 위함이다. 인간 거주는 필연코 무언가를 지향하고 있다. 여기에는 필시 '~을 위해서' 라는 명제가 수반된다. 거주의 본질은 그것이 무엇을 위함인가, 그것을 통해 무엇을 찾는가를 스스로 묻는 일에 있다. 삶의 목적 역시 무엇 때문에 우리가 사는지를 정의하기 위함이다. 이처럼 거주의 정의 안에는 목적이나 가치나 이유와 같은 의미론적 정의가 함의되어 있다. 존재하는 이유는 존재의 가치를 터득하기 위해서이다. 존재하지 않는 것에는 의미를 부여할 필요가 없다. 거주함으로 우린 거주의 의미와 가치를 논할 수 있는 것이다. 거주행위 자체가 곧 삶의 목적과 존재가치를 위한 여로이며 어떤 목적된 방향으로 향하는 행로라는 말이다.

거주 자체가 곧 의미를 향한 탐구라는 이 논점에는 꽤나 데카르트다운 취향이 섞여있다. 이 세계의 현상은 우리로 하여금 이성적 추론을 요구한다. 하지만 부정과 회의(懷疑)를 거듭하다 보면 그 끝에는 무(無). 해답은 없다. 다만 우린 '생각' 이라는 과정을 거듭할 뿐이며, 이 과정 때문에 우리가 존재한다. 존재에 대한 탐구와 존재 의미에 대한 탐구에는 서로 차이가 없다. 거주의 본질이 존재에 대한 자문에 있기 때문에 그 의미에 대한 논의를 무시한 채 거주를 논할 수 없다. 반면에 우린, 같은 이유에 근거하여, 의미가 사라진 거주, 동기나 갈증이나 도전이 사라진 거주에 대해서 반드시 논해야 한다. 왜냐하면 이것은 인간 거주도 아니고 사람의 삶을 의미 있게 만드는 것도 아니기 때문이다 (따라서 우린 인간의 의미와 존재이유에 대해 말하지 않는 실무를 비판해야 한다).

인간은 누구나 꽤 진지하게 스스로 자기 존재가치에 대해 묻는 습성이 있다. 그것이 피요의 경우처럼 생애 전체에 걸쳐있는 것이든 아니면 살아가는 중에 만나는 작은 희망이나 절망에 관한 것이든, '왜 사는가' 그리고 '어떻게 사는가'의 퍼즐은 일상 부분마다의 목전에서 늘 제기된다 (필자는 왜 사는가 그리고 어떻게 사는가 이 두 가지가 같은 문제임을 지금 주장하고 있다). 말하자면 거주 중에 우린 상시적으로 또 본능적으로 그 이유에 대해 묻는다.

'거주가 곧 의미이다'라는 명제와 관련해서 세 가지만 첨언하자.

첫째, 대답은 궁극적으로 자신의 고유 문제지만 종종 우린 자신의 삶보다 타인의 삶에서 그 대답을 수월하게 얻는다. 이것을 '의미의 자기 교육'이라고 칭할 수 있다. 묻자면, 에리히 프롬은 왜 독일에서 미국으로 그리고 또 스위스로 망명한 것일까? 중학생 청년 준기는 왜 매일같이 하루 12시간 이상을 학교와 '야자' 그리고 학원에서 보내는가? 이 동네에는 아이들이 안 보이는데 왜일까? 옆방 김교수네가 서울 아파트에 살다가 경기도 양지로 옮겨간 이유는? 나는 무엇 때문에 저 사람이 좋아진 것일까? 이런 계속된 타자 유비적 추론은 종종 자기 자신의 존재가치에 관한 탐구에 대단히 유용한 실마리를 제공한다 (사실 이건 도시건축 실무가 잊지 말아야 할 연습과제이기도 하다).

둘째, 그 대답은 선험적 사색이나 관념적 추론보다는 삶과 육체를 동원한 현실적 체험에 의해 드러난다. 거주는 매우 현실적인 사업으로서 현실 참여 그리고 주위를 둘러싼 세계와의 실질적 대면에 의해 구체화된다. 이 말은 거주가 곧 세계적 활동이며 세계 내 일상운동이라는 뜻이다. 덧붙여 여기에는 지금부터 행할 모든 논의를 위한 절대적 가정들이 함의되어 있다. 이를테면 우린 목적을 가진 인간 즉 자기 존재이유에 관한 자문의 동기를 잃지 않는 인간 그리고 그 인간에 대한 현실세계의 총체적 영향력, 둘 사이의 화합과 공명에 관한 몇 가지 가정들을 중시해야 한다.

셋째, 거주는 개인 혹은 집단에 고유한 사건이다. 삶은 다른 이가 대신 살아준다거나 할 수 있는 종류의 것이 아니다. 그것이 독자적일 뿐 아니라 그것의 의미에 관해 거듭되는 자문과 답변들도 개인 혹은 집단에 고유하다. 물론 여기에는 다른 사람의 생각도 나와 같을 것이며 이들과 교류할 준비가 되어있다는 후설과 하버마스의 보편 화용론적 확신이 수반되기는 한다. 하지만 원천적으로 거주와 그 가치에 대한 결론은 유아적(唯我的) 현상이다. 더욱이 삶의 의미란 치밀한 논리에 의해 나타나는 성과가 아니다. 그것은 대개 사람의 감정이나 느낌에 가깝다. 또 미리 정해진 보편적 원리에 맞춘다거나 어떤 새로운 일반론을 창출하기 위한 것도 아니다. 그것은 개인 삶에 관한 가치론적 결론 가령 좋다, 나쁘다, 바람직하다, 행복하다와 같은 가치관에 관한 잣대이다. 거주의 고유성 그리고 가치론적 속성, 이 두 가지 이유 때문에 의미에 대한 자기 결론은 대개 예술적 성향 즉 감성이나 정서, 느낌, 기분으로서의 속성을 띠게 된다. 후설의 현상학자 이남인 교수의 말을 빌면, 이런 개인적 가치기준은 명증적이기는 하나 보편성이나 참 또는 필증성의 검증을 거치지 않는, 대개는 오류의 개연성을 함유한, 유연하고 가변적인 감정적 속성을 지니고 있다 (이점에 대해서는 2장에서 의미를 정의할 때 자세히 서술하기로 한다). 이 때문에 비록 하나의 대답이 끝없이 또 다른 질문을 낳게 되겠지만, 거주하면서 우린 자연스럽게 이성적 논리보다는 느낌이나 마음의 언어로 그 해답을 판별하게 된다. 거주도, 그 의미도, 결국 차가운 이성보다는 따뜻한 마음 속 현상일 것이다.

세계론적 정의

거주세계라고 하면 우린 흔히 집, 가족, 이웃과 같은 근접의 것들을 떠올린다. 주변이 중요하긴 하지만 한 사람의 존재영역이 집, 가족 같은 작은 범주에 한정된 것은 아니다. 눈을 좀 크게 뜨고 보면 그것이 우리가 상식적으로 짐작하는 것보다 꽤 넓은 범위에 퍼져있음을 알 수 있다. 하이데거는 건물, 거주, 사유에 관한 그의 저술에서 '건물'을 이 세계에 존재하는 모든 것이 속한 대지라고 넓혀 해석한다 (하이데거의 저서 『Poetry, Language, Thought』의 4장 'Building dwelling Thinking'). 그가 말하는 건물은 삶의 시공간적 처소이며, 그 안에는 존재하는 인간이 관계하는 모든 영역이 포함된다. 물론 한 사람의 거주세계는 아직 경험치 못한 객체까지 포함하는 드넓은 저 외적 세계의 한 부분일 것이다. 하지만 그것은 그 사람에게 있어서 상시적 경험세계이며 존재영역이다.

이 속에는 다양한 존재자들이 나와 공존하고 있다. 가족과 이웃과 친구는 물론이고 나와 어떤 의미연관을 맺고 있는 타자들, 사물과 시간과 공간과 사회문화적 구조와 이념들, 그리고 이들이 교차하면서 드러나는 각가지 사건들이 모두 이 속에 있다 (앞서 우린 이들을 사람, 사물, 제도이념과 신조, 행위사건, 시간과 역사, 공간적 위치와 지리적 맥락, 사회적 조직체제, 문화적 가치집단으로 요약하였다). 이들이 거주에 있어서 사람에게 각각 세력으로 작용한다. 하버마스가 말한 '체계'이다. 하버마스의 말을 빌면 거주세계는 타자체계, 물질체계, 제도체계, 관념체계, 사건체계로 이루어져있다 (뒤에서 우린 이들을 대상과 장치로 크게 분별하게 된다).

이 복잡한 세계 속에서의 거(居)함, 세계의 수많은 존재자들과의 상통이 곧 거주이다. 거주한다 함은 이 큰 세계 속에서 세계와 함께 존재하고 있음을 뜻한다. 거주는 넓은 세계 안에서 벌어지는 매일매일의 현실적 양상이며 그때그때마다 일상에서 드러나는 존재적 사태로 이루어져 있다. 구체적이고 다면적인 이 현실세계가 존립한다는 사실은 이처럼 거주의 전체 그리고 부분을 정의하는데 필수적이다. 세계의 존재를 제쳐두고 거주를 논할 수 없다. 그 의미 또한 세계가 있기 때문에, 세계를 대상으로 삼아 비로소 말해질 수 있다.

이 크나큰 존재감 때문에 우리 중 누구는 세계가 인간에 대해 미치는 영향력을 지나치게 강조하는 주장을 펼 수도 있다. 이들은 세계를 인간에 영향을 미치는 외적 권력의 총합으로 정의하게 된다. 이것이 삶을 '형성' 한다고 말한다. 세계가 가진 근육질의 힘센 어깨를 중히 보는 대신, 그 그림자에 가린 인간은 힘없이 흔들리는 여분의 존재로 간주하기도 한다. 하지만 이건 사실과 다르다. 이를테면 데카르트, 칸트, 후설, 하이데거, 하버마스로 이어지는 민주적 자기탐구 정신의 전통은 세계 속에 놓여진 인간의 자기 해방 즉 자유의지와 자발적 통제력에 의한 '의식의 방목' 쪽에 더 힘을 싣는다. 이 관점은 인간이 자신의 목적을 위해 세상을 이겨내는 능력을 넘어, 세상과 자신과의 균형을 찾아내는 인간의 조정능력을 강조한다. 그 어떤 것으로부터도 지배를 받지 않는 한편, 세계의 다양한 존재자들과의 공존 통로를 찾는다는 것이다.

이 관점에서 보면 거주는 세계 존재자들과 거주주체 사이에서 벌어지는 각가지 '균형적 공존 상황' 의 연속이라고 말할 수 있다. 이것은 어느 한 쪽에 지배적 힘이 실린다거나 어느 것이 다른 것들을 악의적으로 이용하고 포섭하는 관계가 아니다. 균형적 공존관계라 함은 주체와 세계가 각각 고유의 존재방식을 보유한 채 상호주관적 교류에 의해 공동의 존재의의를 만들어가는 '호혜적 존재의식' 이라고 말할 수 있다.

관계 맺음 — 세계 존재자들과의 이 균형적 공존방식을 우린 상호주관적 공존관계의 체결, 간단히 '관계 맺음' 이라고 말한다. 관계 맺음은 자아와 존재자 사이의 상호 개방적 이해와 의미연관을 뜻한다. 여기에는 세계 속에서 나와 공존하고 있는 것들을 자기 스스로를 인정하는 수준으로 인정하는 이른바 향타적(向他的) 의식이 함유되어 있다. 이 세계 속에서 거주한다 함은 나와 관계한 다른 존재자들의 동시 거주를 인정한다는 말과 같다. 그들의 거주를 있는 그대로 인정해야만 나도 그들 속에서 그들과 함께 거주할 수 있다. 이것이 세계 내 자아로서 세계와 관계 맺음의 전형적인 형식이다. 이 관계 맺음의 세 가지 독특한 성격을 간략히 제시해보자.

첫째, 이 의식에는 세계 존재자들의 존재방식 각각이 나의 존재방식과 유사할 것이라는 믿음이 토대로 작용한다. 또 그것이 나의 것과 어떤 교묘하고 긴밀한 관계의 틀을 형성하고 있다는 믿음도 작용한다. 이 두 가지 믿음 즉 타자 유비적 의식과 공동체적 신뢰의식에 의해 세계와 나는 서로 분리될 수 없는 하나의 묶음으로 일체화된다. 두 가지 의식에 의해 세계와 나의 거주는 뿔뿔이 산재해 존재할 수 없다. 이들은 공동의 규범적 틀과 상호신뢰의 관계 속에서 하나의 총체로서 그리고 분리될 수 없는 하나의 세계적 상황으로서 존재한다. 나를 포함한 하나의 작은 세계, 이건 부분들로 나누어 분석할 대상이 아니다. 울밑, 봉선화, 붉게 핀 꽃잎, 마당, 햇빛, 시절의 순환, 그리고 '나'가 모두 어떤 의미관계 아래 뭉쳐 일체화된 하나이듯이, 작은 세계 그것은 자아에게 있어서 어떤 단일한 뜻을 함유하고 있는 단일의미체이다. 하나의 의미로서 완성되는 것. 이 완성의 반복이 우리가 일상적으로 목격하는 거주의 현상이다 (이것 역시 도시건축 실무에게는 황홀한 일이다. 실무가 만든 세계가 인간과 하나의 의미체로 체험된다 함이다).

둘째, 세계와 나와의 동격체적 융합을 형성시켜주는 이 관계는 다름아닌 의미연관이다. 존재자들 상호, 특히 나와 세계 공존자들 사이의 관계는 의미를 서로 주고받음으로써 지탱된다. 가령 봉선화, 마당, 햇빛은 예상, 지각, 해석, 기억, 연상과 같은 표상의 관계로 나와 맺어진다. 이들과 나와의 관계는 어떤 표상적 의미를 내용으로 삼는, 의미의 끈으로 엮어진 관계이다. 이들은 작가 윤후명이 말한 '내 마음 속의 어떤 것' 이 된다. 이 말은 다음과 같이 정리된다. 세계와의 대면에는 그 공존자들과의 일정한 관계 맺음이 수반된다. 이 관계는 의미연관이다. 세계 속에서 거주를 지탱하기 위해서는 이들 중 어느 것들과 일정한 의미를 주고받는 관계를 체결해야 한다. 집, 가족, 동네, 이웃, 도시를 품고 있는 세계의 모든 것들은 나와의 대면을 통해 나에게 무언가를 상징할 잠재력을 늘 가지고 있다.

셋째, 이 관계 맺음은 자아정립의 일환이다. 앞서 거주는 곧 그 의미를 탐구하는 과정이라고 말한 바 있다. 여기에서 바꿔 말해보자. 나는 나의 거주를 통해 나를 둘러싼 세계와 의미론적 관계를 형성하게 된다. 세계와의 이 상호주관적 의미연관을 통해 나의 존재가치가 판명된다. 나는 누구인가, 나의 거주는 무엇을 위함인가에 대한 대답은 세계와의 의미연관으로부터 나온다는 말이다. 이것은 위에서 말한 다른 존재자들의 존재방식을 인정하는데 필요한 세 가지 조건, 즉 (1) 모든 선입관을 배제하고 자기를 비운 채 세계 존재자가 있는 그대로 나에게 드러날 수 있도록 하는 균형적 조정능력, (2) 타자의 방식이 나의 것과 동등하다는 타자 유비 의식, 그리고 (3) 공동체적 합일관계에 관한 신뢰의식에 의해 가능해진다. 나는 항상 세계 속에서 있으며, 나의 존재는 세계 존재자들과의 상호관계에 의해 정의된다. 이것이 관계 맺음인데, 이를 통해 나는 누구인지 그리고 거주는 무엇인지를 스스로 깨우칠 수 있다. 니체가 말한 '타 존재자로 향한 의지' 그리고 '자기 극복' 을 통한 자기 존재의미의 정의가 이것과 다르지 않다.

지금까지의 세계론적 정의를 요약하면 아래 도식과 같다.

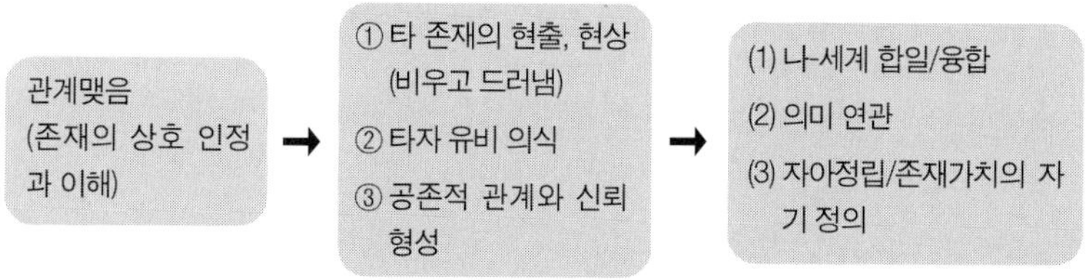

프로파일링profiling — 물론 나는 세계의 요소들 모두와 동등한 수준, 동등한 성격의 관계를 맺지는 않는다. 이는 너무 벅찰뿐더러 불가능한 일이다. 각자 일상에 대응하는 친숙한 상시적 거주세계라 할지라도 그 안에는 무척 다양하고 복잡한 요소들이 엉켜있다. 거주는 자연스럽게 그 안에서 선택적 관계 맺음의 방편을 취할 수 밖에 없다. 이 말은 상식적으로도 이해할 수 있다. 주변에 물건 열 개가 있을 때 우린 모두를 동등하게 생각하는 대신 그 중 몇 개를 더 특별하거나 유용한 것으로 선호한다. 사람들과의 관계에 있어서도 특히 더 중한 관계를 따로 골라낼 수 있다. 친구들 중에도 절친한 친구들이 따로 있으며, 꽃도 모든 꽃이 다 같지 않고 개중에 특히 곰살맞게 정감이 가는 부류가 따로 있게 마련이다.

'선택적' 이라는 말은 거주주체의 동기의식과 통하는 말이다. 삶에서의 요구, 생애목표, 자기 삶에서 나타나길 바라는 무언가에 대한 기대, 무엇을 얻고자 하는 소망과 열정과 의지는 누구에게나 있다. 이 동기의 높낮이에 따라 세계와의 의미연관이 선택적 양상을 띠게 된다.

이 동기요인 때문에 세계 존재자들과의 의미연관에 있어 각각의 의미콘텐트가 달라진다. 가령 좋은 친구가 자신에게 소중하며 또 필요하다고 믿는 사람에게 좋은 친구가 주는 의미와 예컨대 자동차가 주는 의미는 내용상 판이하게 다를 것이다. 콘텐트뿐만 아니라 각 의미가 개인에게 던지는 중요도에도 차이가 생긴다. 좋은 친구에 대한 요구를 가지고 있는 개인에게는 친구가 주는 의미가 자동차의 그것보다 더 중요하게 생각될 것이다. 중요한 것은 소중한데, 소중한 것들은 가만히 있어도 자기 혼자 소중해지지 않는다. 개인은 자신의 요구, 목적, 꿈, 소망, 의지, 열정 등을 가진 채 세계를 경험하며, 이 특별한 동기기준을 통해 몇 가지를 특히 소중한 것으로 만든다.

이 중요도는 거주주체가 행한 주관적 판단의 결과이다. 하지만 이것은 일시적 판단에 그치지 않고 개인이 의미들의 수준을 정하고 이를 통해 자기 의식세계의 질서를 재편하는데 결정적인 영향을 미친다. 왜냐하면 거주를 통한 자기 존재가치는 자신에게 특별히 중요하다고 생각되는 관계들에 의해 정해지는 것이기 때문이다. 즉 자기 삶이 얼마나 의미로운 것인지를 판단하는 기준은 중요도 순위에서 상위에 위치한 의미콘텐트에 의존한다. 이를테면 취득 가능한 열 가지 의미가 있을 때 그 중에서 과거나 현재 또는 미래의 삶의 질을 결정하는 특히 중요한 세 가지 의미의 결정력은 그 외 다른 일곱 가지 의미들의 결정력보다 월등히 강하다. 거주의 수준, 삶의 질은 이처럼 특히 중요한 세계 요소들, 상대적으로 중요한 의미콘텐트에 의해 결정된다 (도시건축 실무로서는 자신이 만든 세계의 부분들이 사람들 삶에 얼마나 '중요한' 의미로 여겨질 것인지를 생각해야 한다).

당연히 이 두 가지 중요도 즉 세계의 개별 부분들이 얼마나 중요하게 여겨지는지 그리고 각각의 의미콘텐트는 얼마나 중요한 의미인지 사이에는 대단히 높은 상관관계가 있다. 중요한 의미콘텐트를 전하는 부분은 역시 삶에 있어서 중요한 요소이며, 또 특별한 부분은 당연히 중요한 의미를 전해주기 마련이다. 그리고 거주는 세계의 이런 특별한 부분들, 중요한 의미들에 의해 좌우된다. 이것이 세계와의 '특별한 관계 맺음'이다. 책 전체를 통해 이와 같은 특별한 요소, 특별한 관계 맺음은 우선요소, 우선행동 등으로 묘사되겠지만, 이들은 이를테면 마음속의 도시공간, 소중한 느낌으로 채색된 길, 내게 특별한 이웃 등을 일컫는다.

특별한 관계 맺기. 물론 이것은 세상의 어떤 것을 내 삶에 특별히 소중하다고 느끼는 일이다. 영어로는 signification인데, 이 용어 자체가 '의미'를 뜻한다. 동시에 이것은 이 과정을 통해 나 자신을 소중한 사람으로 만드는 것이며 또 내 삶을 소중한 삶으로 만드는 일이다. 말하자면 하이데거가 말한 본래적 삶 즉 '실존'이다.

소중한 대상이 있으므로 우린 가령 삶의 까닭 없는 슬픔이나 외로움, 생활 속에 숨어있는 근거 없는 애달픔을 견뎌낼 수 있다. 기억 한 가지, 사랑하는 장소 하나, 마음 속 꽃 한 송이, 내가 의지하는 한 사람의 영혼이 삶 전체를 구원할 수 있다. 나와 귀한 의미의 끈으로 맺어진 것 하나가 자칫 산산이 부숴져 버릴 내 존재를 지탱할 수 있다.

우리 각자는 말한다. 혹자는 진실된 느낌의 글을 쓰는 일이 삶의 전부라고, 혹자는 자식과 가족을 위한 끝간 데 없는 희생 때문이라고, 혹자는 소중한 이에게 인정 받기 위해 일하는 것이 위안이 된다고, 혹자는 은밀히 숨겨둔 사연이 있어 이제 죽을 수 있다고. 마찬가지로, 소중한 것들은 이별의 슬픔도 그만큼 크다. 이별이라니? 어느 날 툭 하고 관계의 끈이 끊어져 어쩌지 못하고 그 특별한 의미의 줄을 놓치게 되면, 그것이 이별이다. 이별을 말하는 이유는 그것과 어떤 귀한 관계를 맺고 있었다는 사실 때문이며, 이별이 가슴저린 까닭은 그 관계가 특별한 것이었기 때문이다. 그것과 나 사이에는 진정 이별을 말하기 어려운 특별함이 있었다. 나는 그것에게 삶의 중요한 부분을 떼어주었다. 더욱이 그것을 내 삶의 소중한 것으로 만드는 나의 힘든 작업이 있었다. 도시건축의 어느 것들도 이처럼 누구의 삶을 뒤흔들 소중함의 대상, 가슴저린 이별의 상대가 될 수 있을까?

거주는 한 사람에게 어떤 것을 특별하게 여길 것인지의 판단을 끊임없이 요구한다. 개인은 어떤 의미콘텐트를 선택하고 어떤 것을 버릴 것인지를 시시각각 판단한다. 거주에 있어서 이 같은 의미론적 선택과 결정을 프로파일링이라 부른다. 말하자면 프로파일링은 세계에서 소중한 부분들을 선택하고 그들과 특별히 중요한 의미연관을 체결함으로써 거주를 가장 의미 있게 만드는 방법이다. 자기 내면의 동기의식과 주어진 세계 현실, 이중적 함수관계 안에서 우리 각자는 가장 의미 있는 프로파일링을 수행함으로써 가장 의미 있는 거주를 수행할 수 있다 (사람들의 세계와 생활을 책임진 도시건축 실무도 그들의 프로파일링을 이해함으로써 실무를 가장 의미 있는 것으로 만들 수 있다).

인간론적 정의

한 생애에서 인간은 얼마나 자주 변할까? 그 변화는 발전일까, 퇴보일까? 거주라고 하면 우린 막연히 한 지점에 머무른다는 고정관념을 떠올린다. 그리고 이 관념은 대개 안정, 정지, 고요를 함의하고 있다. 심지어는 정체라고까지 말할 수 있는 안식상태를 지목하기도 한다. 여기에는 또 이 정지된 삶을 담는 튼실한 장치 즉 움직이지 않는 집이나 동네 같은 뜻이 함께 담겨있다. 하지만 책벌레 피요의 인생 여정처럼 거주는 실존을 뜻하며 동시에 존재의 의미와 가치를 향한 움직임을 말한다. 이 향가치적 움직임에는 그침이 없다. 이를테면 거주는 지속적인 탐구 내지는 연속적 운동의 뜻을 담고 있다. 여기에는 하이데거가 거주와 건물을 논할 때 지적했던 것처럼 거주의 역동성, 존재의 지속적 변화가 있다.

삶은 왜 변하는 것일까? 변화의 동력은 어디서 나오는가? 이를 알기 위해 우린 거주에서 관찰되는 주체와 세계 사이 상호관계를 이해할 필요가 있다.

우린 먼저 다음과 같이 주장할 수 있다. 거주는 자기 해답을 찾아 떠나는 탐험 여행이며 존재의 목적에 다다르기 위한 모험의 행로이다. 이 주장은 두 가지 뜻을 동시에 전한다. 하나는 거주가 과정이라는 것이다. 나름대로의 존재의미 내지는 목적성을 추구하는 절차이며, 이를 통해 자아를 정의하는 과정이다. 따라서 거주는 항상 현재진행형이다. 또 하나의 뜻은 그것이 끊이지 않고 계속 이어지는 것이로되, 그 속에서 나타나는 사건 각각이 모험이나 탐구와 같은 불완전한 성격을 갖는다는 것이다. 가령 그것이 탐험이라면 탐험의 중간에는 불완전하고 위태로운 사건들이 얼마나 많은가! 이 여로에는 확정된 결론이 없다. 다만 작은 충돌과 역경이 계속될 뿐이다. 끊이지 않고 다가오는 삭풍과 미풍, 높고 낮은 파도들. 뒤에서 자세히 말하겠지만, 세계는 여기서 눈 한번 꿈쩍 않는 채 냉정하다. 다만 나는 목적과 갈망, 열정과 의지로 이들을 헤쳐나갈 뿐이다.

충돌과 역경의 진행형으로서의 거주, 작은 사건과 상황들의 소립자적 변화. 이 말은 우리가 말하는 거주의미가 하나의 완성된 결론적 덩어리로 현출되는 것이 아님을 뜻한다. 그것은 삶의 끝에서 어느 날 갑자기 큰 꾸러미에 싸여 선사되는 것이 아니다. 대신에 거주는 작은 사건들이 변화의 파고를 타고 넘실대는 과정이며, 이들이 그때그때마다 건네주는 작은 해답들이 서로 엮여 순환 진행하는, 이를테면 작은 것들의 소용돌이이다. 따라서 우리가 말하는 거주의미는 결국 작은 의미들의 묶음이며 그 복합체이다. 각각의 작은 의미는 그때마다의 사건에서, 탐험의 충돌과 역경의 상황에서 나온다. 이 각각을 우린 경험적 상황이라고 말한다. 이렇게 보면 거주는 끊임없이 변화하는 각가지 작은 상황들의 연속이다. 우리가 일상생활이라고 편하게 말하는 것이 바로 이것이다. 이 작은 상황들은 거주의 여정 안에서 각각 독특한 작은 의미들을 산출한다. 그리고 이 소립자적 의미들이 모여 생애의 전체적 의미를 구성한다.

이 소립자적 역동성을 거주의 본질로 인정할 때, 우린 한 사람의 생애를 구성하는 작은 경험상황들이 어떤 방식으로 서로 엮여 그 사람의 거주를 구성하는지에 관해 논할 수 있다. 말하자면 거주의 구조적 논의가 가능하다는 것이다. 어떤 작은 상황들이 있는지, 그것들이 서로 어떤 관계를 가지고 움직이는지에 관해 말할 수 있다. 또 각각이 어떤 의미를 산출하고 있는지 그리고 이 소립자적 의미들 각각은 전체 생애 의미에 얼마나 중요한 영향력을 지니고 있는지 추론할 수 있다. 이것이 곧 삶의 방식이며 삶의 질이다. 우린 상황이나 의미와 같은 작은 요소

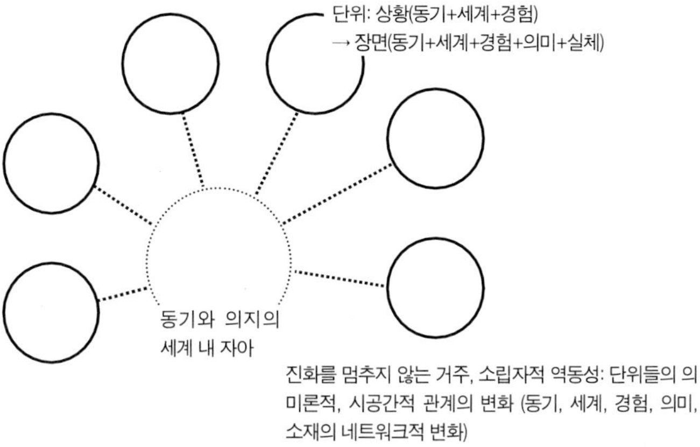

거주는 작은 경험단위 즉 상황이나 장면 그리고 소립자적 의미들의 구조이다. 각 단위는 인간동기 → 세계경험 → 단위의미 → 소재전회로 진화한 결과이다. 한 상황에 의미와 소재가 부여되면 장면(생활풍경)이 된다. 장면은 인간, 세계, 경험, 의미, 소재의 합이 만드는 단위이다. 한 사람의 거주는 장면들의 구조적 진화이다. 그것은 동기, 세계, 경험양식, 의미, 소재 각각의 변화이며 이들의 관계적 구조의 변화이다.

들이 시간적, 공간적, 의미론적으로 어떻게 구성되는지를 살펴봄으로써 한 사람의 삶의 방식을 묘사할 수 있다.

더 나아가 우린 작은 생활양상들이 만드는 구조적 역학을 이용하여 한 사람의 생애를 통틀어 현출되는 거주 방향성을 감지할 수 있다. 방향성이라 함은 거주를 구성하는 작은 사건들과 소립자적 의미들이 역동적으로 발생과 소멸을 거듭하면서 하나의 흐름을 만든다는 말이다. 어떤 사건이 언제 발생하여 얼마나 지속되는지 그리고 어떤 양상으로 흘러가는지에 따라 삶의 방향이 정해진다. 변화하는 작은 사건들, 명멸하는 일상 상황들. 거주는 변화의 운동력이다. 작은 것들 하나하나가 변화를 뜻하며, 이런 변화들이 모여 거주를 구성함으로 거주는 변화의 연속성을 지닌다. 이 역동적 흐름 안에서 작은 사건과 의미들은 탄생과 소멸, 성공과 실패, 성장과 쇠퇴, 생성과 소망(消忘, 잊혀짐)을 반복한다. 이 작은 것들의 변화 양상이 지정하는 방향으로 거주는 흘러가게 되어 있다.

이처럼 거주는 변화하며 흘러간다. 이 현란한 역동성과 방향성은 거주라는 자기 탐구의 여로에서 끊이지 않고 맞닥뜨리는 작은 사건들의 변화에 기인한다. 여기에서 우린 일상의 이 소립자적 상황의 본질에 관한 한 가지 중요한 사실을 다시 떠올리게 된다. 그것은 각 소립자에 내포된 변화의 운동력은 세계와 자아의 공명(共鳴)이라고 말해지는 세계-인간 상호관계적 의미연관의 밸런스에 기인한다는 사실이다. 거주를 구성하는 상황 각각은 세계의 한 부분과 자아의 한 부분이 서로 대치하고 있는 형국을 보인다. 작은 의미란 이 안에서 두 부분이 하나의 의미연관으로 합일함으로써 현출된다. 이 공명적 밸런스는 반드시 깨어지게 되어 있는데, 이 변화의 원인은 서로 대면하고 있는 세계나 자아 중 어느 하나로부터 나온다. 외적 세계의 어느 한편이 꿈틀대거나 아니면 자아가 스스로 탈바꿈을 모색하면서 대치형국의 변화에 시동이 걸리게 되어있다. 어느 하나의 최초 운동력에 대해 다른 하나가 동반변화를 보이는 경우 우린 이것을 공명이라고 말한다. 이 동반변화에 의해 다음 단계의 밸런스가 형성된다. 그리고 이 공명의 연속이 거주의 역동성과 방향성을 좌우한다.

그러나 만약 어느 하나가 움직이는데 다른 하나가 대응을 보이지 않는다면 어떨까? 세계와 자아가 공명하며 진화하지 못하고 서로 충돌, 소멸할 때는 어떨까? 당연히 거주의 작은 경험적 사건들이 나타나지 않을 것이며, 거주에 있어서 변화도 생기지 않을뿐더러, 거주의 진행동력 자체가 상실될 것이다. 작은 의미들이 현출되지 않음으로 그 구조적 양상을 논할 수도 없다. 더욱이 거주의 의미에 관해 논할 그 어떤 토대도 찾을 수 없다. 죽은 거주라고나 할까?

여기서 우린 중요한 한 가지 사실에 주목한다. 그것은 자아의 변화적 자극에 의해 세계는 반드시 공명하지만, 세계의 변화적 자극에 의해 자아가 반드시 공명하는 것은 아니라는 사실이다. 이것은 인간이 주도권을 장악하고 있다는 말과 같다. 작은 상황 그때그때마다 의미를 함께 만들어가는 이 둘은 항시 대면하고 있는 서로의 상대이긴 하지만 불평등한 무게중심에 의해 편향된 역할을 가지고 있다. 가령 세계는 변화를 모색하는 자아의 작은 움직임에도 즉각적이며 실용적인 대응을 보인다. 왜냐하면 거주를 위해 자아는 반드시 세계를 필요로 하며, 세계는 거주를 담는 그릇이고 배경일뿐 아니라 사람이 필요로 하는 재료를 제공함으로써 거주를 가능케 하기 때문이다. 반면에 자아는 세계의 작은 미동에 대해 격한 반응을 보일 수도 있고, 반대로 세계의 격동에 대해 미동조차 하지 않는 평온함을 유지할 수 있다.

이유는, 나는 독립적 자아이기 때문이다. 나는 세계 내 자아지만 세계로부터 전달되어 오는 지배력을 억제하고 통솔할 수 있다. 세계 내 타 존재자들을 이해하고 인정하지만 그들의 타당치 않은 주장을 배제할 수 있다. 만약 내게 이런 능력이 없다면 세계와의 완전한 화합 균형 내지는 공명도 그리고 타 존재자들과의 공존도 불가능했을 것이다. 이 독립성은 자발성이나 능동성과 관련된 인간 본성으로서의 주체적 능력에 의해 가능하다. 인간은 세계 앞에서 독립적이며 자유로운데, 이것은 세계와 나 사이의 관계가 나의 내면적 동기의식 즉 존재동기와 자유의지에 의해 통제되는 것이기 때문이다. 이 세계에서 나는 이 두 가지 때문에 독립적일 수 있다.

이 두 가지 인간 내면의 작용은 책 전체에서 여러 차례 등장한다. 여기서 간략히 말하면, 합목적적 동기는 삶을 개선하여 좀더 나은 것으로 만들고 이로부터 존재이유의 해답을 얻고자 하는 거주의 시동 에너지를 뜻한다. 후설의 현상학은 이를 '무엇이 필요하여 그것을 얻으려 하는 욕구'로 지적하고 있다. 존재나 삶에서의 어떤 갈증을 말한다. 이것은 세계-인간 상호관계의 양상을 결정하는 인간의 모든 내적 원천 즉 요구 (무엇이 부족하고 필요함), 목표 (무엇을 얻으려 함), 기대와 예감 (무엇을 얻을 수 있다고 믿음), 꿈과 소망과 갈망 (하고 싶은 중요한 그 무엇), 자아의 신화 (삶에서 이루어지길 바라는 그 무엇), 그리고 끝없는 자기 의문과 어떤 해답을 향한 자아 불충족의 순환을 포함한다. 모든 사람은 이런 동기를 제기하는 자주적 능력 즉 동기의 자발성을 지니고 있다.

한편 자유의지는 어떤 외적 강제력에도 구애 받지 않고 자신의 동기에 의해 세워진 세계와 자신의 관계에 관한 이상적 조건을 스스로 현실화하는 인간의 주권을 말한다. 이를테면 이것은 동기 실현의 동력이며 행동 실천을 향한 열정과 신념이다. 자아는 이 두 가지, 동기와 의지에 따라 움직이는 합목적적 거주를 영위한다. 두 가지 본질적 능력을 토대로 세계의 변화를 유도하거나 억제할 수 있고 또 자신을 그 변화와 합치하거나 변화로부터 격리할 수 있다. 이들을 가지고 세계를 탐구하며 세계로부터 필요한 의미를 터득한다.

우린 거주를 작은 일상적 경험상황들의 연속, 작은 의미들의 소립자적 구조라고 말하고 있다. 덧붙여 작은 사건들은 계속 변화하며, 그 추진력은 세계와 자아의 공명에서 나온다고 말하였다. 이 공명들이 결국 의미를 제공하고 거주를 의미로운 것으로 형성한다. 그리고 공명은 개인 혹은 집단의 존재동기와 자유의지에 달려있다. 공명하고 변화한다는 것은 사람이 동기와 의지를 세웠다는 것을 뜻한다. 공명하지 않고 변화가 없다는 것은 인간에게 동기나 의지가 없다는 것을 말한다. 여기서 우린 거주의 인간론적 정의를 말할 수 있다. 거주는 인간이 동기와 의지를 세워 수행해나가는 일련의 세계-자아 공명적 절차이다. 동기와 의지를 가지고 세계와 만나 세계와 공명을 꾀함으로써 거주를 의미로운 것으로 실천한다. 이 두 가지야말로 거주의 샘물이다. 우리가 말하는 거주의미의 시작이다.

경험론적 정의

거주는 동기와 의지를 지닌 인간이 의미를 향해 나아가는 과정인데, 그 안에는 절차가 있다. 절차가 이 과정을 유지시킨다. 절차는 사람이나 집단마다 그리고 하나하나의 삶마다 독특하다. 이 중 어느 것이 적절하면 거주가 바람직한 상태로 유지될 것이다. 절차가 적절하면 의미도 바랐던 대로 산출될 것이다. 이 절차를 우린 크게 경험이라 부른다. 경험이 거주를 유지시킨다. 우린 앞서 경험을 거주의 여정에서 그때그때마다 나타나는 소립자적 사건 내지는 일상적 생활상황이라 말한 바 있다. 그리고 각 경험상황을 세계적 요소와 인간적 요소의 대면

내지는 둘 사이의 공명을 향한 체험작용으로 정의하였다. 공명에 의해 둘이 균형을 이루고 하나로 화합할 때 경험 하나가 완성되고 그로부터 의미가 탄생한다 (공명이 없으면 의미도 없고 거주도 없다 하였다). 이를 근거로 이제 우린 거주의 경험론적 정의를 제시해볼 수 있다.

거주는 경험이라는 인간-세계 공명의 절차들이 서로 엮여 일정한 패턴과 흐름을 이루는 과정이다. 거주한다는 것은 매일같이 벌어지는 주위의 세계를 연이어 경험하고 또 체험한다는 말과 같다. 인간은 세계에 대해 행하는 모든 경험의 주체도 되며, 동시에 지난 경험들로부터 얻은 지식을 축적하고 조직하는 주체도 된다.

그러면 경험은 구체적으로 무엇인가? 우린 뒤 4장에서 꽤 세부적으로 경험에 대해 논할 것이다. 여기서는 거주를 정의하려는 이 시점의 목적을 위해 간략히 경험의 두 가지 본질에 주목해보자.

경험은 3기통 운동엔진이다 — 경험을 제어하는 원동력은 사람의 존재동기와 자유의지에서 나온다고 했다. 두 가지 내면작용으로부터 세계 경험, 의미, 거주 등 모든 것이 시작된다. 동기는 앞서 말한 것처럼 무엇이 필요하여 그것을 얻으려 함이다. 이것이 의지를 경유하여 세계 안에서 완성되는 절차가 경험이다. 간단할 것 같지만 자동차 엔진처럼 작은 부품들과 연쇄단계들이 여럿 투입된다. 한 경험 안에서 여러 작용들이 연이어 폭발하지만 우린 이것을 간략히 세 가지 단계의 순환으로 정리할 수 있다 (이들은 앞서 프롤로그에서도 간단히 소개된 바 있다).

(1) 표상화 단계: 경험은 세계에 대한 감각, 지각, 인지와 같은 인간 심리적 작용에서부터 시작된다. 이 심리작용은 내면의 동기와 외면

의 현실을 동시에 놓고 대조하는 내적 계획이라고 말할 수 있다. 불편하다, 문제된다, 필요하다, 기대한다와 같은 동기적 인식에 의해 현재 사태와 기대 사태 사이의 차이에 관한 문제가 인지되고 또 이상적인 세계-자아 관계를 향한 기대수준이 정해진다.

(2) 실행화 단계: 이것은 현실적 단계이다. 앞서의 내적 계획을 현실에서 행동으로 실천하는 실행적, 실용적, 기능적 운동을 말한다. 경험이 때로는 표상에서 그칠 수도 있지만 사람에게는 동기는 물론 그 실천의 의지가 함께 있다. 표상화가 실천에 필요한 현실여건을 궁리하는 일이라면 실행은 여건을 찾고 만들고 이용하여 행동으로 연장하는 일이다. 이로부터 인간행동내지는 현실세계의 변화와 같은 구체적 사건이 관찰된다.

(3) 의식화 단계: 의식화란 실행의 결과로부터 자기 거주에 관한 어떤 해답을 스스로 정의하는 내적 작용이다. 여기에는 평가, 해석, 전회가 포함된다. 평가작용은 실행 결과를 최초 동기나 의지와 비교하는 일이다. 실행이 자기 삶에 어떤 결과인지를 스스로에게 말하고 또 타자가 어떻게 타당하게 생각할지를 판단한다 (미드의 사회학 이론이나 블러머의 상징적 교섭론은 자기 행동에 대한 타자의 인식을 스스로 정당화함으로써 자기 존재의 사회적 정당성을 찾는다고 말한다). 해석은 좀 전의 평가를 통해 의미의 단위를 추론하고 또 자기 삶과 연관 지어 평가결과를 생애의미로 포섭하는 작용이다. 마지막으로 전회는 의미를 최초의 세계대상과 결속하여 그 대상적 실체에 의미를 빙의하는 이른바 현상화 의식작용이다. 의미에 관한 관념을 세계 소재에 담아 현실로 환원함으로써 소재를 통해 의미를 상징하고 또 상징화를 통해 의미에

대해 타자와 토론하며 의미의 타자 공유를 꾀한다.

경험은 이 세 단계의 반복이다. 의미는 경험으로부터 팝콘 터지듯 터져 나와 이전 것이나 장래 것들과 엮인다. 하나의 의미가 있기 위해서는 내면 동기와 현실 실행이 있어야 한다는 점, 의미는 본래 의식에 있지만 세계 실체로 환원되기도 한다는 점, 그리하여 실체를 통해 객관적, 사회적 지식으로서 타당성을 검증 받는다는 점이 중요하다. 작은 경험이라도 표상과 실행과 해석의 세 고개를 넘어야 한다. 이로부터 거주의 경험론적 정의를 내려보자. 거주는 내면 동기에서 현실 행동으로 그리고 다시 내면 의식으로 순환을 반복하는 작은 경험들의 연속이다. 심리의식작용, 행동실천작용, 의미의식작용의 3기통 엔진이 터지고 또 다시 터지기를 반복하는 변화 진행형이다.

경험은 현실의 의식화 작용이다 — 현실세계, 경험세계, 경험 후의 의식세계, 세 가지는 다 같은 세계일까?

주워들은 경험, 남의 것을 전달하는 경험은 신뢰할 것이 못 된다. 현실에서 몸으로 터득한 것에 대해서야 우린 경외와 찬사를 보낸다. 세계 존재자들과 공존하는 자아로서 내가 수행하는 경험, 그것은 세계 속 사건으로서 세계와 직접 맞닿아 있다. 경험은 분명히 현실세계의 증상이다.

그러나 경험의 다른 한편을 보면 경험은 감각, 지각, 표상, 인식, 해석, 추론과 같은 의식작용이 수반되는 것이기도 하다. 세계 속에서 세계와 맞닿아있는 나는 세계에 몸소 참여하면서 동시에 끊임없이 내면의식을 작동시킨다. 세계에 대한 의식적 작동, 후설은 이를 세계의 객관적 사태에 대한 명증적 경험이라 했고, 하이데거는 인간의 존재사유를 가능케 하는 개인의 근원적인 정황적 직관이라 했다. 사람은 존재 사유를 거듭하도록 만들어진 존재자이다. 하이데거에 따르면 세계 경험에 수반되는 이 같은 명증적 의식작용에 의해 지금까지와는 다른 새로운 세계, 새로운 실존이 열린다. 현실과 직관을 합치는 내외적 경험작용을 통해 세계와 자신에 관한 새로운 면모를 보게 된다.

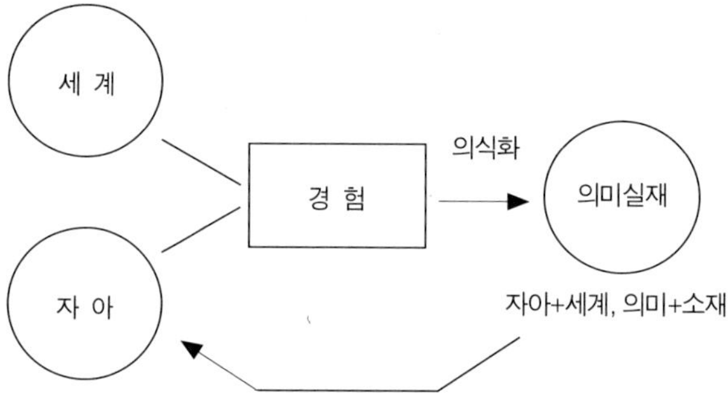

우린 거주를 세계와 자아의 개별성을 인정하는 양분론으로 바라보지 않는다. 거주는 경험에 의해 추진된다. 그리고 경험은 세계적 현상이며 동시에 의식적 현상이다. 경험은 세계와 자아를 하나로 결속함으로써 개인의 존재의식을 형성하도록 해준다. 이것은 현존하는 어느 하나에 다른 하나가 얹어진다거나 겹쳐지는 것과는 다르다. 오히려 비빈다고 할 수 있고 또 버무린다고 해야 할 일이다. 버무려지면서 세계와 자아에 대한 새로운 의식이 탄생한다. 한번 버무려지면 그 안에서 현실과 의식을 다시 분리하는 것은 불가능하며 또 불필요하다. 이것은 세계와 자아의 공명적 화합인데, 이 공명에 의해 탄생하는 것은 제3의 또 다른 세계 즉 실재이다.

존재와 경험에 대한 사유의 역사는 초기 데카르트가 말했던 물심이원론을 중심으로 맴돌고 있다고 해도 과언이 아니다. 육체와 영혼, 물질과 정신, 실체와 의식, 외면과 내면, 현실과 내면. 두 가지가 각각 주관하는 실증적 작용과 형이상학적 작용은 독립적으로 성립된다는 이 이원론적 명제는 각각이 독립적 상태에서 보여주는 상호작용 그리고 어느 하나가 다른 하나에 미치는 인과적 영향력에 주목한다. 이를테면 아리스토텔레스는 이데아로 집약되는 인간의 형이상학적 관념에서 세계를 관장하는 보편 타당한 진리를 찾았다. 데카르트는 물질의 합리적 실재와 정신의 내면적 형이상학의 상호 분리를 중재하는 초월적 인식의 주체 즉 신의 존재를 증명하려 하였다. 이것이 차세대 실증주의와 자연과학주의의 유물론적 증빙에 기초한 물질중심적 보편이론으로 전환되었고, 연이어 이 실증적 보편사상에 대응하는 각가지 유아론적 비판이 뒤를 이었다. 거주의 의미에 관한 우리 논의도 이 큰 사유의 물결로부터 자유롭지 않다. 우리에게도 물심이원론은 숙제이며 장애이다.

하지만 여기서 우린 거주에 관한 한 가지 원리를 상기해야 한다. 그것은 인간은 총체적 세계의 일부로서 거주하고 사유한다는 것이다. 이를테면 거주는 존재의 한 방식으로서 세계의 물질적 실체에 예속되어 있다. 이성이나 관념이 주재하는 형이상학만으로는 거주할 수 없다. 거주에는 근원적으로 사람으로부터 나오는 동기의식 그리고 세계로부터 나오는 현실여건이 필요한데, 이들은 수단적이며 실용적인 본질을 가지고 있을 뿐만 아니라 모두 세계의 실체 내지는 그것에 대한 지난 경험에 의존하고 있다. 거주의 결과로서 사람이 얻는 의미와 가치 그리고 해답들, 삶에 관한 관념들도 역시 세계 혹은 세계 경험으로부터 나온다. 거주는, 비록 궁극적으로는 어떤 관념적 상태에 도달하는 것이지만, 이처럼 세계의존적, 경험의존적 숙명에서 벗어나지 못한다.

더 나아가 이 논점에서 자연스럽게 연결되는 또 다른 원리는 인간의 세계 경험이 객관적 현실을 인식과 관념의 주관적 형이상학으로 변모시키는 매개적 절차라는 것이다. 위에서 경험을 수단적이며 실용적이라 했는데 이는 경험이 물질세계를 정신세계로 변모시키는 수단으로서의 실용적 기능을 가지고 있다는 말이다. 위에서 또 비빈다, 버무린다 했는데 이는 경험을 통해 세계와 자아가 한데로 버무려진다는 말이다. 객체의 세계와 의식의 세계, 양자는 전혀 다른 성질을 가지고 있지만 경험에 의해 융합된다. 이 점을 부인하면 거주는 곧 존재가치를 정의하는 과정이라고 전술한 앞서의 명제가 성립되지 않는다. 우리가 거주하는 이유는 세계와 자신을 하나로 융합하여 자신의 존재가치를 창출하는 것에 있다.

경험이라는 절차가 나서기 이전의 실체와 의식은 서로 구별된 채 상호 관계함 없이 존재한다. 경험이 중재에 착수하면서 양자는 제 3의 차원으로 합일을 모색하기 시작한다. 객관적 물질세계가 내면적 실재로, 실체적 형상이 관념적 의미로, 자체 본성을 완전히 저버린 채 변태해가는 과정. 이것은 인간 의식의 엄청난 화학적 잠재력, 경험이라는 3기통 엔진의 초월적 동력의 결과이다. 경험은 '실제'를 '실재'로 잇는 교량과 같다. 거주도 이와 같다. 세계의 모든 존재자에 대한 경외 그리고 그들의 시공간적 현세에서 출발하여 궁극에는 이를 초월한 관념적 실재에 도달하는 과정. 거주란 제 1세계로부터 제 3세계로 향하는 실체적, 의식적 탐험이다. 그것은 물질을 정신으로, 실체를 영혼으로, 외면을 내면으로 변모시키는 마술과도 같다. 세계와 자아를 버무려 하나로 만드는 일. 하지만 그것은 매우 일상적이며 상습적인 마술이다. 아무나 할 수 있는 일, 늘 하고 있는 인간 거주의 타성이다. 누구든지 일기장에 간단히 적을 만큼 사소하게 보이는 일상의 경험상황, 이것이 곧 세계의 의식화라는 큰 엔진이기도 한다.

소재론적 정의

기투(企投)는 시간을 초월하여 자기를 미래로 드러내 보인다는 실존주의의 한 기초개념이다. 실존사상의 끝점에서 활동했던 하이데거나 사르트르가 특히 중요하게 생각하였다. 존재는 칼로 도려낸 한 부분으로 개현하지 않는다. 존재는, 영사기 필름처럼, 과거와 미래를 뛰어넘어 넓게 진행하는 다른 존재자들과의 연속적 총체로서 자신을 드러내는 현상이다. 꽃 한 송이에서 땅과 물과 하늘과 바람을 이해할 수 있고, 건물 하나에서도 과거와 미래의 연속적인 삶의 흔적을 읽어낼 수 있다. 시간을 관통하며, 모든 세계 존재자는 각각 무언가를 상징한다.

앞서 우린 거주를 존재사유와 의미를 찾는 스스로의 탐구여행이라 하였다 (의미론적 정의). 또 세계 공존자들과 의미연관의 특별한 관계를 맺는 작업이라 하였다 (세계론적 정의). 합목적적 존재동기와 자유의지를 가진 자아가 현실세계와 공명하며 합일하는 과정이라고도 말하였다 (인간론적 정의). 또 표상화, 실행화, 의식화의 끝없는 전후진 운동을 통해 세계와 의식을 무시로 넘나들며 세계를 초월적 의미관념으로 전환하는 작용이라 하였다 (경험론적 정의).

이제 우린 여기에 한 가지를 추가해야 한다. 실존사상의 기투 개념을 응용하여 의미라는 관념적 내면의식을 현실세계로 다시 던져버리는 작용을 생각해야 한다. 기투, 의미를 던져버림. 이것은 세계로부터 얻은 것을 원래의 세계로 전회하는 일을 말한다. 전회란 의식을 실체로 되돌림이다. 이것은 의미를 원래의 실체에 빙의함으로써 실체를 의미의 처소로 삼는 일이다. 소재론적 정의에서 보면 거주는 나와 세계 사이의 공명과 의미연관을 통해 수확한 의미를 세계적 소재에 담아 보관하는 일이 된다. 경험은 의미 탄생의 경로이며 의미를 취득하는 수단인 동시에, 마치 곳감을 만들거나 음식을 캔으로 보관하듯, 의미를 세계 실체에 담아 보관하는 가공이기도 하다.

모든 의미는 각각이 현실의 이런 실체적 소재를 하나 이상씩 가지고 있다. 실체적 형상의 옷을 입지 않은, 가령 벌거벗은 나체의 의미는 하나도 없다. 세계의 소재로 객관화되지 않은 채 형이상학의 구천에서 맴도는 의미는 없다고 해도 좋다. 의미는 반드시 실체에 전회된다.

실체로 숨어들어간 의미 또는 의미를 품어 안은 실체, 이 형상과 관념의 한 덩어리는 그것이 기억도 되고 생각도 되며 기분도 되어 한 사람의 삶을 형성한다. 거주의 의미론적 기투를 통해 세계의 존재자는 누군가의 의미 소재가 되어 나름대로 무언가를 상징하게 된다. 누구의 것이든 거주는 각가지 의미를 나누어 담고 있는 세계적 형상들로 구성되는 것이다. 거주를 소재론적 정의로 말할 때 생각해야 할 세 가지 내용을 제시해보자.

첫째, 의미론적 기투 즉 의미의 세계 소재화는 자연스런 현상이다. 어느 누구라도 자연스럽게 자기 삶의 의미들을 여러 세계 소재에 나누어 담는 능력을 가지고 있다. 의미의 소재화는 또 습관적인 현상이다. 하루도 빠짐없이 우린 삶과 존재에 관해 사유하며, 세계 요소와 의미론적으로 공명하고, 또 이렇게 얻은 의미를 끊임없이 그 세계요소와 연관짓는다. 세계요소는 자신과 연관된 의미와 끝까지 함께 간다. 어느 일상이라도 그것을 한 가닥 뚝 잘라내면 일상은 의미와 소재의 연결을 명확히 보여준다. 기억을 한 가닥 떠올려도 우린 우리가 기억하고 있는 것 속에서 의미와 소재를 함께 말하게 된다. 가령 의미는 한때 사랑했으나 이젠 사라진 어떤 사람을 통해 연상되고, 서정주의 시처럼 '연꽃 만나고 가는 바람'으로 형상화되며, 옛적 내 놀던 동산에 의해 상기된다. 의미의 소재화는 이처럼 일상적이며 본능적인 일이다.

둘째, 의미의 소재화는 거주의 본성인 동시에 한 사람의 삶에 있어서 종종 문제를 일으키는 원인이 되기도 한다. 나날을 거듭하면서 의미와 소재 사이의 연결은 차곡차곡 쌓여 결국 한 사람의 생애 속에서 매우 복잡한 양상을 띠게 된다. 비슷한 의미들이 여러 소재와 연결되기도 하고, 하나가 여러 소재에 전회되기도 하며, 여러 의미가 한 소재에 정착하기도 한다. 틀림없이 성장기 아이의 것보다 고령자의 소재구조가 더 복합적일 것이다. 더욱이 의미의 소재화는 한 사람의 주관적 명증성 안에서 작동하는 개인적 사건이다. 다른 사람의 명증성과 같을 이유도 없고 또 그럴 필요도 없다. 이를테면 한 사람의 기억은 얼마나 개인적인가! 습관성, 복합성, 주관성의 연유와 함께 개인의 인지력이 저하되면서 의미와 소재 사이를 연결했던 의식의 끈이 종종 예고 없이 끊어진다. 연결관계가 의식의 어두운 저편으로 희미해지기도 하고 또 무의식 속으로 사라지기도 한다. 한때 삶의 의미를 대신 전했던 실체와 형상들이 언제부턴가는 아무런 말도 전하지 않게 된다. 이것은 의미의 퇴보 내지는 소멸을 말한다. 그러나 소멸 단계에서도 의미는 혼자 소멸하지 않는다. 의미가 소멸하려 하면 소재가 이를 회생시키고, 소재가 소멸하려 할 때는 의미가 이를 재생시킨다. 하지만 의미의 완전한 소멸은 의미를 상징하는 소재의 괴멸과 동시적이다. 함께 온 것처럼 함께 사라진다. 말하자면 소재는 세계 실체임으로 누구에 의해서든지 쉽게 사라질 수 있는데, 그것이 사라지면 한 사람의 의미도 위태로워진다. 예컨대 이 시대 도시건축은 그 동안 얼마나 많은 소재를 소리도 없이 파괴해버렸는가! 의미들도 없어졌다.

셋째, 의미 소재화 즉 의미 객체화를 통해 우린 한 사람의 거주가 본질적으로 사회적인 것임을 알게 된다. 내 삶이 의미에 관한 여러 관념들로 구성되어 있는 것처럼, 그것은 또 이들을 상징하는 여러 실체소재들로 구성되어 있다. 주위를 둘러싼 세계 요소들은 나 혹은 다른 누군가의 삶과 연관된 어떤 관념을 함유하고 있다. 내가 의식의 주머니에 부숴지기 쉬운 관념 조각들 대신 실체소재들을 넣고 다니는 것처럼, 다른 사람들도 나름대로의 소재를 각각의 의식 주머니에 넣고 다닌다. 소재는 이처럼 다른 이들과 공유하는 것이다. 나는 이 소재적 실체를 이용하여 다른 이들과 나의 삶, 그들의 삶, 그리고 세계에 대해 소통할 수 있다. 하버마스가 의사소통의 합리화를 위해 언어적 전회를 강조한 것처럼, 의미가 전회된 세계 소재들은 의미의 상호소통을 위한 사회적 공통언어로 이용된다.

거주, 경험, 의미는 본질적으로 자아의 독아적 내용을 담고 있다. 하지만 그것이 관찰 가능하고 토론 용이한 실체소재로 전회되면서 사회적 의사소통의 주제로 개방된다. 마음 속의 것을 사회적 테이블로 옮겨놓는다는 것인데, 이때 테이블 위에 놓여지는 것은 관념이 아니라 그것을 대신하는 상징적 실체이다. 예컨대 나는 가족 꽃밭이 내게 전하는 어떤 의미를 그 꽃밭의 은유로 상대방과 대화한다. 놀이터, 동네마당, 길, 광장 등과 연관된 의미들도 이런 계획소재들의 함의능력을 통해 다른 사람들과 소통된다. 의미는 꽃밭, 아빠, 물주기, 그네타기, 길, 마당과 같은 소재를 통해 타자와 공유되는 사회문화적 자산으로 변모한다. 그리고 소통 공유된 의미는 한 집단의 가치판단에 관한 공동 근거에 의해 집단적 합리성을 획득한다. 또 그 의미를 위해 소재가 적절히 선정되었는지도 집단적으로 판단된다. 공식 언어를 공용하듯이, 집단은 소재를 통해 한 의미가 집단의 공통 가치관에 견주어 타당한지 아닌지에 관한 공동의 판단을 내린다. 이로써 공유의미가 탄생하며 동시에 공유소재가 탄생한다. 너와 나는 한 집단이 된다. 공유의미와 공유소재가 많을수록 그리고 이 공유의 범위와 강도가 클수록, 집단의 공동체적 결속의식은 강해질 것이다 (5장에서 각가지 소재에 대한 논의가 펼쳐진다. 우린 이들 소재 하나하나가 집단 소속감이나 커뮤니티 정신에 중요하다는 점을 알아야 한다). 건축연구자이며 문화인류학자인 라파포트가 말하려 했던 집, 동네, 마을, 도시의 인간-환경적, 사회문화적 상징성에 대한 논의가 여기서 비로소 이해가 쉬워진다. 앞서 우린 세계의 각 요소가 개인의 어떤 의미를 상징할 잠재력을 지녔다고 하였다. 같은 말로, 우리 도시건축의 부분 부분은 문화집단들의 공동의미, 집단 가치관을 함의할 소재로서의 잠재력을 지니고 있다. 이런 소재들은 집단의 공유적 상징체로서 그 집단의 생성과 유지, 문화적 의사소통, 교육과 지식 전파, 기억과 역사 등에 관여한다.

거주의 소재론적 정의를 말하면서 우린 소재를 통한 개인적 가치의 객관화, 주관적 의미의 사회적 자산화를 말할 수 있었다. 이 논지는 도시건축 전문가와 일반인, 실무자와 거주자 사이에도 적용된다. 거주라 함은 세계를 가공하여 내면으로 정리하는 작업일 뿐만 아니라 내면의 관념을 세계 실체로 되돌려 형상화, 상징화하는 작업이다. 우린 이 두 작용을 합쳐 경험적 의식화 작용이라 하였다. 경험을 통해 물질과 정신, 실체와 의식을 합일한다는 것이다. 도시건축 실무는 본래 형상적 실체를 다룬다. 실무자가 만드는 세계적 실체는 인간에게 있어서 거주 의미를 수확하는데 쓰여지는 재료로서뿐만 아니라 수확한 의미를 담아두는 소재로서의 역할을 지니고 있다. 소재를 통해 실무는 인간과 대화한다. 실무와 인간이 공통으로 생각하는 의미가 있다면, 그리고 실무가 이를 올바르게 찾아 적절히 형상화해 준다면, 인간은 실무에 의해 자기 의미를 찾는 작업을 수월히 수행할 수 있게 될 것이다. 이는 소재를 통한 실무와 인간 사이의 교감이다. 인간, 거주, 삶의 질을 함께 엮어 말하는 이 책에서의 우리 주장은 실무의 목적이, 다른 것들 다 말고, 바로 이점에 두어야 한다는 것이다 (실무에 대해서는 6장에서 자세히 논의하자).

2003년 이래 아파트만 그리는 화가 정재호. 그는 허름한 아파트 구석에 어린 인간의 삶, 시간의 흔적을 놓치지 않는다. 무심코 지어진 아파트에서도 사람들은 그것과 화합한다. 꿈과 희망으로 추억과 일상과 사건들을 풍성하게 만든다. 고정관념을 지우면 맑은 영혼으로 삶을 이야기할 수 있다. 출처: Money, 2006년 1월호 / 금호미술관, 영아티스트전(소장품전), 2006년 5월 11-21일

2. 의미는 무엇인가: 정념의 형용사

생애에 개인적 책무가 주어진 게 있다면 그건 틀림없이 나와 가족의 삶을 더 의미 있는 것으로 만드는 일일 것이다. 이것 말고 어떤 사회적 책무까지 주어진 게 있다면 그건 다른 사람들의 삶의 질을 함께 높이는데 기여하는 일일 것이다. 삶의 질을 높인다 함은 그것의 의미를 풍요롭게 만드는 일을 뜻한다. 삶을 보다 나은 것으로 개선하고자 하는 뜻을 충족하는 일과 같다. 모두의 삶이 행복, 자유, 사랑, 충만, 성장으로 가득 찬 언어로 서로 교통하며 살 수 있다면!

삶을 구성하는 자신과 주변 세계에 의미가 알알이 담기면 그 삶은 힘있는 삶이 된다. 삶에 힘이 생기면 그 안에는 또 스스로 삶의 질을 높일 자생력이 생긴다. 자생력이란 항상 새롭게 자신과 세계에 대해 의문을 던지고 스스로를 참신한 도전의식으로 무장하는 능력을 말한다. 우리에겐 이런 삶을 만들 책무가 있다. 우리에게 주어진 책무를 다하려면 의미란 무엇인지를 먼저 이해해야 한다. 의미를 명확히 정의한 후에야 우린 그것을 책무의 목표로 삼을 수 있다. 그래야 의미 있는 거주의 정체를 밝힐 수 있다.

앞서 우린 거주를 다섯 가지로 정의하였다. 거주한다 함은 자아 정립을 위한 의미 탐험의 여로이며 (의미론적 정의), 세계 존재자들과 특별한 의미연관을 맺는 일이며 (세계론적 정의), 존재동기와 자유의지를 지닌 자아가 세계와 공명하는 과정이며 (인간론적 정의), 세계-자아 합일체가 전해주는 의미연관으로 세계를 자기 의식으로 전환하는 작용이며 (경험론적 정의), 경험을 통해 터득한 의미를 세계로 되돌려 세계의 형상적 소재로 전회하는 과정이다 (소재론적 정의). 이 말들은 이제부터 우리가 말할 의미가 무엇인지에 관한 몇 가지 점을 강조한다.

첫째, 거주는 이를테면 두 개의 중심을 가진 타원이다. 자기 중심적이며 동시에 세계 중심적이다. 향의미적 관념 그리고 현실적 실체, 두 가지를 양손에 쥐고 있다. 둘째, 거주는 본질적으로 이 두 가지를 하나로 합치는 작업이다. 세계와 내면, 형상과 의식, 실체와 관념은 어딜 가나 하나이다. 셋째, 이 공명 합일 작업은 세계형상에서 내면의식을 추출하는 의식화 그리고 내면의식을 세계형상으로 전회하는 의식화를 포함한다. 의미는 이처럼 세계와 자아가 서로 주고받는 일로부터 현출된다. 넷째, 이 양방향 의식화의 전 과정은 동기와 의지로 무장한 인간의 내적 심리작용이 주관한다. 동기의식은 인간의 세계 경험에 회전력을 준다. 거주 또한 들락날락 온통 인간의 내적 심리작용이 만드는 사건들로 이루어져 있다.

그러므로 의미가 무엇인지를 정의하기 위해선 지금부터 인간 내면에 초점을 맞춰야 할 것 같다. 왜냐하면 세계와의 의미연관과 공명합일의 모든 과정이 내면의식에서 시작되어 다시 그것으로 돌아가는 것이기 때문이다. 세계 경험은 인간의 내적 주체의식을 중심으로 한 바퀴 팽이를 돌리는 일과 같다. 거주는 이 팽이가 자아를 중심으로 스스로 회전하면서 어느 쪽이든 의미를 계속 튕겨내는 일이다. 사는 일 속의 깨달음은 내면의 끝없는 의식화 작용이다. 하나하나의 관념으로 만들어 낸 후 내면의식에 각인하는 것이다. 어둔 동굴처럼 비어 있는 내면, 상한 의식에서 만들어질 수 있는 관념은 적다. 반대로 높은 동력을 가진 자아로부터 추진력을 받아 세계를 조망하면 의미가 무엇인지를 세 가지 요점으로 축약하게 된다.

첫째, 의미에 대한 우리 사유는 기호학과 의의학, 두 갈래에 걸쳐 있는데 지금까지 우린 아무래도 기호학에 치중해왔다. 기호학은 의미를 사물에서 출발하여 풀어내는 의미론이다. 사물이 어떤 의미를 어떤 방식으로 전달하는지에 관심을 집중한다. 반면에 인간의 내적 추진력에 대해선 설명력이 약하다. 의의학은 사물의 표피 안쪽에 은신하고 있는 인간의 파편 한 쪽의 뜻으로부터 시작하는 의미론이다. 어떤 사물이 어떻게 의미를 전달하는지 보다는 그 의미가 인간에게 무슨 뜻일까에 집중한다. 말하자면 의미콘텐트가 중요하다. 우리가 지금 여기서 말하려는 의미는 기호학과 의의학을 하나로 묶는 시각을 단위로 삼아야 정의가 수월하다. 이 묶음의 역학이 지금껏 우리가 강조한 관념 → 실체 그리고 소재 → 의미의 양방향 의식화가 아니었던가? 지금부터 우린 인간의 내적 의식동작과 의의학을 강조할 것이며, 어떻게 의의학이 기호학과 통합될 수 있는지에 대해 말하고자 할 것이다.

둘째, 의미의 정의는 나와 세계와 삶에 관해 자아 스스로 어떤 의식을 가지고 있는지에 달려 있는데, 여기서 우린 전통적으로 인간의 이성과 판단을 지나치게 강조해왔다. 이성이나 지성이나 판단은 종종 감정이나 느낌이나 정서와 대치된다. 하지만 우린 여기서 삶과 존재에 관한 관념에는 이성과 감정이 섞여 있음을 말하고자 한다. 사실 이 두 가지 의식은 쉽게 구분될 수 있는 성질의 것이 아니다. 이성적 깨달음도 있고 감정적 깨달음도 있겠지만 종종 둘 사이를 선으로 그어 경계 짓기는 어렵다. 거주, 경험, 의식화를 통틀어 지금 우리가 말하는 인간 심리 작용은 이성과 감정의 반복적 자리바꿈 혹은 양방향 진자운동이거나 두 가지의 합일작용이다. 깨달음은 이성에서 출발하기도 하지만 감정을 토대로 형성되기도 한다. 이성이 감정으로 순식간에 뒤바뀌기도 하고, 감정이 이성을 발동시킬 수도 있다. 의미란 사람의 마음 속 어느 기분을 중심으로 세계와 자아의 관계에 대한 이성적 판단을 거쳐 다시 또 다른 기분으로 진전하는 변증법적 인식과도 같다. 어찌 보면 이성은 엔진이고 추진력이며, 기분은 결론이고 여운이며 운동의 중심이다. 결국 남겨지는 것은 지성과 오성과 판단을 넘어 기분과 느낌과 마음의 입자로 말해지는 존재에 관한 정념적 의미이다. 우린 내면의식을 이성과 감정, 지성과 감성, 오성과 기분, 정신과 마음, 머리와 가슴, 판단과 느낌으로 구분하는 양분론을 비판하고 이 두 가지 심리작용 사이의 동시발생적 상호작용에 대해 논해야 한다.

이 말은 곧 의미가 삶의 상태에 관한 기분의 퇴적물이라는 것인데, 그렇다면 의미는 거주의 '상태적' 본질을 뜻한다. 의미는 자신이 처한 상황이나 사태의 상태 혹은 그 사태 속에서의 자아에 관해 자신이 정의하는 자기 상태를 말하는 것이다. 상태는 이성, 두뇌, 지성적 인식보다는 감정, 마음, 정념적 인식에 가깝다. 예컨대 암울하거나 어둡거나 권태롭거나 불안하거나 감동적인 것을 말한다. 언어로 말하자면 상태는 명사나 동사보다는 형용사나 부사로 표기된다. 혹은 부사를 달고 있는 형용사일 것이다. 여기서 우린 어느 정도 확신한다. 우리가 말하는 인간 거주의 의미는 삶에 관한 형용사적 관념이라는 것이다.

셋째, 삶에는 어떤 상태적 형용사들이 있을까? 유기적으로 흘러가는 혹은 팽이처럼 튕겨 돌아가는 유연한 삶의 상태들을 한두 마디로 추발하기는 어렵다. 지나온 삶, 앞으로 전개될 삶에 깔려있는 무수한 상태들을 상상해보면 의미들의 변화무쌍함을 실감할 수 있다. 경험은 신체 움직임, 인간행동, 세계이용을 중심으로 삼고 있음으로 동사적 본질을 지닌다. 경험이 다채로운 것처럼 경험의 각 동사가 지시하는 형용사도 다채로울 것이다. 이 다양한 의미 형용사를 우린 크게 인간 감성이나 정서와 관련된 상태, 실용이나 기능과 관련된 상태, 정신이나 관념과 관련된 상태로 구분할 수 있다. 감성적 의미란 '그건 아름다웠어', '우린 행복해' 같은 정서적 가치를 가진 상태이다. 실용은 '그래, 해냈어', '내 삶은 진화하는군' 같은 행동과 성취 후에 오는 생애기능에 연관된 가치의 상태이다. 또 정신적 의미는 '우린 하나야!', '가족은 이렇게 나의 목표인 것을' 같은 자아의 표출 내지는 집단의 표상에 관련된 관념적 가치의 상태이다. 우리가 어느 한 거주에 대해 어느 한 시점에서 정의할 수 있는 의미란 이들 중 하나 혹은 이들의 조합이다.

크게 보면 우린 지금 우리가 말하고 있는 거주의 의미를 삶의 목적, 존재의 이유, 거주의 가치에 관한 의의학적 자기 인식이라고 정의한다. 또 동기의 충족으로부터 얻는 이 깨달음은 감정적 상태로서의 본질 즉 이성과 감정이 융합된 정념적 본질을 지니고 있다고 믿는다. 마지막으로 의미는 감성적, 실용적, 정신적 상태로 구분할 수 있다고 생각한다. 이제 의미의 이 세 가지 정의에 대해 구체적으로 논해보자.

의미 1: 기호학과 의의학, 통합의미론

가령 사랑이란 감정은 얼마나 뜻 깊은가! 그것은 소중하다. 무엇을, 누구를 사랑하는 사람은 분명히 안다. 사랑이라는 감정의 존재 그리고 은밀하고도 강력한 그 움직임을. 그것이 소중한 의미로 삶을 충진하는 모습을. 그리하여 스스로 '아, 나는 누구를 사랑하고 있구나!' 하고 알아차린다. 그리고 그것을 놓치지 않으려 애쓴다. 여기서 사랑은 내용이며 뜻이다. 앞서 말한 의미콘텐트이다. 마찬가지로 행복, 자유, 믿음, 충만, 기쁨, 산다는 일의 까닭 없는 슬픔 같은 것들을 생각해볼 수 있다. 여럿 중에서 특히 내 삶과 맞닿아있는 것들이 있다. 특히 소중하다고 느끼는 것들은 내 삶에 뜻 있는 것이며 가치 있는 것이다. 이들이 나의 중심이며 삶의 본질을 이룬다. 이 본질들 때문에 스스로 느끼기에 삶은 의미롭다.

하지만 사랑이나 기쁨 같은 의미콘텐트는 관념이며, 관념은 모호해서 생명력을 상실하기 쉽다. 관념만으로는 괜스레 기쁜 것이며 뜻 모르게 사랑하는 것이다. 이들은 좀더 생생하게 묘사되어야 생명을 찾는다. 묘사되지 않는 관념은 살면서 쉽게 지나치는 것이며, 쉽게 잊혀지는 것이고, 따라서 금세 소중함을 잃는다. 그래서 사람은 소중한 의미를 예컨대 사랑의 대상, 기쁨을 주는 행동과 같은 어떤 매체를 빌어 간직한다. 매체를 통해 그것을 표현하고 또 의미와 매체를 함께 간직한다. 소중한 관념들은 이 같은 묘사의 매체 없이 혼자 부유하는 법이 없다. 소중하기 때문에 항상 소중한 매체에 담아 마음 속에 소중하게 보관하는 것이다.

우린 언제든지 매체의 뚜껑을 열고 그 속의 본질을 음미해볼 수 있다. 하지만 가령 사랑이란 것을 묘사하는 방법은 얼마나 많은가! 기쁨을 표현하는 매체도 각양각색이다. 일반적으로는 문자, 그림, 부호와 같은 언어가 매체로 이용된다. 사랑의 뜻을 문자로 띄우거나 글로 써서 묘사할 수 있다. 특별히 누구에게랄 것도 없다. 이렇게 묘사해보면 스스로 자신의 사랑이 무엇이었는지를 생생하게 깨우치게 된다. 다른 방법들도 많다. 언어의 톤, 신중하게 선택된 단어, 잘 만들어진 노래나 시, 깊은 눈빛이나 표정, 몸짓과 제스처, 작지만 의미 있는 선물, 사랑을 대신 전해줄 믿음직한 제 3의 메신저. 도시건축에 있어서도 그 안에서 사는 사람들은 삶의 뜻이나 체험이나 감동이나 기쁨을 집, 동네, 도시의 수많은 형상을 언어로 삼아 묘사한다. 도시건축의 부분들이 누군가의 매체가 된다.

본질적인 의미콘텐트가 signified라면 매체는 signifier이다. 매체는 삶의 본질을 지키는 신호이며 부호이다. 싸인이다. 이 매체들은 언어적이거나 육체적이거나 물질적인 기호로서, 형상적이며 구체적이다. 손쉽게 만져지며 조작과 변경이 용이하다 (사실 이 특징은 누군가에 의해 악의적으로 이용될 수도 있다). 각각은 어떤 한 가지를 상징할 수도 있지만 여러 뜻을 복합적으로 상징하기도 한다. 또 각각은 다른 기호들과 묘하게 얽혀 요사스런 문법으로 변장하여 원래 본질과는 다른 어떤 것을 상징하기도 한다. 무엇보다도 기호는 다자간 소통과 이해를 위한, 혹은 편견과 오해를 위한, 수단이다. 교육되고 학습되는 사회적 자산이다 (도시건축 실무는 가끔 특유의 전문언어를 독점적으로 또 암호처럼 은밀하게 혹은 고질적으로 편협하게 교육하고 이용함으로써 자신을 다른 부류와 구별한다). 아마도 이런 원인들 때문에 지금까지 우린 삶의 본질보다는 매체에, 인간 거주의 깊은 뜻보다는 형상적 기호에 더 강하게 유혹되었던 것 같다.

기호학 — Semiotics. '간단한 신호에서부터 복잡한 언어에 이르는 모든 기호에 대한 일반적 이론과 그 응용을 연구하는 학문의 총칭. 문화를 기호체계로 보고 그 발생 등을 연구하는 학문' (국어사전).

기호학은 기호와 그것을 사용하는 목적과의 관계를 취급하는 실용론 그리고 기호와 기호와의 관계를 취급하는 통사론(統辭論)을 주로 다룬다. 말하자면 기호학은 의미 자체보다는 매체의 이용에 집중한다. 어떤 기호가 무엇을 상징하는지, 기호들이 어떤 구조를 갖추며 문장으로 구성되는지를 주로 다룬다. 반면에 의미에 중점을 두고 한 의미가 어떤 기호의 옷을 입었는지를 취급하는 의미론은 천대한다. 물론 기호학 중에서 언어기호학은 의미론에도 조예가 깊다. 기호로서의 언어를 연구하는 전통은 여러 학술분야에서 깊고 넓다. 덧붙여 인류학이나 사회학에서의 의미론도 제외된다. 이들이 주목한 문화적 기호나 언어, 사회적 규범 등은 한 기호가 문화나 사회의 어떤 본질을 상징하는지를 명백히 보여준다. 유독 환경심리학과 도시건축학에서의 기호학은 의미론에 약하다. 이들 분야에서 기호는 디자인을 통해 비교적 쉽게 만들어지는데, 이 기호의 명백성이 오히려 의미론보다는 실용론이나 통사론처럼 간편한 부문에 주목하게 된 빌미를 제공한 듯 하다. 예컨대 축이나 대칭과 같이 건축에서 흔히 사용되는 계획원리들은 건축적 실체와 실체 사이 통사론적 구조를 지칭한다. 건축공간구문론이라는 계획이론도 실내나 실외의 공간들 사이 구조적 관계를 계측한다.

더욱이 도시건축에서 잠깐씩이나마 보여지는 의미론적 시도 또한 대개는 명목적 의미에 치중하고 있다. 현관, 거실, 욕실, 놀이터, 중앙 광장, 근린공원과 같은 이름들이 다 그런데, 이들이 정확히 무엇을 뜻하는지는 명료하지 않다. 아마도 도시건축의 전통은 어느 한 가지 공간이나 시설의 본질을 꿰뚫지 못한 채 그것을 부를 이름을 정하는 일에 몰두했었는지도 모르겠다. 가령 이 세계에는 수많은 공간들이 있는데 우린 이들을 얼마나 독특한 이름으로 부르고 있는가! 마치 백화점의 상품코너들이 각자 자기 이름을 가지고 있는 것과도 같다. 도시의 토지이용계획도에 적혀있는 이름들만 봐도 그렇다. 의미가 비어 있음으로 종

간판세상. 기호학은 기호의 내재적 의미나 본질적 뜻보다는 정보전달의 매체로서의 명목적 지시 그리고 매체들의 관계구조에 주목한다. 물론 기호가 무엇을 뜻하는지, 어떤 감동으로 남을 것인지에 대한 설명은 모호하다. 그나마 이런 간판세상에서는 이름들 각자가 어떤 실용적 지시를 표기하는지가 그런대로 명확하다. 도시건축환경에서 각가지 이름들은 이마저도 불명확하다. 우린 이런 걸 보고 경관적 폐해(보기 흉함)라고도 말하는데 기호학이 아니라 의의학으로 간판들을 만들면 도시경관에도 크게 도움될 것 같다. (출처: 2006년8월24일자 동아일보)

종 이름과 의미가 따로 논다. 이름이 본질을 정확히 간파하지 못하고 이름이 다만 이름일 뿐인 경우도 흔하다. 사람들 사이에 혹은 실무와 인간 사이에 소통이 어려워지는 경우도 많다.

의의학 — Semantics. '언어의 내용인 의미 방면, 곧 언어의 의미의 본질, 기원, 발전, 변천 등을 대상으로 하여 연구하는 학문. 어의론(語義論)이나 의미론과 같은 뜻' (국어사전).

사전에 나타나는 넓은 정의로서의 의의학은 부호나 기호의 내용이나 논리계산식이 도달하는 뜻의 해석에 관한 학문을 뜻한다. 한 수학적 알고리즘이 나타내는 뜻은 무엇일까? 이 암호가 품고 있는 내용은 무엇일까? 이 아파트의 중앙광장, 저 동네의 가로는 어떤 본질인가? 그 도시건축적 알레고리와 메타포의 속뜻은 무언가? 가족은 내게 무슨 뜻이 있을까? 이웃과 함께 살아간다는 일이 함의하는 것은?

의미는 언어, 기호, 부호와 같은 매체의 옷 속에 숨어있다. 예컨대 순결함은 나리꽃 속에 잠겨있다. 그 꽃이 순결이라는 관념의 심볼이다. 절대 선(善)은 신의 힘으로 묘사된다. 신이 선함이라는 심성 전체를 대표한다. 마더 테레사는 인간애의 표의로 여겨진다. 특정 인물이 끝없는 인간 사랑이라는 복잡한 개념의 기호가 된다. 이처럼 심볼이나 어떤 표본을 기호로 이용하면 애매하고 추상적인 관념을 훨씬 편하고 명쾌하게 서로 말하고 설명할 수 있다. 이런 맥락에서 의의학은 우리가 지금 말하고 있는 인간 거주의 의미론과 상통해있다. 도시건축적 장치의 부분부분이 인간 삶에서의 소중한 체험이나 감동이나 느낌을 담고 있다고 본다.

기왕에 꽃에 대해 말했으니 꽃을 더 인용해보자. 꽃은 자주 사용되는 시어(詩語)인데, 시 속에는 꽃 속에 숨은 말, 꽃이 전하는 사람의 이야기가 많다. 꽃은 그저 자기 시간대로 피고 지는 것이지만, 꽃이 하나의 문화가 되는 이유는 그것이 자신을 통해 전해주는 어느 누구의 시간의 궤적과 사유의 역사가 있기 때문이다. 작가 윤후명은 꽃을 보고 물체도 아니며 신기루도 아니라고 말한다. '꽃은 과거를 비춰주는 거울로 우리 앞에 피어나고' 있다고 한다 (윤후명의 산문집 '꽃' 18쪽). 놀랍게도 어떤 꽃은 '망둥어와 달랑게같이 잘잘거리며 조붓한 행복에 겨워하는 삶'을 은유하기도 한다 (같은 책 192쪽). 꽃은 빛 바랜 사진처럼 혹은 초원의 한쪽 끝에서 불어오는 한줄기 바람처럼, 본연의 자기 성질을 희생한 채 다른 이의 본질을 대신 말해준다.

내가 그의 이름을 불러주기 전에는
그는 다만
하나의 몸짓에 지나지 않았다.

내가 그의 이름을 불러주었을 때
그는 나에게로 와서
꽃이 되었다.

내가 그의 이름을 불러준 것처럼
나의 이 빛깔과 향기에 알맞은
누가 나의 이름을 불러다오.
그에게로 가서 나도

그의 꽃이 되고 싶다.

우리들은 모두
무엇이 되고 싶다.
나는 너에게 너는 나에게
잊혀지지 않는 하나의 의미가 되고 싶다.

(김춘수 '꽃' 전문「현대문학」1952년)

이 시를 두고 윤후명은 명목과 실질을 하나로 아는 것이 중요하다고 말한다. 어쩐지 인간은 대상에 대해 의미론적인 편견을 가지고 있다. 존재는 명명을 통해 포착하고, 하나의 이름 뒤에는 꼭 어떤 의미를 달아 기억한다. 이것은 특별한 관계의 편견이다. 명목과 실질, 이름과 내용을 서로 연결함으로써 익명의 불안에서 벗어나 하나의 본질에 도달하려 한다. 너는 나에게 어떤 이름인가? 대개 그 의미는 명찰과 일치하지 않으며, 의미는 사람마다 다르다. 그리하여 대상은 그 사람의 실존이 된다. 아마도 그렇기 때문에 이름이 꽃같이 아름다운 것이다.

꽃이 사람의 심상에 점을 찍을 때 찍힌 점은 하나의 관계에 관한 의미를 뜻하며 꽃은 기호가 된다. 심상 안에는 자기에게 의미 있는 존재에 관한 관념이 저장되는데, 사람은 이것을 항상 꽃과 같은 어떤 구체적 대상과 혼동하고 있다. 어떤 것이 꽃인지 어떤 것이 꽃의 의미인지가 분명치 않다. 명목과 실질이 이미 하나이기 때문이다.

반대로 서커스단 코끼리를 한 마리 코끼리로 보지 않고 묘기부리는 동물로 보는 것은 명목에 치우쳐 코끼리의 실체를 놓치는 것과 같다. 코끼리는 느끼고 생각한다. 하물며 눈물도 흘린다. 하지만 이 명목적 기호학에서 코끼리는 다만 묘기를 상징한다. 특정한 묘기가 코끼리를 단정한다. 이 관계에선 특정한 묘기가 특정한 코끼리의 존재가치를 좌우한다. 묘기를 더 이상 보여주지 못하는 코끼리는 아무 쓸모도 없는 존재가 된다. 이것이 기호학적 의미론이 흔히 범하는 오류이다. 기호학적 의미론으로는 코끼리의 존재가치를 정확히 이해하지 못한다. 이름과 본질이 일치하는 데까지는 미치지 못하기 때문이다.

무엇을 상징하는가? — 이것이 기호학과 의의학의 중요한 차이이다. 기호학은 상징을 위한 부호체계에 초점을 맞춘다. 매체의 모습이나 이름이 먼저 오고 그것이 뜻하는 바를 강구한다. 기호학에서 매체는 외적 세계의 한 피상적, 객관적 조건을 전달한다. 대개 이 조건은 매체의 고유 본질이나 존재 의미가 아니라 매체가 무엇을 말해야 하는가에 대한 사회적 약속, 명목적 기능을 담고 있다. 노란색 아치 두 개는 맥도날드 햄버거를 가리킨다. 벽에 피아노 건반을 칠한 상점은 피아노 가게이며, 큰 오리 모양의 건물은 오리 레스토랑이다. 상징은 익명의 다수에게 보편적으로 전달되는 메시지를 목표로 삼는다. 규범화된 명목적 상징. 물론 이것은 사람의 의식 안에서 충분히 소화를 마친 의미 즉 개인의 삶의 본질을 다루진 못한다.

반면에 의의학은 소통의 내용에 초점을 맞춘다. 대상과 자아 사이에 무엇이 오갔는지를 이해한 후에야 비로소 매체의 모습을 논한다. 대상과 자아의 소통 내용은 보편적 명목이나 미리 재단된 기성 지식과는 거리가 멀다. 객관을 배제하는 대신 주관적 의식과 초월론적 의미 현출을 중시한다. 이것이 후설이 말한 세계 대상에 대한 개인의 명증적 직관을 이룬다. 대상의 참뜻은 그것을 경험하는 개개인에 의해 정해진다. 노란색 아치 두 개가 햄버거 가게를 가리키기도 하겠지만 햄버거와 상관없는 내 생애에 대해서는 이 명목이 아무런 의미도 전해주지 않는다. 내게 있어서 그 커다란 노란색 조형물에는 본질이 없다. 더욱이 오리 모양을 가진 저 오리 레스토랑이 한 도시건축가에게 주는 상징은 그것이 그저 배고픈 사람이나 오리요리를 특히 좋아하는 사람에게 주는 명증적 본질과는 크게 다르다.

대개 각 대상은 명목적 상징성과 본질적 상징성을 동시에 가지고 있다. 컴퓨터는 업무를 처리하는 도구로서의 컴퓨터도 되지만 취미 동호인들이 정보를 서로 나누는 만남의 수단이 되기도 한다. 저 나무는 옆집 누구네 감나무라고 불려지기도 하지만 내게는 가을을 향한 우주적 참여를 말해주기도 한다. 물론 의의학적 의미론은 본질적 상징성을 다룬다. 의의학적 의미론에서 한 대상이 상징하는 내용은 결국 그 대상의 존재 자체 혹은 그 가치인데, 이것은 대상을 바라보는 상대방이 명철한 주관과 명증적 직관을 통해 대상의 있는 그대로의 본질적 상태를 이해할 때 비로소 정의된다. 잘 꾸며진 보행로나 조용한 동네공원도 마찬가진데, 아마도 의의학에서 보는 보행로의 상징은 사람이 편하고 안전하게 걸어가는 길이라는 명목적인 것이 아니라 한 사람이 보행로에 담아 놓은 그 사람의 생활에 관한 이야기의 깊이일 것이다. 니체는 이런 스스로를 향한 의의학적 교통에 의해 자신을 극복하고 또 자신을 둘러싸고 있는 규범적 틀을 극복하는 이른바 '극복인'이 될 수 있다고 말하고 있다. 의의학적 소통을 통해 그 사람은 세계와 특별한 의미연관을 맺을 수 있다. 제도적 표상이나 표피적 상징에 그치지 않고 세계 대상들의 진정한 본질을 간파할 수 있다. 대상의 본질에 관한 의미론적 소통을 토대로 세계의 있는 그대로를 이해하게 되며, 그것과 상통하고 그것과 융합된 나의 존재를 정의할 수 있다. 기호학이 설명하지 못하는 자기 삶의 응시이며 자기 몰각(沒却)이다.

무엇이 매체가 되는가? — 기호학과 의의학은 매체를 이용하는 방식에서도 차이를 보인다. 기호학적 소통에서는 자신을 전달하기 위해 자기 말고 다른 것을 매체로 이용한다. 이를테면 사랑이 본질일 때 사랑하는 대상이 아니라 사랑한다는 표현수단이 중요하다. 대개는 세계에서 자기와 공존하고 있는 다른 대상들을 자신의 기호로 빌려온다. 그리고 가급적 그 이름을 널리 드러나게 만든다. 이름이 얼마나 보편적으로 또 균일하게 알려지는가가 중요하다. 따라서 한 대상에 두 가지 이상의 매체가 이용되기도 한다. 심지어는 하나의 대상을 일컫는 이름도 여러 가지인 경우가 있으며, 한 이름에 비슷비슷한 디자인을 여럿 사용하기도 한다. 따라서 자칫 매체가 진정 무엇을 말하는지 모호해지기 쉽고, 매체의 다중성 내지는 무실속성 때문에 그것을 이용하는 소통자들 사이에 오해가 일기 쉽다. 뜻과 언어 사이의 불균질이 나타나기 쉽다.

기호학이 자기 이외의 매체를 기호로 이용하는데 반해 의의학적 소통에서는 자기 자신을 기호로 이용한다. 오직 자신만이 자신의 본질을 제대로 전달할 수 있다는 상식 때문이다. 이 말은 대단히 중요한데, 이는 대상이 곧 매체이고 의미가 곧 기호라는 말이다. 기호 하나가 자신 이외의 어떤 다른 무엇을 대신 전하려 하는 것이 아니라 기호가 곧 자기 자신의 어떤 것을 의미한다는 것이다. 이를테면 사랑이 본질일 때 사랑하는 대상 자체가 매체가 된다.

한 사람이 세계의 어느 한 대상과 마주하고 있다고 치자. 대상은 다른 어떤 방식도 내세우지 않고, 다른 어떤 언어나 매체수단도 이용하지 않고, 오직 자신을 그대로 드러내고 있다. 드러냄으로써 자신이 상대에게 무엇을 뜻하는지를 보여주고 있다. 매우 직설적이며 근접적인, 말하자면 명백한 하나의 현상학적 대면이 아닌가! 이를테면 시인 서정주가 그려낸 국화 한 송이는 어떤 다른 모습도 내세우지 않고, 오직 자신의 모습과 자신의 이름만으로, 봄부터 울던 소쩍새, 머언 먼 젊음의 뒤안길, 간밤의 무서리와 같은 이야기를 전하고 있다. 소쩍새나 젊은 날 그리고 간밤의 무서리는 국화가 무엇인가를 대신 말하기 위해 따로 빌려온 매체가 아니다. 이들은 국화가 탄생하는 경로이며 국화의 존재의미 자체이다. 이들은 이미 국화에 내재해 있는 본질이다. 이것이 앞서 말했던 명목과 실질의 하나됨을 뜻한다.

이럴 때 우린 이것을 표현매체라고 말하지 못한다. 대신 부호로서의 자신은 본질로서의 자신과 하나가 되어 본질을 스스로 표상하게 된다. 자신이 자신의 표상매체가 된다. 이점에 있어서 표현매체의 뜻과 표상매체의 뜻은 완전히 다르다. 표상매체에서 본질은 그 매체에 단단히 빙의되어 자기 몸을 의미의 숙주로 삼는다. 단순히 어떤 언어, 행동, 표정, 기호로 표현되었는지를 분석하는 일이 아니라 명철한 의식으로 대상의 껍질을 신중히 벗기는 일이다.

'통합의미론=기호학+의의학' — 우리가 말하는 거주의 인간학적 의미론은 기호와 의의가 하나가 된 본질을 다룬다. 사물은 자신이 의미도 되고 기호도 된다. 자신을 드러내 자신이 무엇인지를 전한다.

그리고 본질을 전하기 위해 그것은 반드시 어떤 모습으로 현상된다. 이것은 근원적으로 의의학에 속하지만 여기서 우리가 기호학을 완전히 배제할 수는 없다. 모습을 함께 다루어야 하기 때문이다. 본질과 모습은 한 쌍으로 움직이는 일체적 단위이기 때문이다. 여기에는 의미론의 두 가지 숙명이 있다.

첫째, 한 존재자와 다른 존재자의 상통에는 기호가 필요하다. 물론 여기서 기호는 존재자 자신이 된다. 하지만 존재자의 본질은 본질 자체의 상태로 다른 본질과 만나지 않는다. 그것은 우선 하나의 구체적인 모습을 취득한 후 그것을 기호로 삼아 다른 모습과 상통한다. 어떤 방식으로든 서로가 경험되지 않고서는 각각의 본질이 드러나지 않는 것이며, 경험은 사물의 본질을 일정한 기호적 형상으로 바꿔놓는다. 경험을 통해 사물의 본질에 관한 관념을 형성할뿐더러, 우리 의식은 더 나아가 그것을 기호적 형상으로 전이한다. 서정주의 시에 적힌 국화가 보여주듯이 사람은 국화라는 형상을 경험함으로써 젊음의 뒤안길, 간밤의 무서리와 같은 본질적 관념을 터득한다. 자아도 경험의 기호적 결과물이며 상대도 경험의 기호적 결과물이다. 결과물로서 나와 대상은 하나의 기호로서 서로 현출되며 서로 기호로서 연결되어 있다. 그리하여 나는 국화와 교통하고 있는 것이며, 국화는 또 옆의 국화와 기호적으로 연결되어 있는 것이다.

둘째, 하나된 본질과 기호. 정확히 말해서 기호 속의 본질은 끊임없는 상호주관적 검증을 거쳐 합리성을 취득해야 한다. 그럼으로써 명증적 타당성에서 사회적 합리성으로, 주관적 직관에서 하나의 제도적 지식으로 정착한다. 앞서 말했듯이 기호학적 유형의 소통이 매체의 교육적 역할이나 전파능력에 주목하는 이유도 여기에 있다. 매체의 이름이 갖는 명목적 역할의 객관성과 보편성을 높여 소통의 지리적, 문화적 범위를 넓히는 것이 중요하기 때문이다. 그 기호가 무엇을 표상하는지에 관한 의사소통의 공유범주 밖에 있는 사람에게는 오해만이 있을 뿐이다. 이 사람은 크고 노란 두 개의 아치를 장난감 가게나 초콜릿 선전으로 오해할 수도 있다. 의의학적 소통도 이와 마찬가지로 그 상징관계를 공통으로 이해하는 집단 안에서 유효하다. 따라서 우린 각자의 주관적이고 개인적인 의미를 집단에게 펼쳐 보이고 그 타당성과 합리성을 입증하고자 노력한다.

여기에서 우린 두 가지의 사회적 합리성에 주목한다. 하나는 그 본질이 사회적으로 타당한가에 관한 것이다. 내용 면에서 볼 때 집단 안에서 그것이 보편적 지식으로 인정되는지를 말한다. 또 하나의 합리성은 그것이 타당한 기호에 묶여 있는가에 관한 것이다. 누구는 아련한 젊음의 뒤안길을 국화 한 송이에, 어린 추억을 내 놀던 옛 동산에, 내가 속한 초라하지만 든든한 작은 사회를 골목이라는 기호에 묶을 수 있다. 다른 누구는 또 다른 기발하고 엉뚱한 기호로 혹은 선뜻 받아들이기 힘든 나름대로의 기호로 소통을 꾀하려 들지 모른다. 어떻게 엮어내든 소통의 가능성은 기호를 통해야 열린다. 기호가 타당치 않으면 본질이 흐트러진다. 합리적 지식으로 성장하지 못한다.

이것이 우리가 의의학과 기호학을 하나로 합쳐 의미를 말해야 하는 이유이다. 본질이란 한 대상이 다른 대상에게 전하는 자신에 관한 순수의미이다. 두 대상은 상호 소통과 상호 인정 그리고 자기 극복에 의해 상대의 순수의미를 이해함으로써 각각 자신과 세계의 존재의미를 발견하게 된다. 그리고 본질은 기호의 옷을 입고 있다. 우리가 삶의 본질로서의 어떤 체험이나 감동이나 느낌을 말할 때 우린 그것을 표상하는 기호를 함께 말한다. 더욱이 표상매체만으로도 우린 썩 훌륭하게 체험적 느낌에 대해 소통할 수 있다. 예컨대 사랑에 대해 말할 때 '내가 사랑하는 너'는 얼마나 효과적인 소통기호인가! 뜻은 기호의 형상과 하나이며, 형상에 부딪쳐 반사될 뿐만 아니라 형상 속에서 완성된다. 도시건축 속 인간 삶의 체험과 감동의 의미를 말하는 우린 여기서 도시건축 세계가 체험의 대상이 되며 동시에 의미의 기호가 됨을 잊지 말아야 한다. 도시건축 세계의 요소요소는 각각이 인간에게 기호이고 의미이며, 두 가지의 통합이다. 하지만, 다시 강조하건대, 기호는 의미에 종속적이다. 사랑의 대상이나 사랑을 말하는 시와 노래가 사랑이라는 본질적 뜻에 부수적이듯이.

의미 2: 이성 그리고 감정과 기분과 정념

"모든 감정은 체험들이 모여 있는 커다란 저수지, 즉 '의식류'에 속하는데, 그 속에서 모든 감정은 하나의 통일체 속으로 흡수되고, 새로 생겨난 모든 감정은 전체 의식류의 수위를 변화시킨다". 모든 체험들이 모여 있는 체험의 저수지에 비유되는 체험류가 단순히 잡다한 체험들의 집합에 불과한 것이 아니라 나름대로 통일체를 이루고 더 나아가 이 통일체가 하나의 통일적인 색조를 지니며 그때그때 주관에게 나타나는 세계는 바로 이러한 통일적인 색조에 의해 채색되어 현출한다. (후설, 'M유고', 이남인, '후설의 현상학과 현대철학', p. 45)

이성과 감정 — 글쎄, 우리가 말하는 의미란 이성일까 감정일까? 내가 세계의 대상에서 얻는 이 체험의 현상은, 글쎄, 나의 이성에 관한 것일까 감정에 관한 것일까? 이를테면 초원의 바람, 사랑하는 사람, 내가 좋아하는 도시의 어느 공간 같은 것들은 나의 이성에 호소하는가 감정에 호소하는가? 이를 잘 분간하지 못하면 우린 사람도 이해하지 못할 것이고 그들의 거주도 이해할 수 없을 것이며, 삶의 의미를 위한 멋진 집을 짓는 일도 포기해야 할 것이다. 스스로 삶의 의미가 무언지 모르면서, 사람들의 삶이 추구하는 궁극을 알지 못한 채, 어떻게 의미로운 집을 지을 수 있단 말인가!

내게 만약 진정한 사랑이 있어 그것을 믿고 먼 여행을 떠날 수 있다면 여기에는 어떤 한 마디로 정리되지 않는 복잡한 의식이 작용하고 있을 것이다. 도시 속 어느 작은 사랑의 공간, 추억의 공간을 찾아가면서도 우린 영혼의 충만 같은 것, 이를테면 '나는 행복하다' 같은 가슴의 크고 작은 요동을 느끼게 될 것이다. 사랑이나 추억, 충만함과 행복함은 나의 감정에 관한 것이며 마음의 언어인데, 이들은 어느 날 밑도 끝도 없이 혼자 만들어지는 것이 아니다. 사랑, 추억, 충만함, 행복함 같은 마음의 물결에는 예컨대 기다림, 자신을 거침없이 투자하는 결단, 침을 삼키며 참아내는 끈기, 다소 불안한 예감 같은 어떤 거칠고 현실적인 결정과 판단이 늘 선행된다. 마음이나 느낌은 이처럼 차가운 판단과 행동이 선행됨으로 비로소 모습을 드러낸다. 지성과 오성 그리고 이성들이 번쩍이며 직선이나 대각선으로 튕겨 지나가는 현실. 사실 우리 일상의 삶과 거주생활의 거의 전부는 이런 현실 속에 있다고 해도 과언이 아니다. 하지만 잊지 말아야 할 것은 이런 현실의 이성적 파고가 궁극으로는 감정의 물결을 건드려 마음에 어떤 패턴을 만드는 일로 끝난다는 사실이다.

우린 여기서 이성과 감정의 관계를 곰곰 생각해보아야 한다. 이성과 감정을 이분하는 대신 이성을 통해 감정으로 도달하는 경로에 주목할 필요가 있다. 인류 사색의 먼 길을 굳이 되짚지 않아도 두 가지는 지금껏 흔히 서로 구분되고 대조되어 온 듯하다. 이를테면 전통 형이상학에서 실증주의까지는 관념이나 이성으로 존재의 본질을 객관적으로 탐구하면서 감정, 주관, 가치관 같은 유기적 소여를 다소 가볍게 처리하였다. 그 사이에 실존주의나 현상학은 감정, 기분, 직관과 같은 인간의 초월론적 의식작용에 주목하여 실존의 진실에 가까이 가려 하였다. 인간의 능력은 과연 어디까지일까?

이성과 감정의 끊을 수 없는 관계를 말하려는 우리의 진심은 세계의 객관적 질서를 인정하면서 한편으론 인간이 경험이라는 이성적 경로를 통해 결국 감정적 혹은 초감성적 의식을 구축한다는 키에르케고르의 사유에 빚진 바 크다. 이것은 어찌 보면 이성이나 감정, 보편성이나 고유성, 객관성이나 주관성 중 어느 하나를 선택하는 전통적 정당성을 포기하는 사유이다. 대신에 여기에는 이성이 감정으로, 보편적 본성이 개인적 본질로, 그리고 객관적 자연이 주관적 의식으로 전환되는 그 의식적 변이에 초점을 맞추려는 의도가 있다. 어쩌면 니체는 이런 것을 인식적 자기기만necessary lies의 병리현상이라 비웃을지도 모르겠다.

하지만 인간 존재나 거주는 어김없이 저 현실대상들과의 간단없는 좌충우돌 속의 현상이다. 그것은 현실의 객관적 실체와 물리적 장치 속의 존재라는 벗어날 수 없는 숙명을 가지고 있다. 그렇다면 실존을 담는 이 세계는 어찌할 바 없이 우리 논의의 출발점이어야 하고 또 종착점이어야 한다. 그럼으로써 아이러니컬하게도 세계는 우리의 극렬한 비판의 대상이 되며 동시에 자기 회복과 혁신의 모티브가 된다. 더욱이 니체의 극단적 실존주의에 대한 비판자들이 설득력 있게 주장하듯이, 그 라이프니츠적(的) 실체적 단위로서 현실 시스템의 존재를 전제하지 않고서야 어떻게 그 속에서 자기 존재를 정의하는 인간의 주관적 인식과 내면적 행로를 논할 수 있으랴!

자아가 세계 대상과 갖는 의미연관에는 다분히 투쟁성이 가미되어 있다. 이 결정과 판단에 관한 투쟁의 속성은 세계 속의 실존적 생존 즉 자아의 정립 내지는 자기 존재의 명백한 정의를 위해서는 어쩔 수 없는 일이다. 여기서 실패하면 삶은 무의미해지고 존재가치는 사라진다. 따라서 인간은 자신의 실존동기와 자유의지 그 합리성을 앞세워 세계에 대한 이성적 경험을 수행한다.

하지만 이성은 본래 얼마나 약한 것인가! 생존을 위해 타협에 약해지며 변덕스럽다. 예컨대 프롬은 인간이 얼마나 쉽게 '소극적 자유'에 안착하는지를 일깨우고 있다. 더구나 오성과 지성은 자기 중심적이어서 이미 지니고 있는 작은 자기 지식의 배경에 불완전하게 왜곡되어 있다. 여기서 인간이 택하는 방편은 자신의 이성적 작용이 남겨놓은 퇴적물을 감정의 각으로 떠 의식에 보관하는 일일 것이다. 세계에 대한 지적 이해는 마음으로의 새김이 없으면 껍데기처럼 부숴지고 쉽게 망각된다. 특히 그 이성적 흔적이 자신의 존재가치에 소중하게 여겨지는 의미와 연관된 것일 때에는 이런 감정의식으로의 보관이 더더욱 절실해진다. 소중한 것들은 특히 더 감정적으로 남게 된다는 말이다.

여기에도 양방향의 통합적 논리가 적용된다. 지적 이해가 없다면 마음의 새김도 없다. 의미가 마음의 느낌에 관한 것이라 할지라도 이 느낌은 혼자 생겨나지 않는다. 혹시 홀로 생겨난 것이라면 그것은 소중한 의미로 정착하지 못한다. 성숙하지 않은 불완전한 감정이기 때문이다. 마음의 예민한 패턴을 이루는 감정의 결은 이성의 작용을 필요로 한다.

이를테면 감정은 세계에 대한 감각과 지각과 행동에 관한 이성적 결정을 거쳐 만들어진다. 그리고 시시각각 만들어지는 감정은 또 다시 이성에 의해 진정 타당한 감정인지를 검증 받는다. 이처럼 머리의 깨달음과 가슴의 깨달음은 불가분의 관계를 이룬다. 더욱이 오성적 깨달음이 감정적 깨달음으로 혹은 그 반대 방향으로 부지불식간에 상호작용을 거듭하면서 두 가지는 마음의 깨달음으로 합치된다. 우리가 이점을 이해한다면 인간의 지성과 이성의 투쟁 흔적 위에 감정의 생살이 얹혀지는, 그 소생과 치유의 과정에 수긍할 수 있다. 그러면 세계가 사람의 이성적 투쟁을 통해 마음의 감정적 의식 이른바 기분의 여운으로 안착하는 경로를 인정할 수 있다. 그 기분이 세계로 다시 나서는 인간의 이성적 행로를 안전하게 인도하는 그 섬세한 사이클에 대해 말해볼 수 있다.

기분과 정념 — 의미는 사람이 자기 인생과 일상을 채워나가는 뜻이며 가치이다. 즐겁고 가슴 벅찬 일상 혹은 한쪽 가슴을 도려내는 듯 저미게 슬픈 기억, 뜻 깊고 유익한 부분들, 단아하고 품위 있는 영혼, 혹은 혼란스럽게 역동적으로 움직이는 정신. 우리 각자는 주어진 하루하루를 작은 가치들 혹은 어떤 나름대로의 큰 뜻을 향해 살아간다. 그리고 이들은 모두 자신의 체험이며 자기 일생을 관통하는 삶의 감동이다. 더 나아가 오늘은 무슨 일을 어떻게 할 것인가에 관한 인덱스이며, 내일은 또 어떻게 살 것인가를 결정하는 주춧돌이 되기도 한다.

이런 일들은 모두 세계 속에서 인간의 이성과 감정이 앞서거니 뒤서거니 혹은 거의 동시에 작용하는 경로를 통해 얻어진다. 그리고 이 경로는 어느 한 가닥 감정의 여운이 만드는 마음의 지식으로 끝난다. 우린 이 마음의 정서적 지식이 하이데거가 말한 기분stimmung과 같은 것이라고 믿는다. 이것은 후설도 지적했듯이 감정들이 의식 속에서 형성하는 감정적 의식류(流)이다.

더 나아가 우린 기분이 하이데거 이전에 이미 데카르트가 말했던 정념 즉 감정에 따라 일어나는 억누르기 힘든 사유의 조각으로 의식 안에 안착하는 것이라고 생각한다. 정념은 불안하거나 권태롭거나 감동적으로 열띤 감정들이 기분이라는 의식류를 거쳐 하나의 사색적 지식 단위로 단단히 화석화된 상태를 말한다. 혹은 이성적 지식의 옷을 차려입은 마음의 무늬라고나 할까? 이처럼 경험이 정념이라는 하나의 지식 수준내지는 의식류로 정착하면 그것은 이제 자신의 삶과 실존에 대한 의미 그리고 자신을 둘러싼 세계와 자아 사이의 관계에 대한 의미를 결정한다. 이제 감정, 기분, 정념을 하나씩 좀더 세밀히 정의해 보자.

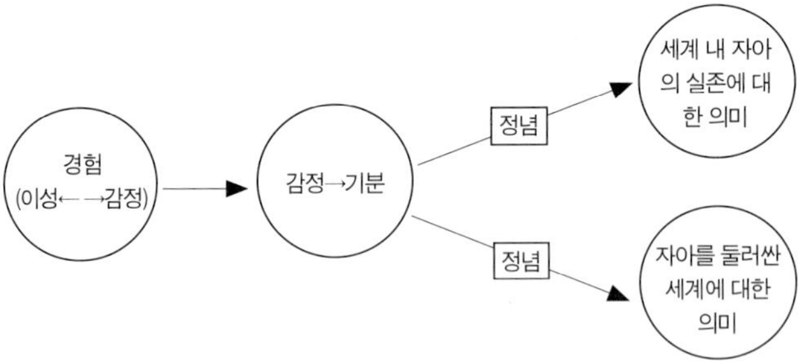

실존의 주체이며 거주하는 자아로서 인간은 정신과 신체 모두로 세계를 경험한다. 심리적 주체와 물리적 주체의 합 즉 후설이 말한 '심리 · 물리적 주체'로서 인간은 이성적 자아와 예술적 자아의 양면성을 가지고 세계와 만난다. 전자는 의식활동 중 지적 활동 즉 오성을 다루며, 표상과 해석과 추론을 거쳐 개념을 형성하고 논리와 사고를 통해 사물을 판단하는 지성을 관장한다. 후자는 의식활동 중 감성을 다루며, 대상으로부터 자극을 받아 감각과 지각을 일으키고 또 행동을 통해 얻는 느낌의 감수성을 관장한다. 사유와 표상과 개념형성에 관계된 오성 그리고 감각과 지각과 감수성에 관계된 감성은 공히 인간의 세계 경험을 구성한다. 세계 경험이란 이성적 자아의 작동을 거쳐 예술적 자아를 터득하고 다시 이로부터 이성적 자아가 발동되는 하나의 통합과정이다.

여기서 예술적 자아는 감정을 다스린다. 감정이라 함은 감각이나 행동에 의해 유발되는 사물과 사건에 대한 느낌, 특히 쾌 혹은 불쾌를 중심으로 하는 주관적 심정을 뜻한다. 흔히 말하는 '기쁘다', '슬프다', '안락하다'와 같은, 이를테면 작가 히라노 게이치로가 말한 내면의식의 표정 같은 것이다. 여기서 주목할 내용은 감정이 감성(감각적 표상)과 오성(인지추론적 표상)에서 모두 유발된다는 점이다. 예컨대 감정은 맛있게 익어가는 음식에 대한 감각에서도 나오고 또 '저 사람이 내게 왜 이렇게 행동하지?'와 같은 판단에서도 나온다. 감각과 지각과 감성 그리고 인지와 추론과 오성이 모두 인간의 세계 경험을 이루는 것임으로 우린 경험 안에서 감성과 오성이 뒤섞여 끝에는 눈물방울 같은 감정적 수정체가 결정되는 것이라고 말할 수 있다. 여행이든 좋은 사람과의 이별이든 어떤 운동에 전념하는 것이든, 경험이라는 냉철한 두뇌활동과 뜨거운 가슴활동의 끝에서 인간은 마음으로 느끼는 작은 감동에 도달한다.

한편, 기분이 무엇인지를 이해하기 위해 우린 후설의 후기 저서에 정리된 기분의 현상학 그리고 하이데거가 말한 기분의 존재론적 의의를 참고할 수 있다. 후설의 말을 빌면 기분은 자신을 있는 그대로 드러내는 세계 존재자들에 대한 지향적 직관을 결정하는 의식의 흐름이다. 또 하이데거를 빌면 세계와 지시연관을 가진 자아의 실존적 정의를 깨우치고 또 스스로 자신을 드러내는 세계 존재자들을 열어 개시하는 토대가 곧 기분이다. 정리하면, 기분은 대상이나 상황에서 얻는 감정의 조각들이 얼마만큼 축적되면서 마음 속에서 형성되어 한동안 지속되는 정서적 흐름이다. 기분은 각각의 감정단위나 단편적인 심리사건이 아니라 세상을 이해하고 자신을 이해하는데 얼마간 지속되는 일관적인 감정통로, 이를테면 얼마간 자기 마음의 얼굴에 쓰고 있는 안경과 같은 하나의 의식적 조망통로를 말한다. 따라서 하나의 기분은 어떤 한 경험이 아니라 여러 근접 경험들을 두루 관장한다. 예컨대 꽃밭에서 꽃을 가꾸며 얻은 행복한 기분에 의해 우린 지금의 나 그리고 주변까지 행복한 것으로 의식한다. 이것저것 요즈음의 것들을 다 행복한 것으로 느끼게 된다. 또 하이데거의 예를 빌면 한때 밀려오는 권태는 자신을 보는 눈 그리고 세계를 개시하는 눈 전체를 권태롭게 만든다. 얼마간 세상이 모두 따분해진다.

이 기분이 지식이라는 틀로 장착되어 정념이 되면 이 단단한 마음의 정념의식은 그 영향력을 더욱 강하게 넓혀 나간다. 그리하여 행복한 정념은 자기 실존과 삶 자체를 모두 행복한 것으로 그리고 각자가 처한 세계 전체를 행복한 것으로 개시한다. 반대로 어떤 무료한 기분이나 절망감으로 뒤덮인 정념은 우리로 하여금 자신의 삶과 자신이 처한 세계 전체가 무료하거나 불안한 것으로 느끼도록 만든다. 초기「방법서설」에서 물심이원론을 제기했던 데카르트는 후기에 이르러 양자를 우선 구분함으로써 그때 비로소 둘의 결합에 대해 논할 수 있음을 증명하게 된다. 그는 정신과 신체의 결합이 곧 인간의 정념이라고 주장한다. 이것이 그의 후기 저서「정념론」의 골자인데, 여기서 20세기 데카르트 연구의 권위자 코팅엄의 정의를 빌면 정념은 경험에 의해 촉발되는 기분, 감정에서 생기는 억누르기 힘든 느낌, 그리고 생각이나 지식의 문화적 혹은 예술적 측면 즉 인간의 마음과 심정에 관계된 정사나 사념을 뜻한다.

거주의 의미는 이처럼 세 가지 수준에서 말해질 수 있다. 감정, 기분, 정념을 각각 세계 경험의 단편적 감정색채, 중간적 감정색조, 보편적 감정색감이라 불러보자. 세계의 여러 체험상황들이 모여 자아의 의식류를 형성하는데, 이들은 첫째 개별 대상의 현상적 체험이 쏟아내는 단편적 감정적 색채, 둘째 개별 감정들이 통합되면서 의식에 잠재하여 어떤 정서적 색조를 띄기 시작한 기분, 셋째 이 기분 색조가 이성적 작용과 결합하여 의식에 정착하면서 자기 실존과 세계 전체에 대한 보편적 색감으로 형성된 정념으로 발전해간다. 그리고 역으로 정념은 다시 기분에 그리고 기분은 개별 체험마다의 감정에 영향을 미친다.

감정들이 기분으로 그리고 기분들이 정념으로 진화하면서 각 의식 작용과 연관된 세계의 부분들도 기분 속으로 혹은 정념 속으로 똑같이 묶여진다. 자아뿐만 아니라 넓고 복잡한 세계도 몇 가지 감정적 흐름과 묶여 정리된다. 우린 각자가 속한 세계 그리고 그 속의 자아 존재감이 근원적으로 어떤 감정이나 기분이나 정념의 느낌으로 채색되어 있는 상태임을 안다. 마음의 색감과 색조를 통과하는 프리즘처럼, 감정과 기분과 정념은 우리가 경험하는 이 세계가 '무색무취의 단순한 인식적 지평'이 아니라 감정적 무늬와 마음의 패턴으로 채색된 지평으로 드러나게 만들어준다.

정리해보자. 거주의 의미는 명철한 이성적 성찰, 명상적 관념철학, 추상적이고 형이상학적인 묵상, 실증적 보편원리 등으로는 풀 수 없는 인간 정념의 의식에 의해 움직인다. 인간 거주의 의미가 마음과 느낌의 언어로 말해지는 감정적 의식이라는 사실이 도시건축 실무에 무엇을 말하는가? 도시건축의 세계, 그 빛과 벽과 공간과 재료 그리고 집과 길과 공원과 자연과 대지의 형상구조를 인간은 기능이나 기술이나 토지이용과 같은 합리성이 아니라 미묘한 주관적 감정으로 체험한다. 실무의 냉철한 작업은 인간의 마음 속으로 녹아 든다. 자기를 둘러싼 도시건축에 대한 피할 수 없는 근접경험에 의해 인간의 마음이 정념의 물감에 젖어 드는 모습을 상상해보라. 이성과 판단으로 만들어진 냉정한 세계가 인간 삶을 둘러싼 느낌의 색감으로 전환되는 거주의 일보 일보를. 도시건축은 인간의 두뇌가 아니라 마음을 움직이는 작업이다. 도시건축의 형상 하나하나와 그 속에서 벌어지는 현상 모두에 대해 우린 본질적으로 감정적이다.

의미 3: 상태의 감성적, 실용적, 정신적 형용사

의미의 언어 공식: '명사 + 동사 = 형용사' — 나, 하늘, 바람, 나무, 집, 길, 건물 등은 세계를 이룬다. 세계를 이루는 이들은 모두 명사이다. 이들은 세계의 존재자로서 나의 경험을 기다리고 있다. 명사만으로는 홀로 어떤 의미도 맺기 어렵다. 우린 앞서 기호학에 관한 논의에서 이점을 지적하였다. 명사를 바닥 위에 홀로 세워놓으면 저절로 옆으로 쓰러진다. 이를 받쳐주기 위해 우린 흔히 동사를 지지대로 삼는다. '하늘로 + 가다', '너를 + 만나다', '길에서 + 놀다' 같이 동사로 세계의 어느 한쪽을 받쳐주면 둘은 한데 뭉쳐 똑바로 설 수 있다. 하지만 여기에는 아직 의미나 묘사가 뚜렷하지 않다. 무엇을 '형용'하는 게 없다. 기계로 만들어진 물체처럼 둔탁한 동력이 있을 뿐이다. 대개 한두 문장으로 대화가 끝날 수 있을 만큼 이야기 거리가 적다. 삶이 좀 메말라 있거나 앞으로 메마르게 될 징조까지도 보인다. 대개의 도시건축 실무는 이처럼 명사만으로 혹은 여기에 간편한 동사들 몇 개를 덧붙여 세계를 만들고 있다. 그나마 명사에 동사가 합쳐지면 어떤 뜻을 향해 움직이려는 힘은 느껴진다.

하기야 명사나 동사만 가지고도 거주에 대해 얼추 논해볼 수 있다. 문화심리학자 니스벳은 인간의 사고가 사회문화적 소산임을 전제하면서 서양과 동양이 가진 사유방식의 차이 몇 가지를 명사와 동사의 언어로 간결히 설명하고 있다. 서양의 인식구조는 사물의 속성이나 유형에 초점을 맞춰 진행되므로 생각이 대개 명사를 중심으로 형성된다. 반면에 동양의 사고체계는 사물의 관계와 맥락을 중시하므로 관계론을 표시하는 동사에 기댄다. 그의 저서「생각의 지도」는 'More tea?' 같은 서양의 명사적 표현 그리고 이를 차를 '더 마실래?'로 대신 말하는 동양의 묘한 동사적 표현을 대비하고 있다. 동사에 대해 덧붙여 말하자면, 동사만 가지고도 강렬한 그윽함으로 여러 것을 무사히 형용하는데 있어 시인 문태준을 당할 사람이 없는 것 같다. 그는 동사를 이를테면 '시간이 익힌 몸짓'이라거나 '몸이 익힌 언어'라고 상정하는데 (2004년 노작문학상 수상소감), 이를 두고 평론가 김주연은 '묘사와 운동 사이에 걸쳐 있는 고즈넉한 시적 자아의 흔들림이 의뭉스럽다'고 한다 (2005년 미당문학상수상작품집 평론). 동사를 묘사의 언어로 사용할 수 있는 능력은 시인의 것이라 치더라도, 동사의 끝자락에서 벌어지는 일들을 제대로 형용하기 위해선 역시 형용사가 따라와야 한다.

세계 속에서 살아가는 사람이 자신의 크고 작은 삶의 동기를 말할 때도 대개 명사를 채택한다. 왜 그랬냐고 물으면 사랑 때문에, 시험 때문에, 친구 때문에라고 대답한다. 동기가 있으면 사람은 자연스럽게 그것을 향해 가는 경로에 대해 말하게 된다. 경로는 동사적 개념이다. 동기와 의지로 끓기 시작한 육체는 동작을 개시한다. 우린 각각 '어떤 부족함을 취득하기 위해', '갈증을 채우기 위해', '무엇을 하기 위해' 움직인다. 세계의 엄격한 명사적 질서 속에서 육체는 쉴새 없이 움직인다. 감각하고 행동한다. 처음의 목표가 수정되기도 하고 새로운 판단이 내려지기도 한다. 중간 중간에서 크고 작은 감정의 물결들이 생겨나고 또 사라진다. 지난 감정들이 되살아나기도 한다. 그러므로 의식은 다만 '무엇'을 위해 '움직인다'거나 '무엇'에 대해 '생각한다'에 그치지 않는다. 의식은 '느낀다'까지 연장된다. 이 느낌을 말하기 위해선 명사와 동사를 넘어 필경 형용사가 동원되어야 한다.

의미는 감정이고 기분이고 정념이다. 내면의 감정적 풍경이며 마음의 상태이다. 바깥세계의 객관적 상황도 상태를 말할 땐 형용사로 말해지는데, 하물며 마음의 상태는 물론 형용사적 상태이다. 예컨대 사랑의 상태는 감동적이며 아름다우며 순수하다. 놀이터를 마주보고 선 아이의 상태는 즐겁거나 따분하다. 큰길 가의 아파트는 시끄럽고 어지럽다. 삶은 신비롭기도 하고 무료하기도 하다. 아파트 거주는 희망적이기도 하고 비관적이기도 하다.

상태란 사전적으로 '사물이나 인간 존재의 서술적 여건', '되어 있는 모양이나 형편'을 뜻한다. 있는 그대로의 수준, 현상적 사태의 모습을 말한다. 존재의 형편을 묘사할 때 쓰는 말이다. 아름답다, 안정적이다, 소란스럽다, 뿌듯하다, 가슴 벅차다, 편안하다, 쾌적하다와 같은 여건을 나타낸다. 인간 거주에서도 거주의 상태란 삶의 형편, 존재의 모양, 거주의 여건을 묘사하는 말이다. 지금까지의 모양, 현재 삶의 형편, 그리고 미래의 바람직한 여건을 뜻한다. '당신에겐 삶이 어떤 상태인가?' 생활이 내게 주는 의미는 말하자면 상태의 형용사이다.

의미가 왜 상태의 형용사로 묘사되는 것이어야 할까? 앞서 우린 의미가 정념적 관념이라 하였다. 거주체험이란 감정, 기분과 같은 심적 관념을 얻는 일이다. 거주란, 앞서 거주의 정의에서 밝혔듯이, 동기나 의지나 세계나 경험 자체가 아니라 이들이 내게 가져다 줄 심정적 상태, 가령 기쁨이나 충만감 혹은 행복의 느낌을 얻기 위한 것이다. 이런 형용사적 결과를 명사적 원인과 혼동하지 말자. 예컨대 삶에서 사람이 얻는 가치란 무엇을 성취함 자체가 아니라 성취로부터 나타나는 희열이나 성취감의 상태이다. 놀이가 아니라 놀이가 가져다 주는 활기참이며, 휴식 자체가 아니라 휴식으로부터 얻는 안정감이다. 시각이 아니라 아름다움의 느낌이며, 교류 자체가 아니라 교류에 의해 초래되는 정겨움의 감성이다. 사랑으로부터 얻는 가슴 저미는 감동, 바람직한 거주로부터 얻는 행복함이나 평화로움이다. 마찬가지로, 가족, 교류, 소속, 포용, 동화, 정(情), 대화, 만남, 나눔, 자율, 웃음, 추억, 배려, 성장, 능력, 축복, 유유자적, 안식 등 각가지 명목과 행동에 대한 관념은 그 자체로는 의미가 아니다. 대신 우린 이 명목과 행동이 가져다 주는 혹은 가져다 줄 것으로 기대하는 궁극적인 어떤 상태를 의미로 간주한다. 이 점은 의미를 말할 때 매우 중요한데, 그 이유는 어떤 상태의 형용사로 점 찍힌 삶에서 사람은 이 상태를 증빙하는 여러 가시적 증상을 보이기 때문이다. 이 증상은 나 스스로 혹은 타인에 의해 감지될 수 있는 표식이다. 예컨대 기쁨으로 규정된 삶에서 나는 '가슴이 뛴다', '얼굴이 붉어진다' 같은 심리적 표식 그리고 '자주 웃는다', '말이 부드럽다' 같은 행동적 표식을 보인다. 이런 표식들을 보고 우린 거주의 상태를 충분히 짐작할 수 있다. 인간 삶의 수준을 위해 집을 짓는 도시건축 실무는 삶의 각가지 상태적 형용사를 먼저 생각할 필요가 있다. 삶의 질이나 생애나 실존과 같은 모호한 개념이 아니라 이들을 요약하는 몇 가지 핵심적인 상태 형용사를 실무의 목표로 생각하면 쉽다.

이제 이 논의를 정리해보자. 형용사적 상태 즉 의미는 명사와 동사의 함수이다. 명사는 인간의 동기와 세계 요소를 일컫는다. 삶의 목적을 말할 때 쓰고 또 대상이나 장치 같은 형상을 지칭한다. 동사는 경험의 서술어이다. 감각과 지각의 과정 그리고 행동을 서술한다. 당연히 명사(인간, 세계)와 동사(경험)가 함께 있어야 상황이 완성된다. 난데

없이 '걷는다' 고 할 것이 아니라 '누가 언제 어느 길을 누구와 함께 걷는다' 고 말해야 할 것이다. 이처럼 명사와 동사가 합쳐지면 우리로선 형용사적 상태에 대해 말할 준비가 갖춰진 셈이다. '그렇게 걸으니 어떤가?' 라고 물을 수 있다. 한 명사라도 자기와 하나 되었던 동사를 떠나 다른 동사와 융합하면 완전히 다른 상태 형용사가 된다. 가령 내가 걷는 것과 내가 자는 것은 다른 상태로 귀결되며, 내가 걷는 일과 네가 걷는 일도 서로 다른 상태를 만들어낸다. 이처럼 의미 형용사는 명사와 동사의 변수 조합에 따라 수많이 자기 모양을 변신한다.

감성, 실용, 정신의 3색 정념 — 우린 명사나 동사 앞에 어떤 상태적 형용사를 덧붙임으로써 의미를 온전하게 서술할 수 있다. 가령 '내 삶은 아름답다', '너라는 존재는 감동적이다' 같은 서술이 가능하다. 또 '건전한 거주', '소박한 삶' 같은 묘사도 가능하다. 물론 부정적 상태도 생각할 수 있다. 짜증난다, 답답하다, 싫증난다, 불쾌하다, 서운하다, 따분하다, 싫다, 불만이다, 역겹다, 숨막힌다, 슬프다, 외롭다, 우울하다, 공허하다, 불행하다, 안타깝다 같은 형용사는 일상의 부정적 느낌의 말들이다. 이처럼 형용사에는 한쪽 상태가 있으면 반대 상태도 있다. 형용사적 표현을 빌려 우린 한 거주상황에 대해 긍정의 의미와 부정의 의미를 모두 말할 수 있다. 또 긍정적 상태와 부정적 상태를 분간하여 진로를 정한다는 점에서 형용사적 표현은 도시건축 실무의 방향을 바로 세우는 일에도 도움이 된다.

이렇게 보면 인간 삶에서 나타날 수 있는 의미콘텐트는 대단히 많다. 우선 거주의 세계 그 명사적 대상이 넓고 무한하다. 인간이 경험할 수 있는 현실의 총체적 세계는 끝 간데없다. 사람의 동기나 의지에도 개인적 편차, 사람의 배경적 편차가 있다. 육체적, 경제적, 인지적, 사회문화적 능력과 의지력, 창의력 등이 사람마다 또 집단마다 다르다. 여기에 덧붙여 경험의 동사적 양상도 사람에 따라 또 집단에 따라 차이를 보인다. 거주의 경로와 방식이 다르고 경험의 양상도 다르다. 이같이 명사적 변수와 동사적 변수가 다양함으로 이 조합에 의해 생성되는 의미의 형용사도 무한할 것이다. 동일한 상황이 어떤 의미로 해석되는지도 달라질 것이며, 심지어는 하나의 가치가 긍정인가 부정인가의 판단도 개인이나 세계나 경험방식에 따라 차이를 보일 것이다. 인간 거주를 묘사하는 무수한 상태적 표현, 거주의 의미를 말할 수 있는 무한대 형용사. 예컨대 '당신은 어떤 삶으로 거주하고 싶은가' 를 물으면 그 대답은 우리가 생각해낼 수 있는 무한정한 긍정적 형용사 전부이다.

이 변화를 몇 가지 공식이나 원리로 간결히 정돈하는 일이 어쩐지 무모하게 보인다. 과연 특정 인간과 세계와 경험이 모이면 특정 의미가 산출될 것이라는 정답 같은 것이 있을까? 무한정한 상태적 형용사의 가능성을 감안하면 인간의 감정과 느낌의 양상들을 억지로 묶고 갈라

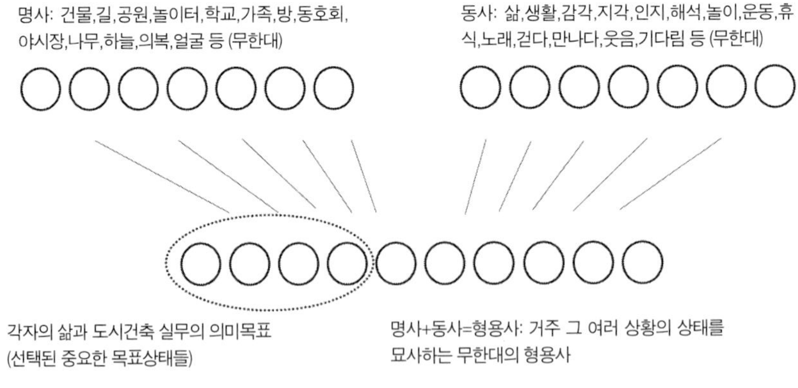

짜맞추는 식의 방법은 곤란할 것 같다. 하지만 이 무한대의 잠재성을 억누르지 않는 범위 안에서 상태 형용사들을 내용에 따라 몇 가지로 분간해보는 노력은 필요할 것이다. 이런 노력이 없으면 인간 거주의 의미를 제대로 읽어내기 어려울 것이며 사람들 삶을 위한 도시건축을 구상하거나 하는 일이 대단히 막연해질 것이다.

우린 먼저 경험의 결론적 상태로서의 의미를 감성적이며 정서적인 내용의 상태, 실용적이며 기능적인 내용의 상태, 정신적이며 관념적인 내용의 상태로 구분해볼 수 있다. 사람이 세계 경험을 통해 얻는 감정을 감성적 감정, 실용적 감정, 정신적 감정으로 나누어 생각해볼 수 있다는 것이다. 이 내용적 구분을 감정, 기분, 정념의 발생학적 수준과 아우르는 것도 좋은 방법이다. 감성에 연결된 감정과 기분과 정념, 실용이나 생활기능에 연루된 감정과 기분과 정념, 정신적 의미와 관련된 감정과 기분과 정념을 생각해볼 수 있다.

	감정의 수준	기분의 수준	정념의 수준
감성적 내용의 의미상태			
실용적 내용의 의미상태			
정신적 내용의 의미상태			

거주의 감성적 상태란 세계 체험 즉 감각과 지각과 인지, 행동과 해석을 통해 얻는 정서적 느낌, 쾌나 불쾌와 같은 감각적 정념이나 심성 그리고 감수성으로부터 나타나는 감동, 정열, 따분함, 호기심 같은 심리상태를 말한다. 따뜻하다, 화려하다, 권태롭다 같은 감정을 포함한다.

거주의 실용적 상태란 세계의 쓸모나 용처에 관한 표상과 현실행동을 거친 기능적 성취를 통해 얻는 감정적 상태를 말한다. 자기 행동의지나 실천에 관련된, 예컨대 '나는 할 수 있다', '홀가분하다' 같은 기분, 어떤 대상의 실용적 필요성과 쓸모 혹은 효율에 대한 감정적 상태, 행동과 책임 그리고 성취, 성장, 발전에 관한 감정이 포함된다. 자기 소망과 의지 실행에 관련된 열정과 집념 혹은 집중력에 관한 심리상태 그리고 열망과 자긍심과 자신감에 연관된 심리상태도 여기서 말해질 수 있다.

거주의 정신적 상태란 세계에서의 자기 위치에 대한 의식, 존재감이나 실존적 관념, 자기 존재가치와 관련하여 가지는 사람의 심리상태를 말한다. 행복, 기쁨, 평화, 자유, 사랑과 같이 경험마다의 끝자락에서 사람이 건져 올리는 자기 자신 혹은 사회나 역사나 문화나 이념에 대한 추상적 직관이 여기에 포함된다. 개인과 개인, 개인과 사회 사이의 인식적 소통이나 존재 관계에 관련된 자기 기분도 정신적 감정이라고 말할 수 있다. 가령 '너와 나는 한 몸이야!' 라는 인식이 주는 안정감이나 존재인식, '우리는 한민족의 후예' 라는 존재감 등이 포함된다.

비록 삶과 연관 지어 생각할 수 있는 의미 색의 종류는 많을지언정 크게 볼 때 그것은 감성이나 정서에 관한 것, 실용과 기능으로부터 오는 것, 정신과 이념에 얽힌 것 중 하나이다. 사람은 자기 삶을 형성하는 다양한 의미의 끈들을 심성과 감각의 색조, 실행과 쓸모에 관한 색조, 정신과 관념의 색조로 물들인다. 여기서 우린 한 경험이 어느 한 종류의 의미상태만을 배출할 것이라는 생각은 접어야 한다. 경험과 의미상태의 관계는 다면적 관계이다. 경험의 어느 한 통로가 표상화, 실행화,

의식화로 진행하면서 다수의 의미상태가 느껴질 수 있다. 예컨대 아이들 바깥놀이 하나가 아이들에게 감성적, 실용적, 상징적 감정을 동시에 전해줄 수 있다. 어릴 적 기억, 집 앞 골목이나 동네 하천, 돌아가신 부모와 같이 어떤 한 줄기 경험자락도 대개는 복잡하고 묘한 의미상태를 여럿 함의하고 있다.

세 가지 감정내용이 우리 삶을 각각의 색으로 장식한다고 생각해보자. 존재의 의미를 향해 거주하는 각자의 일상은 서로 섬세하게 얽힌 이 세 가지 감정 형용사들의 끈과도 같다. 끊어졌다 다시 이어지는 끈마다 하나의 색을 가지고 있다고 치자. 이 색실들은 묘하게 얽히고 엮여 서로 분간할 수 없는 굵은 혼합 색 즉 삶의 전체 색을 만들 것이다. 인간이 하루하루를 거주한다 함은 이런 각각의 색실들을 재배하고 수확하는 일일 것이다.

의미 구분	내 용
1. 감성 의미	• 싸하다, 야릇하다, 쾌적하다와 같은 감각적, 지각적 느낌 의미 • 단순 감정적, 정념적 욕구의 충족에서 비롯되는 가치 • 이로부터 얻는 정서적 충만함과 마음의 충족감
	감성 의미의 예: 아름답다 따뜻하다 즐겁다 야릇하다 쾌적하다 사랑스럽다 온화하다 기쁘다 촉촉하다 시원하다 감미롭다 풋풋하다 유쾌하다 짜릿하다 정갈하다 황홀하다 싱그럽다 쾌활하다 싸하다 산뜻하다 가슴 저미다 상큼하다 신난다 기분 좋다 싱그럽다
2. 실용 의미	• 할 수 있다, 효율적이다, 편리하다와 같은 용처로부터의 느낌 의미 • '하고 싶은 것을 원하는 방법으로 한다', 그 실행적 요구의 충족에서 비롯되는 행동가치 • 이로부터 얻는 편의성과 성취감과 같은 감정적 여파
	실용 의미의 예: 보람되다 희망차다 역동적이다 효율적이다

의미 구분	내 용
2. 실용 의미	실용 의미의 예: 뿌듯하다 신명 난다 활기차다 흥미롭다 자랑스럽다 활력 있다/샘솟다 들떠있다 만족스럽다 감동적이다 열정을 느낀다 시끌벅적하다 안전하다 날아갈 듯 하다 그립다/생각난다 강인하다 재미있다
3. 상징 의미	• 나 혹은 타인과 교류하는 자유소통 그리고 교리와 상생의 가치로부터 오는 느낌 의미 • 소속, 묶음, 둘레와 같은 사회문화적 관계 그리고 그 속에서의 자기 존재에 관한 의미 • 이로부터 얻는 거주와 존재에 관한 상징적 풍부함 그리고 사회문화적 안정감에 관한 감정
	상징 의미의 예: 행복하다 멋스럽다/멋지다 정겹다 편안하다 다채롭다 좋다/뜻 깊다 상서롭다 다정하다 평안하다 개성 있다 화목하다 자연스럽다 따뜻하다 평화롭다 남다르다 살맛 난다 여유롭다 흐뭇하다 넉넉하다 명쾌하다 가슴 벅차다 자유롭다 조화롭다 풍성하다 안심된다 매력적이다 소박하다 아늑하다 안정되다 다양하다 건전하다 신비롭다 푸근하다 건강하다 느낌이 있다

2부 의미의 생성과 의미소재

3. 의미를 말하는 이유: 인간 이해

우리 자유의사가 수많은 기성관념에 의해 얼마나 심각하게 왜곡되었는지를 알아차린다면 우린 스스로에 대해 대단히 놀랄 것이다. 이를테면 우린 사람마다 스스로 만든 딱지를 붙여놓고 그것이 말하는 지시에 따라 사람을 판단한다. 우린 좋고 나쁨의 가치에 대해 끊임없이 다른 사람들의 눈치를 볼뿐 아니라 그들의 통념에 꽤나 무모하게 복종한다. 학습된 지식이 진리가 아닐 수도 있음에 대해서는 무관심한 채 자기 지식을 다른 이들에게 강요한다. 거주의 세계, 도시건축과 인간 삶의 본질에 관한 우리 의식도 이미 통념의 노예가 되어있는 것은 아닌지? 1995년부터 2004년까지 10년간 390만 호 이상의 아파트가 이 땅에 지어졌다. 이른바 아파트 세계이며, 신도시 실제이다. 2005년 기준으로 아파트는 600만 호 이상 있으며 여기서 약 2000만 명이 살고 있다. 아파트 세계들이 비슷하면 사람들 삶의 목적들도 대개 비슷할까? 이를테면 행복이나 기쁨 같은 것의 기원이 대개는 통념적인 것으로 보일 수도 있다.

기성통념은 정말 무섭다. 규율권력도 무섭다. 이런 것들은 늘 거대논리나 보편원리의 옷을 입고 있다. 인간은 본능적으로 이런 이념적 논리들을 만들어간다. 그 중 많은 것은 평화나 안정감을 주며 삶의 몇몇 부분들을 편리하고 효율적으로 만들어준다. 하지만 그들의 영향력이 확대되고 세계와 인간정신의 영역들을 지배하면 각자의 삶은 본래적 의미를 잃고 메마른 풀잎처럼 허약해질 것이다. 더욱이 우리 일상과 존재를 흔드는 도시건축 세계에서의 삶을 통념의 함수로 해명하려 든다면 각자의 생활은 모두 편편하고 네모진 것이 될 것이다 (반세기 동안 아파트 계획에는 극소수의 계획원형이 반복 적용되었다. 학생들은 아직도 계획이론과 거대담론을 배운다. 원칙을 존중하며 형식주의에 치우쳐있다. 원칙은 반세기 이상 성장을 멈추었다).

순수인간 — 기자이며 작가였던 제인 제이콥스는 1961년의 명저 『미국 거대도시의 몰락과 회생』에서 거대논리와 보편원리에 맞선 순수인간의 순박한 도시거주를 보여준바 있다. 순수인간이란 자기 삶에 가해진 이념적 독재와 규범논리의 강요로부터 스스로를 해방하고 자아에 주어진 본래적 의미를 회복함으로써 자신의 실존적 가치를 유지하는 거주주체를 말한다. 브라질 작가 파울로 코엘료의 소설『연금술사』를 보면 순수인간은 삶을 통해 '항상 이루기를 소망해오던 바로 그것, 자아의 신화' 를 일상의 매 순간 성실히 추구하는 사람이다. 관습과 타성의 교리와 빗겨가는 방향에서 스스로 자아 정립과 자기 신화의 물음표를 버리지 않는 사람이다. 그에게 있어서, '자신의 꿈에 가까이 다가가면 갈수록 자아의 신화는 더욱더 살아가는 진정한 이유' 로 다가온다.

순수인간은 자신의 바람이 무엇인지를 알며, 사유와 행동을 자신이 바라는 것을 향해 정확히 조준한다. 그의 삶의 동기는 신화의 길로 향한 합목적성을 함유하게 되며, 주요 일상 하나하나는 그것의 실행을 향한 자기 의지 아래 엄격히 통제된다. 순수인간은 실존에 관한 것 이외의 모든 선입관을 버린 채 세계의 모든 존재자에게 자신을 완전히 열어놓는다. 모든 것과의 연관성 내지는 의미지시의 가능성을 개방한 채 각각이 있는 그대로의 자신을 순수하게 드러낼 때의 그 깨달음을 그대로 받아들인다. 대상과의 이 순박한 의미론적 관계구조 안에서 그는 자기 실존을 찾는다.

무엇보다도 우리가 여기서 말하려 하는 순수인간은 적어도 세 가지 속성을 지니고 있다. 세계 속에 자신을 내던진 채 세계와의 의미연관을 제어하는 용기와 능력 (능동성과 자주성), 동기와 의지의 실현을 위해 그 세계 속에서 부단히 용처를 찾고 실행을 반복하는 실사구시적 경험의 지혜 (실용적 행동능력), 세계가 현출하는 실존에 관한 순수 의미를 깨달아 자기 의식으로 번역하는 은밀하고 속 깊은 창조적 인식력 (창의적 의식화와 실존성)을 가지고 있다. 그러고 보면 모든 사람이 거주주체이며 모두가 순수인간이다. 우리 각자는 예외 없이 이처럼 실존하는 것 아닌가!

순수인간들은 모두 여기로 모이자. 그리고 지금 자신이 살고 있는 도시의 빌딩들, 거리 하나, 나무 한 그루, 바람 한 점의 형상이 자신의 심성에 어떤 말을 던지는지 귀 기울이기 바란다. 이 시대 사회문화적 이념과 제도가 각자의 실존에 무슨 의미를 던지는지 곰곰 생각해보자. 혹여 그것 중 어느 것이 마음에 물결 하나 일으켜 '아, 이것이 내 삶의 소중한 이야기가 될지도 모르겠다' 고 알아챌 수 있는지? 만약 그렇다면 당신의 삶은 아파트단지 같은 공허한 형상 속에서도, 하물며 거대이념과 보편논리 속에서도, 어쩌면 삶의 활력의 한 표본이 될 것이다. 그것이 볼품없는 아파트나 겁주는 이념들이라 할지라도 그들은 당신의 삶을 그럴 듯하게 상징하는 의미의 실재가 될 수도 있다.

하지만 말하고 듣는 것은 쉬우며, 보는 체하는 것도 어렵지 않다. 오지도 않는 의미조차 알록달록한 논리로 포장할 수 있다. 아, 우린 얼마나 형상세계의 규범논리에 집착하고 있는가! 우리 삶이 접하고 있는 세계의 형상들은 대개 인간 심성에 꽃 한 송이 피우지 못한다. 의미 하나 제대로 생육하지 못한다. 우린 그 역사를 경험한바 있으며, 지금 그 역사의 증인으로 거주하고 있다. 때문에 자기 의식이 삶의 순수성이나 산다는 일의 뜻, 그 어느 것에 맞닿아있다고 생각되는 사람들은 가까이 다가와 눈과 귀를 열어야 한다. 세계가 어떻게 자기 삶의 본질과 동행하게 되는지를 보고 들어야 한다. 의미가 어떻게 오는가를.

우리가 의미를 말해야 하는 이유들 — 우리 거주의 족쇄를 풀기 위해 우린 이처럼 두 방향의 자기 자신에 대해 관심을 기울여야 한다.

하나는 수많은 규범과 통념이 끝없이 강요를 계속하는 이 세계의 질서 속에서 영혼의 자기 통제력을 끝까지 지켜나가는 일이다. 지우개를 들고 자기 의식의 일부를 하얗게 지우고 나면 그 여백에서부터 삶과 사고의 영역이 자유롭고 유연하게 진화하는 것을 볼 수 있다. 그 공백에서 시작하여 각자 자기 삶의 새로운 느낌을 찾아 나설 수 있다. 이것은 진실로 한번 해볼만한 일이다. 동시에 이 일은 의외로 그다지 어렵지 않다. 왜냐하면 어차피 우린 각자의 존재가치에 대한 나름대로의 동경이나 삶의 의지 같은 어떤 강인한 것을 가지고 있기 때문이다. 다만 영혼의 순수함을 지키기 위해 밖에서부터 우리로 겨냥된 관념적 억압들을 항상 경계해야 한다.

또 하나는 자신이 내세우는 이념이 혹여 타인의 자유의사를 범접하여 해치는 것은 아닌지 늘 생각하는 일이다. 한 사람이 알게 모르게 다른 사람의 실존을 조종하고 왜곡하며 비방하는 경우는 셀 수없이 많다. 만약 우리 중 누군가가 정치나 자본이나 언론의 권력 혹은 전문가로서의 독특한 권위를 보유하고 있다면 자신과 타인 사이 성찰의 끈을 끝까지 놓지 말아야 한다. 그러지 않으면 틀림없이 자신도 모르는 사이 다른 사람들에게 그들 의지에 반하는 어떤 인센티브나 두려움을 주려 들 것이다. 자기 영향력이 타인의 그것을 넘나드는 것이라고 생각될 때 혹은 반대로 자기 삶이 타인의 영향력 아래 있음을 깨달을 때를 경계해야 한다. 거대이념에 물든 전문가나 자기 지식을 맹종하는 실무자는 전자에 속하며, 거주주체로서의 인간 즉 일반 거주자는 후자에 속할 것이다. 획일적인 거주세계 그리고 그 속의 대개 획일적일 것을 강요 받아온 우리 삶이 이어 내려온 지 어언 반세기가 넘었다. 일상에서 삶의 충만한 느낌과 마음의 소중한 물결을 향한 우리 소망은 시시각각 누군가의 강인한 벽에 부딪쳐 소멸되고 있다.

인간 실존의 몸부림은 도시건축 세계와 중첩되어 있다. 실존은 세계 안에 있지만 세계는 더 이상 주체의 것이 아니다. 세계는 결코 내 삶을 대신 살아주지 못하는 따라서 내 실존의 의미와는 다른 어떤 미혹의 의미를 구하고 있는 일단의 대리인들에 의해 만들어져 내게 던져진다. 나와 세계의 의미연관에 간섭하는 대리인들. 의미의 구조를 조종할 수 있는 그들은 내 자아의 신화를 이해하고 있을까? 삶마다의 독특한 가치를 갈구하는 우리 마음을 이해할까? 만약 아니라면 이건 문제가 된다. 거주는 의미를 찾아나서는 여행길이며 중도에서 끊임없이 자아 정립과 실존을 확인하는 일인데, 만약 아니라면 이 거주의 여로에 심각한 틈새가 있다는 것을 뜻한다. 우리가 지금 열성적으로 의미에 대해 말하고 있는 이유는 크게 세 가지로 나누어 볼 수 있다.

첫째, 인간은 늘 존재론적 갈증을 느끼고 있다. 갈증을 채우기 위해 여하한 조건에서도 자신을 둘러싼 세계와의 관계를 끊지 않는다. 오히려 인간은 세계 속에 자신을 첨벙 던져버리길 주저하지 않는다. 세계 속에서 끊임없이 어떤 부족함이나 아쉬움 혹은 요구나 용처를 찾아 자신을 좀더 의미 있는 존재로 만들고자 한다. 이 실존의 답을 향한 열정 즉 세계 속에서 자아를 찾는 인간의 능동성과 자주성이 우리가 지금 의미를 말해야 하는 첫 번째 이유이다. 도시건축이 어떤 세계를 인간에게 던져준다 해도 인간은 자아를 탐구하게 되어있다.

둘째, 물론 동기와 의지 그리고 능동성과 자주성은 인간이 쉽사리 세계에 의해 휘몰리지 않도록 힘을 불어넣는다. 거주는 의미를 구걸하는 일이 아니다. 인간은 의식을 비운 채 세계 앞에서 막연히 기다리지 않는다. 혹시 세계가 의미를 적선하지는 않을지 기대하지도 않는다. 생각해 보면, 세상을 산다는 일은 본질적으로 투쟁의 본색을 띄고 있다. 세계 속에서 사람은 끊임없이 움직인다. 그래야 의미를 찾을 수 있다. 사람 편에서 세계를 이용하고 변화시키는 행동의 실천이 없으면 필경 세계는 사람에게 아무런 의미를 전해주지 못할 것이다. 이처럼 세계가 거주의 재료이며 무대일진대 우리가 지금 의미에 대해 논할 이유는 충분히 있다. 주어진 도시건축이 어떤 세계이든 그것은 인간에 의해 이용되어 인간의 존재론적 투쟁에 영향을 미치게 되어있다.

셋째, 인간에게는 존재나 의미 같은 어렵고 모호한 관념을 의식으로 소화해내는 묘한 인식적 능력이 있다. 사람에게는 이런 능력이 넘치는데, 이 힘으로 결국 깨달음을 얻을 수 있다. 마지막에는 이런 의식적 소화력이 의미의 내면화 작업을 완성하게 해준다. 즉 거주에서 얻은 의미들을 거주가 행해진 세계의 부분들에 나눠 파종한다. 그리고 의식이 자라는 것과 때를 같이하여 세계 부분들도 한 몸이 되어 성장 진화한다. 그리하여 세계는 의미의 번지수가 된다. 도시건축의 여러 요소들이 인간이 숙성해낸 의미의 현실적 그릇으로서 인간의 번지수가 된다는 말이다. 우리가 신중하고도 열정적으로 의미에 대해 말해야 하는 이유가 여기에 또 있다. 도시건축이 만드는 세계의 여러 것들이 단지 보거나 걷거나 이용하는 수준을 넘어 인간의 의미와 감동과 체험의 흔적을 담을 소재가 된다는 것이다.

관점 하나: 세계, 인간 영혼에 젖다

가정 1. 상상만으로도 감정이 움직인다. 예컨대 사람은 스스로 행복이라는 조건을 가정하고 그 가정 속에서 행복을 경험할 수도 있다. 인간의 고유한 창조적 인지현상이다. 체험의 폭넓음을 보여주는 단면이다. 행복은 통상 외부로부터 야기되지만 행복을 체험하기 위해 꼭 외적 조건을 기다릴 필요는 없다. 인간에게는 상징과 의식을 스스로 다룰 줄 아는 능력이 있다. 이 내적 능력에 힘입어 외부의 객관적 실제에 관계없이 자신에게 어떤 감정을 부여할 수 있다. 필요하다면 행복 대신에 슬픔을 상정할 수 있으며, 심지어는 죽음까지도 상상할 수 있다. 자신이 목적하는 경험의 상태를 위해 스스로 조건을 설정하는 힘, 이것이 인간의 내면적 의사결정력이다. 정확히 동일한 상황에 처해 있는 두 사람이 각기 다른 결론을 내리는 이유는 의미나 가치란 것이 항상 사람의 내면의식 속에서 정의되는 것이기 때문이다.

가정 2. 외부세계에서 가해지는 조건을 무시할 수 없다고 치자. 사실 우린 수없이 닥쳐오는 외적 조건에 적응하면서 성장한다. 외적 영향을 피할 수 없다 하더라도 삶에는 항상 선택의 기회가 주어지게 마련이다. 삶을 통해 다수의 대안들과 만나며 인간은 선택의 기술에 익숙해있다. 예컨대 운동을 시작할 것인가 아니면 다이어트 식이요법인가, 운동이라면 공원에서의 조깅인가 아니면 헬스센터에서인가? 한 사람에게 대안들은 동시에 존재하기도 하고 시간 차이를 두고 제시되기도 한다. 각자는 삶에 관한 동기와 의지, 요구나 목표와 같은 기준에 근거하여 선택의 방향타를 조종한다. 이것이 파블로프의 실험실 개와 현실의 인간이 다른 점이다. 우린 외적 조건에 다만 끌려가거나 기계적으로 반응하지 않는다. 현실에서 우린 수많은 대안과 조정의 기회들 속에 살며, 다행스럽게도 필요한 시점에 쓸 수 있는 나름대로의 의사결정 기준을 보유하고 있다.

가정 3. 어떤 극단적인 상황에서 외적 세계가 오직 하나의 조건만을 강요하는 경우도 생각해볼 수 있다. 자신이 아파트나 신도시와 전혀 어울리지 않는다고 믿는 사람도 어쩔 수 없이 아파트에서 살아간다. 아파트 중에서 특정 지역의 특정 아파트를 벗어나기 힘든 경우도 있다. 이것이 현실인데, 그 사람에게 있어서 다른 대안들은 현실과 동떨어진 것들이다. 이런 극단 상황은 빈곤층, 노약자, 어린아이들과 같이 경제적으로나 신체적으로 혹은 정신적으로 위약한 사람들을 특히 집요하게 괴롭힌다. 더 심각한 점은 사람들이 스스로 하나의 조건만을 보도록 길들여진다는 것이다. 자신이 자기 스스로를 감금하는 것과 같다. 현실이 어느 한 가지 기회만을 장기간 과대 포장하는 때 그리고 한 조건이 주는 잠재적 효과가 다른 대안들의 잠재력을 압도하는 때 더욱 그렇다. 예컨대 '인문고 → 대학 진학'의 함수가 갖는 과장된 미래 보상 때문에 실업고 진학이나 조기 사회진출과 같은 대안들이 경시되는 것과 같다. 스티븐 레빗 같은 경제학자들이 말하는 인센티브 효과 혹은 스키너 같은 실험심리학자들이 말하는 긍정적 강화와 유사한 개념이다.

하지만 인센티브 효과나 스키너리즘이 간과한 것은 긍정적 강화조차도 결코 객관적 기준으로 측정될 수 있는 성질이 아니라는 것이다. 인센티브 보상이 얼마나 긍정적인가에 대한 판단, 그것이 과연 강화인가에 관한 답변은 사람의 주관적이고 의식적인 기준에 따른다. 아파트 거주나 인문고 진학과 같은 강력한 외적 조건의 효과도 인간의 내면적 기준, 예컨대 자신이 삶의 목표나 존재동기에 의해 결정된다. 심리학자 삐아제의 주장처럼 인간은 한 방향으로 치닫는 외적 상황 속에서도 당면한 조건에 대응하여 자신의 인지구조를 동화하거나 반대로 외적 조건을 자신의 인지구조에 조절하는 작업을 멈추지 않는다. 이를테면 존재동기와 같은 인간 내면적 변수가 선행변수이고, 외부환경의 긍정성이나 강화성은 종속변수 혹은 후행변수이다.

위 세 가지 가정은 삶이 임의의 현상이나 무작위 경로가 아님을 말해준다. 사람에게는 삶을 스스로 조절하는 독자성내지는 의식의 자율성이 있다. 하나하나의 삶은 사람마다 스스로 운전하는 차량과 같다. 그 마디들이 각자의 의식에 의해 조각되고, 삶의 의미는 정확히 그 사람의 소유물로 재단된다. 그러므로 우리가 인간거주와 도시건축을 생각하며 반드시 의미를 함께 고려해야 하는 이유는 거주가 몸담고 있는 세계, 도시건축이 만드는 이 현실세계는 결국 인간의 영혼에 젖어 들어 인간화되는 것이기 때문이다.

삶을 통솔하는 적극성이나 자율성은 자기 삶에서 어떻게든 무언가를 터득하겠다는 사람마다의 의식에서 나온다. 삶을 제대로 살아야겠다는 안으로부터의 들끓음이다. 자기 존재가치와 쓸모에 관해 스스로에게 던지는 끝없는 의심이며, 삶의 뜻과 목표, 자신이 되고 싶은 것, 삶에서 이루어지길 바라는 그 무엇에 대한 갈망이다. 삶에서 기대하는 생의 가치이며, 본래적 삶, 존재에게 고유하게 주어진 자기 자리, 존재자로서의 순수한 진실에 대한 탐구이다. 또 이런 것들을 온전히 실현하여 미래를 현재보다 낫게 만들려는 집념이다. 이런 것들 때문에 각자는 세계를 피하지 않고 오히려 그것을 손을 뻗으면 금세 닿을 만큼 가까운 거리에 두고 있다. 늘 세계를 탐색하며, 세계와의 크고 작은 사건이 삶에 관한 가치를 제공하고 자신의 존재이유를 확인해줄 것을 믿어 의심치 않는다.

이 내면의 힘은 많은 것을 결정한다. 이것은 사람의 세계 인식을 좌우한다. 세계를 어떻게 보고 느끼는지, 감지와 감각, 지각과 표상, 인지와 이해를 좌우한다. 어느 시점에서 내가 보는 여러 도시들, 아파트들, 공원과 길과 상점들, 그리고 광장과 마당들은 내가 어떤 삶을 살 것이며 그러므로 내가 어떤 존재가 되길 추구하는가에 따라 각기 달리 보인다. 이것들에 대한 나의 인식은 의식적 조건에 의해 한쪽으로 편향되어 있다. 도시건축을 분별하고 판단하고 사색하며 그 세계로부터 깨닫고 느끼는 모든 인식적 가동이 내가 찾아 헤매는 그 의미에 의해 결정된다.

또 이 갈구의 힘은 일상에서의 인간행동을 유도하고 조종하는 방향타가 된다. 어디로 가서 무엇을 할 것인가, 누구를 만나 어떻게 할 것인가, 무엇을 향해 어느 길로 움직일 것인가 모두는 '나는 왜 그것을 그렇게 행동해야 하는가'에 관해 스스로에게 주는 대답에 의해 타당성을 얻는다. 이것은 내면이 외면에 타전하는 조타신호를 말한다. 내 안의 목표기준이 행동의 양식을 지시하는 것이다. 이 '삶의 의미를 향한 기준'을 바탕으로 사람은 생애에서 맞닥뜨리는 각가지 의사결정과 선택의 퍼즐들을 쉽게 풀어나간다. 거주지 이동, 이웃 사귐, 아이들 놀이, 시장 보기 등 모두는 사람들이 추구하는 목적과 의미에 의해 결정되는 행위증상이다.

이처럼 도시건축 세계, 그것의 인식과 그 안에서의 행동은 각자 의미를 추구하는 인간의 목적과 절대적인 관계를 맺고 있다. 우리가 도시건축에서 인간의 의미를 말해야 하는 이유는 인간이 그 세계로부터 자신의 존재가치를 찾는 것처럼 도시건축도 인간의 의미로부터 자신의 존재가치를 찾아야 하기 때문이다.

관점 둘: 움직임, 의미를 빚다

누군가 느닷없이 삶이 무언지 묻는다면, 역시 삶은 덧없다는 생각이 든다. 시인 문태준의 표현대로 '심지를 잃고 모로 누운 시골집 뒤란의 초롱' 같다는 생각도 든다. 하지만 삶이 덧없다는 말은 오히려 그것이 의미들로 가득 차있다는 뜻이다. 엉뚱한 패러독스 같지만, 사실 의미 없는 삶은 무상하지도 않은 것이다. 덧없이 생성과 소멸을 거듭하는 도시와 뉴타운과 아파트와 골목길 안에도 무상치 않은 사람마다의 삶이 있다.

세상에 의미 없는 삶이란 없다고 말할 수 있는 이유는, 위에서 밝힌 대로, 각자의 삶에서 인간은 나름대로 어떤 목적을 지향하고 있다는 사실 때문이다. 이외에도 우리가 또 삶 중에 덧없다고 버려둘 것이 없다고 말할 수 있는 이유는 하나하나의 삶이 정확한 현세적 상황 안에서 벌어지고 있는 명백한 현실증상이라는데 있다. 현실은 삶들로 이루어져 있다. 그것이 분명하게 드러나는 속세의 물리적 현상이 아니라면 쉽게 지워버리거나 무시할 수도 있을 테지만, 사실 어느 누구의 삶이라도 어느 것 하나 쉬이 여길 수 없는 현실적 존재성을 가지고 있다. 하물며 고질적인 갈증 속에서 존재의 목적을 잃고 혼돈을 거듭하는 삶 그래서 코 앞의 세계가 무미건조해져 버린 삶도 나름대로 현실임에 분명하다.

삶의 이 존재성, 현실성은 정지나 정체가 아니라 계속되는 움직임으로부터 나온다. 삶 그리고 그것의 의미는 세계와 인간의 운동력에 의해 유지된다. 현실은 각가지 행동들로 짜여 있으며, 이 행동이 여러 물리적 증상들을 만든다. 여기서 세계는 관념적이거나 인식적 대상으로서의 역할을 초월하여 지극히 실용적이며 속세적인 역할을 제공한다. 세계는 삶의 행동력이 필요로 하는 각가지 재료를 제공한다. 이 재료를 섭취하면서 인간은 행동할 수 있고 또 실존의 합목적성을 구현할 수 있다.

삶에 대한 동기의식이란 본질적으로 현실 실행을 전제로 생겨나는 것이다. 실행을 염두에 두지 않은 기대나 소망은 아무 짝에도 쓸모 없는 허망한 공상이다. 행동하지 않고는 세계를 이용할 수 없고 자기가 바라고 뜻한 바를 이룰 수도 없다. 삶에서 어떤 소중한 가치를 발견할 수 없을 것이며, 자기 거주나 존재가 정당한 것이라고 말할 수도 없다. 움직이지도 않고 세계를 이용도 하지 않은 채 어떻게든 거주하려는 방식으로는, 나는 결코 존재할 수 없다. 파울로 코엘료의 말대로 상상이나 생각만이 아니라 자진해서 길을 걸어가야만 그 길이 나를 자아의 신화에 도달하게 할 것이다.

이 행동의 에너지가 있기 때문에 인간은 세계로부터 온갖 실용적 잠재력을 발견하게 된다. 목적과 희망을 가진 사람이 자기 목적을 충족시키기 위해선 자기를 둘러싼 세계를 이용하는 방법 외에 다른 방법이 없다. 비록 근접한 세계가 빈약하거나 저항적이거나 강요적인 것이라 할지라도 인간은 그 안에서 자기 충족을 위한 작은 가능성까지 놓치지 않고 이용한다. 바꿔 말하면 도시건축이 어떤 세계를 만들든 그 세계는 자신을 희생하면서 인간을 양육한다는 숙명을 지니고 있다. 그 안에는 인간행동을 위한 메뉴가 있다.

세계이용이나 인간행동에 관한 논의에는 사물을 도구로 보고 이를 합리적으로 사용하여 뜻한 바 성과를 달성한다는 효율성내지는 효능성 개념이 전제된다. 반면에 존재동기나 거주의미에 관한 논의에는 효율성이나 합목적성보다는 개인의 명증적 직관이나 감정적 정서라는 본질이 전제된다. 얼핏 상반되는 개념 같지만, 우린 지금 이 두 가지가 별개의 것이 아님을 강조하고 있다. 의미라는 감정적 정서가 인간행동 즉 동기와 연결된 세계의 도구적 이용에 의해 생겨난다는 말은 이 두 가지 작용이 인간 거주 안에서 하나로 연결되어 있음을 뜻한다. 효율성과 합목적성이 주관적 관념을 지배하는 동시에, 주관적 관념이 효율성과 합목적성을 지배한다는 것이다. 물론 행동이 늘 효율적일 수는 없다. 감정과 정서는 비효율적이거나 비합리적인 행동에서도 나타날 수 있다. 그러나 명백히 효율적 이용과 합리적 행동을 허용하는 세계가 그렇지 않은 것에 비해 인간에게 더 의미로운 것임을 부인할 수는 없다.

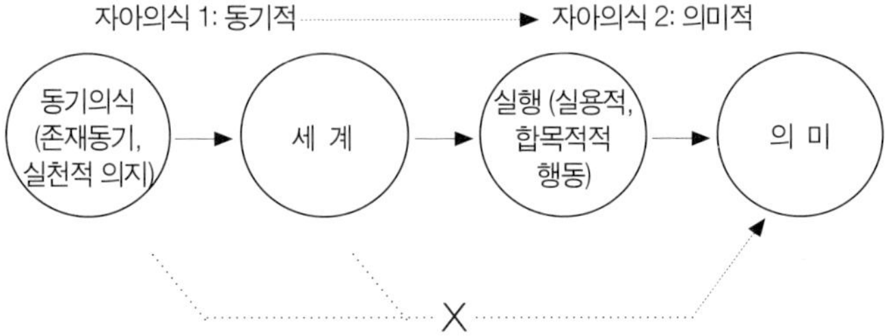

그러므로 우리가 지금 의미를 말해야 하는 까닭은 늘 일어나고 항상 관찰되는 그러나 대개는 너무 흔해서 쉽게 잊혀지는 일상의 인간행동이 사실은 인간 거주를 지탱하고 그 안에서 의미가 솟아나게 하는 동력임을 지적하기 위해서이다. 거주를 위해 그리고 자신들의 의미를 위해 사람들은 세계를 최적 이용하는 나름대로 합리적인 행동을 보일 것이다. 우리가 만약 어떤 세계를 계획하고자 한다면 그리고 그 속에서 사는 사람들이 진정 의미로운 삶을 영위하길 바란다면 우린 사람들이 그 세계 속에서 나름대로의 동기와 목적에 맞게 그것을 이용하게 될 것을 미리 알아야 한다. 우리가 만드는 세계의 요소 하나하나는 이용의 대상이며 행동의 자원이다.

관점 셋: 다운로드, 세계에 의미를 담다

우린 지금 하나의 관계에 대해 설명하고 있다. 이것은 동기, 행동, 의미 사이의 도식이다. 삶을 더욱 빛나고 의미 있는 것으로 만들고자 하는 자각, 끊임없는 세계이용과 합리적 행동, 세계와 자아에 관한 광맥을 캐고 정제하여 만들어내는 빛나는 의식. 이 셋 사이의 관계를 말한다. 동기의식은 세계 내 행동을 중간에 둔 채 의미의식과 연결되어 있다.

동기가 있어야 의미가 있다. 뜻과 목적을 잃은 사람이 뿌린 씨앗은 아무런 열매도 맺을 수 없다. 동기는 행동에 에너지를 제공하고, 행동은 세계를 통제하며, 마지막에 삶의 의미 하나를 생산한다. 삶을 탐구하는 강한 의지를 지닌 사람들, 삶에 대한 깊은 성찰을 버리지 않는 사람들이 생애를 통해 보여주는 저 생산적 메시지를 보라. 의미가 넘치는 풍요로운 거주에는 동기나 의지도 풍요롭다. 의미가 없는 삶을 사는 사람에게는 존재동기나 삶의 의지도 빈약하다 (그래서 앞으로의 삶이 더 초라해질 것이다).

직렬로 연결된 건전지 양극처럼, 사람 안에서 동기의식과 의미의식은 수시로 위치를 바꾼다. 존재론적 질문들은 세계 경험을 거쳐 의미로 전환된다. 의미로의 전환은 해석이며 번역이다. 그것은 행동의 결과가 최초의 기대나 소망과 얼마나 가까운지에 대한 스스로의 대답이다. 대답은 삶에 대한 성찰이 되어 의식 안에 축적된다. 그리고 앞으로 내가 또 다른 동기의식을 새롭게 구축할 양분을 공급한다. 이처럼 경험을 사이에 두고 동기와 의미는 서로 의존하며 보완한다.

경험이란 말하자면 동기와 의미를 양손에 들고 세계에 자기 몸을 던지는 행위이다. 친구와 무슨 놀이를 하러 놀이터나 공터로 향하는 어린아이들의 일상, 휴일에 가족과 함께 가까운 공원으로 가벼운 산책을 떠나는 일들이 모두 경험이다. 이처럼 목적과 기대를 지닌 인간이 세계와 부딪쳐 체험의 작은 감동들을 만들어낸다. 이것은 극적인 조우이다. 의미가 이 같은 경험적 조우마다 솟아나는 것임으로 필경 그것은 이 조우의 현장 어디에 남아있지 않을까? 아이들의 공터, 놀이, 가족의 산책, 공원, 방과 후의 특별활동 같은 일상 세계 속에 남아있다. 이것은 손에 들었던 체험과 감동과 의미 일부를 그곳에 떨구고 가는 것과 같다. 친구나 놀이나 공터 혹은 가족이나 공원, 산책길, 그 시간 등에 의미를 숨겨두고 오는 것과도 같다.

물론 모든 놀이, 모든 산책이 다 같은 감동을 주지는 않을 것이다. 경험 하나는 삶을 진정 풍요롭게 충족하는데 기여하는 것이거나, 삶의 고귀함에 흠집을 내는 부정적인 것이거나, 아니면 특별히 어떤 메시지도 전하지 않는 덤덤한 것 중의 하나일 것이다. 우린 물론 세계와의 조우 모두가 감동과 의미를 주기를 바란다. 이런 것들은 현재를 풍족하게 해주고 미래를 밝게 만들어 줄뿐만 아니라, 언제까지나 마음에 담아두고 생각날 때마다 곱씹어볼 수 있는 소중한 기억들로 남는다. 마르셀 프루스트의 말을 빌면 기억이 사람의 존재를 증빙하는데, 기억이 존재의 증빙이 되는 이유는 그것이 사람에 의해 남겨진 감동이나 행복과 같은 중요한 생애의미를 담고 있기 때문이다.

경험 안에 의미가 담겨있다 함은 경험을 구성하는 인간과 세계와 사건 안에 의미가 내재해 있음을 뜻한다. 의미는 인간의 의식 속에 지식의 형태로 있거나, 세계의 사물 혹은 장치 어딘가에 있거나, 인간행동 안에 남아있다. 그리고 이들이 하나의 경험에 소속되어 있음으로 의식 속 의미와 세계 속 의미 그리고 행동 속 의미는 모두 내용이 같다. 삶의 본질을 개선하기 위한 동기가 선하고 강한 것일 때, 동기가 일련의 세계이용 행동으로 실현될 때, 세계가 행동 실현을 지원하는 각가지 자원으로 풍족할 때, 경험은 공중에서 사라지지 않고 반드시 하나의 열매를 맺을 것이다. 그리고 열매는 사람의 의식뿐만 아니라 세계의 이것저것과 인간행동 속에 남아 기억을 형성하고 삶을 지탱할 것이다.

진정 의미 있는 경험이 이 같은 흔적의 증거를 남기지 않고 의식 속으로만 슬며시 사라지는 경우는 없다. 좋은 체험이 남긴 이 의미의 흔적은 사람의 기억과 회상과 소통의 매체가 되어 의식 속의 의미를 대신 말해준다. 이처럼 의식은 자신을 표현하기 위해 현실의 매체에 의존한다. 예컨대 행복한 경험, 사랑의 기억 같은 것들에 대해 누구와 이야기를 나누다 보면 이야기가 세계의 어느 사물이나 사람 혹은 장소나 행위와 같은 소재들의 언어를 빌려 쓰고 있음을 알 수 있다.

그러므로 우리가 도시건축에 대해 말하며 인간 거주의 의미를 함께 말해야 하는 이유는 주변을 둘러싼 세계의 요소 하나하나에 누군가 삶의 소중한 의미가 다운로드 될 것임을 알기 때문이다. 당연히 도시건축의 부분부분은 인간 체험의 소중한 흔적이 될 잠재력을 갖춘 것이어야 한다. 물론 부정적이거나 덤덤한 것도 많다. 체험의 흔적이나 의미의 매체라고는 찾아보기 힘든 황량한 세계도 많다. 그래서 우리가 지금 의미를 말해야 하는 까닭은 컴퓨터나 제도판 위에서 그려지는 선과 면과 입체와 공간과 땅 하나하나가 사람들의 꿈과 갈망과 기억을 자기 몸을 던져 담아낼 준비가 되어 있어야 하기 때문이다.

2006년 5월의 에버랜드 장미원 바닥분수. 누구나 자신의 삶을 감동과 기쁨의 체험으로 채우려 한다. 이 목적을 위해 나름대로의 방식으로 세계를 이용하고 세계 속에서 행동한다. 어린아이들도 자신이 추구하는 것을 위해 세계를 독창적으로 경험한다. 이 독자성과 창의성 앞에서 예컨대 '들어가지 마시오' 는 무참히 패퇴한다. 만약 도시건축 실무가 이 아이의 웃음 같은 기쁨과 자유와 감동을 모두에게 체험케 할 수 있다면 세계는 사람들에게 진정 황홀하고 특별한 것이 될 수 있다.

4. 의미가 오는 길: 경험, 그 세계지향적 행동

> 의식체험 중에서 기분에 의해 채색되지 않은 체험은 없다. 모든 유형의 체험은 기분을 매개로 하여 대상과 지향적 관계를 지닌다. (이남인, 「후설의 현상학과 현대철학」, 51쪽, 풀빛미디어, 2006년)

우린 지금 인간 거주에 관한 한 줄기 맥락을 끝내 놓치지 않으려고 애쓰고 있다. 이 맥락이란 인간 거주가 각자 삶의 가치와 목적 그리고 이것이 안겨주는 진실된 환희를 향한 의지의 로코모티브라는 것이다. 우린 끝없이 어떤 선한 것과 좋은 것 그리고 삶을 감동적으로 만드는 것을 향해 달려간다. 세계는 이 달음박질 바로 곁에서 나와 함께 달려가며 내게 힘을 주고 또 나의 실행을 돕는다. 거주에는 계속되는 이 육체적 책무를 통해 얻는 성취감과 자신감 그리고 충만감이 있다. 이건 육감적이며 감정적인 기분의 상태에 의해 확인되는 자아의 존재의식이다. 세계는 어느새 스러져가는 나의 의식을 자신의 항아리에 담고 담아 '그래, 네 삶의 흔적은 이것이야' 라고 말해준다.

거주의 행로에는 한 획(劃)의 사이클마다 남겨진 이런 흔적들이 쌓여있다. 그리하여 거주는 의미로 채워진다. 의미는 어디서 오는가? 그것은 이 힘찬 거주의 획마다 나온다. 지금까지 논의를 통해 줄기차게 강조점을 찍어온 이 의미라는 것의 근원과 형성과정을 제대로 이해하면 우린 앞으로 우리가 만드는 세계를 진정 의미로운 것으로 계획해볼 수 있다.

의미는 어디서 어떻게 나오는가? 먼저 지금까지의 논의에서부터 힌트를 찾아보자. 우선 의미는 자기 삶의 질과 존재이유에 대해 끝없이 의문을 던지는 인간으로부터 나오는 것이라고 말할 수 있다. 삶에 대한 진지한 태도나 희망에 대한 동기의식이 없는 인간은 의미도 느낄 수 없다. 의미는 또 세계에서 나온다고 말할 수도 있다. 세계의 원조가 없는 세상에서는 사람의 소망이나 당찬 기대만으로 아무 것도 얻을 수 없다. 무엇보다도 결국 의미는 힘있는 사람과 힘있는 세계의 화합에서 나온다고 보아야 한다. 사람의 입장에서 보면 이건 세계와의 대면을 넘어 세계참여이며 근접체험이며, 실행의지, 부단한 신체적 운동력이다. 의식이 지시하는 충동만으로도 부족하고, 너그러운 세계만으로도 부족하다. 눈에 드러나는, 합목적적 행동과 실용적 시도가 필요하다. 세계 내 행동의 모든 긍정적 결과가 응집되어 떨구는 여러 색채의 응어리들, 이것이 거주의 의미이다.

이건 사람과 세계 여러 것이 각자 자기 위치에 있다가 '출발!' 하고 달려와 중간에서 서로 만나 충돌한다는 식이 아니다. 이보다는 사람이 세계의 여러 것들 속에 이미 함입해 있으면서 그것들과 벌써 모종의 관계를 맺고 있는 상태에서 사람이 움직이면 세계의 것들도 따라 움직인다는 근접성과 공명성의 도식이라 할 수 있다. 세계 내 자아라는 말과 같은데, 도시나 건축의 어느 부분에 이미 인간이 들어가 존재해 있다는 엄연한 사실을 말한다. 이 움직임의 획마다 관계의 구조가 진화하는데, 이런 끊임없는 국면 전환이 곧 거주이며 삶이다. 국면이 전환될 때마다 자아는 새로운 동기의식으로 자신을 무장하며, 그 실행을 통해 세계의 변화하는 존재자들과 새로운 대응과 화합을 모색한다. 이때, 바로 이때, 우린 하나의 의미가 자신의 모습을 드러내는 경로를 눈으로 확인할 수 있다. 우린 이 경로를 경험이라 부른다. 이것을 몇 가지로 정리해보자.

첫째, 경험은 자아와 세계가 어느 한 국면에서 서로 반응하고 합일하는 과정이다 (경험 = 자아 + 세계). 자아와 세계의 대응 합일에 의해 국면은 진정되고, 하나의 안정된 의미관계가 나타난다.

둘째, 경험은 세계에 대한 근접체험 혹은 합목적적 움직임을 중심으로 진행한다. 이건 곧 동기의 실행이며 인간행동이다 (경험 = 동기 + 행동). 경험의 주축은 행동이다. 몸의 움직임이며 세계의 합목적적 이용이다. 일상 경험은 이 운동 차선을 따라 행진한다.

셋째, 경험은 내면과 외면, 의식과 현실, 영혼과 물질, 주관과 객관이 상보의 조화를 이뤄 급기야는 분간이 어려운 융합의 차원으로 전진하는 절차이다 (경험 = 외면 + 내면). 경험은 그저 맞부딪쳐 무언가 벌어지는 사건이 아니라 하나의 정교한 내면적 의식화 작업이다. 경험 안에서는 늘 의식이 활동하고 있다. 이 내외 융합작용에 의해 의미는 어렵지 않은 보물찾기 놀이처럼 세계 속으로 전회된다. 이제 의미에 관한 의식은 나에도 있고 세계에도 똑같이 있다. 내 속의 의미와 세계 속의 의미, 두 의미는 하나이다.

넷째, 우린 경험을 양식(樣式)적 유형언어로 말할 수 있다. 물론 자세한 경험방식은 사람에 따라, 세계맥락에 따라 다르다. 이 차이에도 불구하고 경험은 일관적으로 일정한 양식적 절차를 따라 진행하며, 사람마다 혹은 세계 조건마다 어떤 공통적인 패턴을 만든다. 이 경험적 양식과 절차의 패턴을 잘 살피면 자아와 세계로부터 의미가 등장하는 경로를 이해할 수 있다.

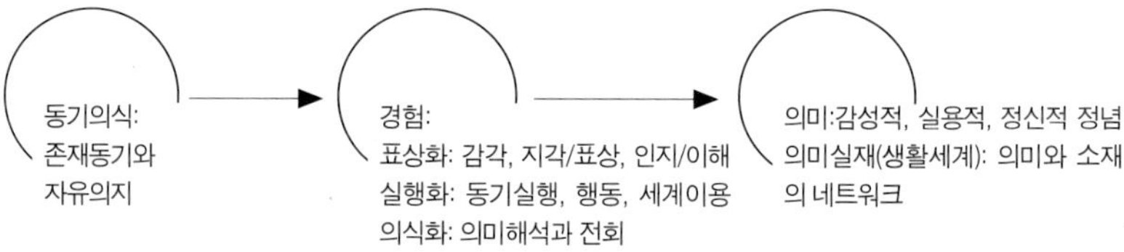

동기의식 → 세계경험 → 의미와 실재: 의미는 인간 동기의식에서 나온다. 의미는 세계에서도 나온다. 그리고 의미는 동기의식과 세계의 합일 공명 즉 경험이라는 절차에서 나온다. 경험은 근접체험, 세계참여와 세계이용, 인간 행동을 주축으로 진행한다. 행동 결과의 의식화(해석과 전회), 이것이 의미의 샘물이다.

요구: 동기의식의 근원

거주 전체가 최초 사람의 동기의식에서 출발한다는 점은 지금까지 여러 번 강조되었다. 삶을 의미 있고 가치 있는 것으로 만들고자 하는 근원적 에너지, 자아를 정립하고 실존의 뜻을 갈구하고자 노력하는 동기와 의지는 사람 내면에서 나온다. 이 원동력이 인간으로부터 나오기 때문에 이후 벌어지는 각가지 거주절차는 모두 사람에 의해 통제된다. 거주의 주인, 의미의 주인은 바로 '나'이다. 처음부터 동기가 없다면 세계도 필요 없고 경험도 없을 것이다. 그러므로 경험에 대한 논의를 시작하면서 우선 그것을 통제하는 작전 지휘권자로서의 '나'에 대해 간략히 정의해보자. 그리고 모든 것을 시작하는 인간의 동기, 더 나아가 동기의 시작을 알리는 최초의 의식적 몸부림인 요구에 대해 논해보자. 요구라는 태생적 뿌리를 무시하면 경험이나 거주나 의미에 대한 모든 논의가 모래 위에 쌓은 성에 불과하게 될 것이다.

(1) 인간의 경험론적 본성

능동적이며 자주적인 자아 — 거주하는 인간을 말할 때 우린 그를 피동체로 생각지 않는다. 옆 사람을 지긋이 쳐다보며 '나는 너를 조종한다' 고 말할 수 있는가? 놀이터 아이들, 저녁나절 벤치에 앉은 가족을 보며 '나는 너희를 통제한다' 고 말할 수 있는 전능한 도시건축이 있을까? 누구나 그럴 수는 없다고 손을 저을 것이다. 하지만 역사와 시대는 이 무모함의 사례들을 자동판매기처럼 쏟아놓았다. 세계, 인간, 환경, 전쟁, 자본 같은 시대적인 것들이 자기 손 안에 있다고 믿는 파시스트들, 정신질환을 앓고 있는 정치가들, 합리성이란 논리에 영혼을 판 자본가들, 그리고 맹목적으로 권위적인 전문가들. 모두는 이 땅의 인간들에 대한 규율권력으로 작용하고 있다. '빅 브라더' 들은 믿음이나 신념 같은 인간적 정신동향이 자기 휘하에 있다고 믿는 과대망상이나 정신착란에 빠져있다. 이들은 세상의 진정한 휴머니스트들의 이름을 빌어 마땅히 배척되어야 한다. 왜냐하면 사람은 자기 존재의 목적과 가치를 스스로 통솔하고 또 자기 의식과 행동을 스스로 제어할 수 있는 자율적 존재이기 때문이다.

물론 자연현상, 시대나 역사와 같은 저 바깥세계는 끊임없이 개인에게 영향을 미친다. 늘 그렇지는 않지만 때에 따라서 세계는 너무나 견고하고 고집스러워 인간에게 굴복과 포기를 강요하기도 한다. 심지어 전쟁과 같은 몇몇 잔혹한 정치적 상황은 인간의 정신과 육체와 사회를 갈기갈기 찢어놓는다. 아무 생각 없이 마치 개그 하듯이 찍어낸 아파트와 신도시는 인간 의식이 몰락하는데 일조한다. 누군가 정해놓은 보편적 공식이나 객관적 함수의 값어치는 끊임없이 인간 영혼의 자유에 족쇄를 채운다. 진정 인간은 권위의 노예인가? 사실 인간은 결함투성이라고 말해진다. 육체적 결함은 경험의 범주를 제한하고, 이성적 한계는 표상과 인지의 범주를 한정하며, 불안정한 감정은 영혼과 가슴을 약하고 변덕스런 것으로 만든다. 결국 이 생득적 결함 때문에 사람이 누릴 수 있는 의식의 테두리는 갑갑해진다.

하지만 우린 순수인간을 이렇게 정의한다. 끊이지 않고 스스로의 존재에 의문을 던지는 사람, 동기와 의지의 펌프를 늘 가동하는 사람, 자아의 신화를 위해 스스로의 소망과 바람을 양산하는 사람, 세계 내에 늘 있으면서 자신의 편견을 접고 스스로 모습을 드러내는 존재자들의 의미지시를 열린 영혼으로 받아들이는 사람, 그리하여 세계 속에서 실천함으로 그로부터 불굴의 성실성으로 자신의 의식을 늘 새롭게 진화시키는 사람.

모든 인간이 약점을 지니고 태어났듯이, 사람은 모두 생득적으로 이처럼 순수하다. 감각과 생각과 느낌의 내적 성실성이 있기 때문에 인간은 자유롭다. 자기 의지와 가치와 성장에 대한 희망을 가지게 된다. 그리고 희망을 이루기 위해 노력한다. 스스로에게 주는 이 축복에 힘입어 가끔 통렬한 영향력으로 다가오는 세계 안에서도 의식은 근원적 자유를 누릴 수 있다. 그리하여 외적 상황의 강제로부터 스스로를 해방시킨다. 인간은 파블로프나 스키너의 피실험체 혹은 레빗의 인센티브 로봇과 같이 외적 강화에 의해 좌우되는 상황의 노예가 아닌 것이다. 순수함의 축복으로 인간은 자신에게 주는 삶의 인센티브, 그 의미의 내용과 강도를 스스로 결정한다.

경험은 세계 안에서 자아의 인식능력을 동원하여 그것과 나의 관계를 체결하고 이 결과를 자기 깨달음으로 도치하는 육체적이며 의식적인 인간-세계 작용이다. 이렇게 보면 경험은 인간이 어쩔 수 없이 제한되어 있는 자신의 선험적 한계를 스스로 극복하여 진화하고자 하는 노력이라고 말할 수도 있다. 그리고 외적 세계를 자기 내면에서 재구성하는 의식의 자유에 힘입어 그 외적 영향력을 통솔하는 과정이라고 말할 수도 있다. 세계와 선도적으로 타협하는 의사소통을 통해 자신의 인식적 능력을 배양하는 능동적이며 자주적인 대처의 절차, 이것이 경험이다. 따라서 얼핏 누군가가 타인의 삶을 통솔한다거나 타인의 영혼을 지배할 수 있다고 말한다면, 경험의 자주성에 빗대어 우린 이에 강력히 대적할 수 있다. 겉으로는 그렇게 보일지 몰라도, 실상 당신의 힘은 그리고 세계의 영향은 한 사람의 의식적 소화액에 의해 완전히 녹아 소화되는 것이라고.

실천적이며 효능적인 자아 — 세계와 자신에 대한 이 가공할 의식적 소화력은 세상의 험한 파도를 마다하지 않는 인간의 운동능력에 의해 배가된다. 무슨 화학반응처럼, 이것은 참으로 놀라운 변질이다. 순수인간의 의식은 비가시적인 반면 그의 운동은 가견적인데, 두 가지가 진자(振子)운동처럼 하나에서 다른 하나로 그처럼 손쉽게 도치될 수 있다니! 세상은 사람들의 무수한 움직임으로 가득 차있다. 그 운동역학의 뒷면에는 의식역학이 도사리고 있다. 그리고 의식은 순식간에 현실로 뛰어들어 육체에 동력을 부여하며, 신체를 가장 효과적인 방향으로 움직이게 만든다. 운동력이 의식의 통제를 받기 때문에 운동의 결과는 당연히 의식으로 귀속되게 마련이다. 그 결과는, 눈에 보이는 행동들의 외관으로부터, 의식의 가공을 거친 돌연변이적 속성을 띠게 된다. 이렇게 의식과 운동은 서로의 위치를 바꿔나간다. 이것이 경험의 중심을 이룬다.

따라서 누군가가 인간의 행동을 물리적이거나 자연적인 현상으로 여겨 어떤 객관적 법칙으로 설명하려 든다면 그는 두 눈 중 어느 하나로만 세상을 보는 사람이 된다. 왜냐하면 행동과 의식은 불가분의 관계를 지닌 채 서로를 정의하기 때문이다. 달리 말하면 인간의 행동은 보편 자연원리로 설명되지 않는, 의식과 감정과 상징 덩어리로서의 가견적 현상이다.

이 말은 행동 즉 신체의 움직임을 통해서야 인간 의식이 비로소 본격적으로 가동될 것이라는 추측을 가능케 한다. 존재동기나 목적 달성을 향한 의지에서 출발한 하나의 경험여행이 감각과 지각, 표상과 인지까지의 어느 단계에서 멈춰버린다면 그것은 제대로 된 의미에 도달했을 때 울리는 축복의 종소리를 들을 수 없을 것이다. 세계나 자신의 어느 부분을 보거나 생각하거나 이해할 수야 있겠지만, 자신의 몸이 움직이지 않는다면 동기는 산 채로 땅 속에 묻히는 것이며 의지는 피어나지 못한 채 가지가 꺾이는 것이나 다름없다. 거주의 주체이며 삶의 지휘권자로서 인간은 몸을 움직여 의미를 찾는데 주저하지 않는다. 세계의 여러 것들과 기꺼이 부딪친다. 주어진 세계로부터 끊임없이 기회와 대안을 추구하며 최적의 대안을 현명하게 선택한다. 그리하여 세계의 재료를 탐구하고 이를 행동에 투자한다.

이 행동작업이 세계와 충돌하고 타협하며 융합하는 과정에서 필시 자신에게 상처를 줄 것을 뻔히 알면서도 인간은 도전을 두려워하지 않는다. 세계를 변화시키고 자신의 모습을 바꾸는 일이 육체의 헌신을 요구하며 그 일로 인해 손톱이 빠지고 발이 부르틀 것이 틀림없는데도, 인간은 행동한다. 자신의 존재영역에 나름대로 의미를 부여하고 자기 삶을 어떤 식이로든 그 의미로 채색하기 위해서는 생채기가 동반되는 현실에서의 이 행동실천이 불가피한 것임을 인간은 본능적으로 잘 알고 있다. 자신의 실존이 '나는 반드시 어떤 목적을 위해 존재한다'는 어떤 목적성의 명제에서 벗어날 수 없으며, 이 목적의 충족을 위해서는 반드시 외적 세계로부터 실행의 광맥을 캐내는 힘든 노동을 감수해야 한다는 것을 제대로 인지하고 있다. 아, 스스로 목적을 가진 인간임을 증명하기 위해 연장을 챙겨 들고 노동의 현장으로 가길 주저하지 않는 자신감에 넘치는 인간이여! 이 삶의 숙명을 위해 그가 가지고 있는 유일한 수단은 경험인 것이다.

창의적이며 의식적인 자아 — 우린 이점에서 데카르트의 전통을 이어간다. 인간은 실로 스스로 존재하는 것, 자신의 권리를 가진 참된 존재이다. 누군가는 감각, 지각, 인지, 행동, 해석과 같은 복잡한 경험 과정이 대단히 기계적이며 엄격한 절차적 순리 안에서 움직이는 것이라고 말할지 모른다. 물론 사람이나 상황에 따라서는 절차의 엄격성을 엄밀히 따라가는 경험도 없지는 않다. 하지만 의식의 속박을 선천적으로 거부하는 자유분방한 본성, 세계와의 관계에서 완전히 자신을 풀어놓는 인간 본연의 솔직함은, 경험 앞에 선 인간을 유기적이면서도 유연하게 그리고 창조적으로 만든다. 따라서 그의 경험은 창의적인 것이 된다. 마치 지름길과 초점을 정확히 집어내는 족집게 과외선생처럼, 그의 경험은 세계와 자기 존재에 관한 중심내용을 간단히 정리하여 간파해 낸다. 이것이 의식화 작업이다.

이것은, 비록 동기와 의지를 갑옷처럼 입고 있다손 치더라도, 세계와 맞닥뜨려서는 자신의 이치를 가장 낮은 자리에 놓고 자신을 완전히 투입함으로써 세계가 전하는 의미의 소리를 경청하고 묵상하는 인간의 본성적 능력이 있기에 가능하다. 이는 자기 의식의 벽 한쪽을 빛나는 거울처럼 정결하게 닦아놓고 세계 존재자들 속 자신의 운동경험이 삶에 관한 어떤 메시지를 비추기를 기다리는 일과 같다. 인식의 벽, 의식의 거울에 새겨지는 이 메시지는 물론 누구나 보편적인 안경으로 볼 수 있는 인간 육신의 형체나 움직임의 영상이 아니다. 대신에 그것은 의식의 방에 설치된 감정과 기분의 창문을 통해 렌즈처럼 굴곡된 마음의 메시지인 것이다. 자기만의 방에 새겨진 은밀한 메시지. 이 때문에 우린 인간은 창의적이라고 또 경험도 의식도 창의적인 것이라고 말할 수 있다. 세계와 자아의 이 의식화 작업 그리고 이 작업에서 발휘되는 인간의 창의성 때문에 저 세계 속 행동에서 입은 상처가 치유되는 것이며, 자아의 신화와 소망이 세계 속에서 그리고 자기 속에서 비로소 실현될 수 있는 것이다.

(2) 근원적 에너지로서의 요구, 동기의식의 시작

이 모든 것을 가능케 하는 근원적 에너지로서 인간 의식의 한 쪽에 도사리고 있는 요구에 대해 살펴보도록 하자. 의미가 오는 길, 우리가 지금 말하고자 하는 인간의 세계 경험에 대해 제대로 이해하고자 한다면 우리 논의는 아마도 요구에 대한 것부터 시작해야 할 것 같다.

경험은 현실에 대한 불만족, 새로운 상태에 관한 막연한 필요감 같은 다소 어리둥절하고 모호한 상태에서 시작되기도 하고 반대로 명확한 목표나 계획 혹은 정해진 과제 같이 구체적인 형식을 갖춘 전략적 형태로 시작되기도 한다. 여기엔 '무언가가 부족해' 혹은 '나는 이 일을 해야만 해!' 라고 스스로에게 말하는 것들이 포함된다. 또 경험을 향한 자의식은 현실의 결여에 대한 인식에서부터 생성되기도 하지만, 현실 수준과는 관계없이 미래에 대한 이상에서부터 나오기도 한다. 그것이 모호한 형태로 작용하든 아니면 전략적 형태로 작용하든 또 현실에서 나오든 아니면 미래로부터 나오든 모든 내면적 동기의식의 원초적 형태는 삶에 관한 결여, 결핍, 필요와 같은 어떤 부족함에 대한 인식에서 야기된다. 이 삶에 관한 그리고 자신에 관한 모종의 부족함에 대한 의식이 원동력이 되어 사람으로 하여금 목표와 기대와 소망과 의지를 지니게 하고 또 세계로 나아가 그 안에서 행동하고 생각하는 능동적인 경험주체가 되도록 한다.

요구란? — 작은 순환들의 거침없는 소용돌이들로 진행하는 커다란 순환궤도를 생각해보자. 우리 삶이 끝나는 날 궤도도 끝나는 것임으로 그것이 무한궤도까지는 아니겠지만, 그때까지는 사람으로부터 동기와 의지가 튕겨나가 행동을 거쳐 다시 의미로 튕겨 돌아오는 작은 획의 사이클들은 그치지 않고 반복될 것이다.

어느 나라 불교신자들이 돌리는 작은 원통들이 커다란 원둘레를 따라 연이어 서서 돌아가는 것처럼, 그치지 않고 돌아가는 이 힘의 근원은 무엇일까? 내 존재를 좀더 의미 있는 것으로 만들고자 하는 동기와 의지들은 어디에서 나오는 것일까? 그것은 각자가 인식하는 삶에 관한 어떤 부족함이나 아쉬움, 채워져야 할 텐데 아직 채워지지 않은 그 무언가에 대한 끈적한 미련, 소망이나 꿈을 향한 은밀한 갈망 같은 것이 아닐까? 그럴 것 같다. 왜냐하면 내 의식에 이런 목마름이 없다면 그 놈은 정말 꼼짝하지 않고 현재에 머무르는 지루한 나태를 보이고 있을 테니까.

사람의 요구란 이런 것이다. 부족함이나 아쉬움 혹은 필요성에 관해 스스로에게 주는 어떤 의식적 정보, 자신의 기대나 예상 그리고 자아의 신화나 소망까지의 이 채워지지 않은 빈 곳을 채워야 한다는 삶의 어떤 필요에 대한 자기 인식이다. '음, 여기에는 좀 빈 곳이 있어', '이건 아쉬운 부분이군' 하는 어떤 채움의 필요성에 대한 의식이 발동하지 않으면 어떻게 목표와 의지를 세워 앞으로 나아갈 수 있겠는가! 당연히 이런 갈증 인식이 있어야 행동의 목표나 삶의 방향이 생길 것이다. 이것이 발동되어야 열망과 의지가 생기고 또 구체적인 계획이나 전략에 대한 생각이 뒤따를 것이다. 삶의 궤도 그 선두에서 작은 경험의 순환들을 지휘하는 인간의 에너지는 요구에서 나온다. 요구가 있어야 의지가 나오고, 그것의 실행 즉 요구의 충족을 위한 세계 내 행동이 나온다. 이것들이 있어야 의미가 나온다.

의미에 관한 어느 한 가지를 다시 생각해보자. '그 여행은 내 삶의 새로운 방향에 관한 실마리를 던져주었어', '아이들의 바깥 놀이는 그들의 신체적, 사회적, 정신적 성장에 크나큰 도움이 될 텐데', '이웃과의 공존에 관한 내 생각은 이웃이 내게 주는 영혼의 안식 때문이야'. 이런 의미의 앞에는 대개 여행, 아이들 놀이, 이웃에 관한 어떤 기대치가 있음을 부인하기 어렵다. 백지로 떠나 백지로 걸었던 여행에서 내 삶에 관한 깊은 묵상이 꽃필 수 있을까? 아이들 놀이에 관해 마음 졸이는 기대나 아쉬움의 상념도 없이 아이들 삶에 대해 진지해질 수 없다. 이웃이나 그 아련한 친근함의 작은 사회에 대한 문제의식도 없이 영혼의 안식 운운할 수는 없다.

이제 우린 알 수 있다. 요구는 의미의 필요조건인데, 그것은 현실에 대한 문제의식 그리고 현실 속 자아에 관한 문제의식에서 나온다. 20세기 중반 인간의 요구에 관한 범학제적 논의를 환경심리학에 접목하여 연구한 헨리 머레이는 사람이 생각하는 자기 이상과 실제 현실 사이의 격차, 희망하는 상황과 실제 상황 사이의 심리적 거리가 곧 요구의 출발점이라고 말하고 있다. 이 격차가 사람에게 불만족이나 불충분과 같은 의식적 갈증을 자각하게 만들고, 이것을 하나의 문제로 의식하도록 한다. 바라는 것과 지금의 것 사이의 수준의 격차는 메워져야 할 필요성이 있다! 따라서 자신이 생각하는 불만족의 여건 속에서 필요함의 충족에 관한 욕구가 생겨난다. 곧이어 이 충족을 위한 열망과 의지가 생겨나고, 열망을 충족하기 위한 행동이 뒤따른다. 그러므로 우린 이 수준의 격차가 가지고 있는 문제가 무엇인지 정체를 밝히는 일로부터 인간의 요구를 정의할 수 있다.

말을 바꿔 엄밀히 따지면 요구는 현실 문제까지의 객관적 거리가 아니라 자기 기대까지의 주관적 거리라고 보아야 한다. 현실의 객관적 수준은 그다지 중요치 않다. 왜냐하면 요구는 현실의 여부에 연연하지 않고, 심지어 실제로는 문제가 없는 상태에서도, 사람의 내면이 홀로 정하는 자신의 기대치에 따라 양생되기 때문이다. 기대나 이상의 수준만으로도 불만족이나 불충분의 자각이 생길 것이며, 순수하게 소망이나 바람만으로도 부족함 혹은 필요함의 아쉬움이 생길 것이다. 따라서 누구나 실제 현실이 문제까지는 아니라고 지적할 때에도 자신만은 현실을 문제라고 의식하는, 어쩌지 못하는 의식적 주관성에 처하게 된다. 예컨대 지금 내 삶도 그런대로 괜찮지만 그 여행은 어떤 새로운 삶에 대한 자각을 불러일으킬 수 있다. 아이들 놀이에 큰 문제가 없어도 더 나은 놀이에 대한 요구가 생성될 수 있다. 좋은 이웃들 사이에서도 공동체적 영혼의 안식을 향한 더 나은 요구에 대해 논의할 수 있다.

요구의 조건 — 그렇다. 요구는 백지에서 시작되지 않는다. 반드시 어느 객관적 문제에서 발현되는 것도 아니다. 그것은 미리 정해진 미래의 특정 수준을 지향하는 나의 관념을 기준으로 나타난다.

요구에는 반드시 기대수준이 존재한다. 그리고 그것에는 '내가 바라는 수준은 내가 지금 가지고 있는 수준보다 높다' 라는 절대 원리가 적용된다. 또 '둘 사이에 존재하는 격차는 항상 채워져야 할 필요성이 있다' 는 자각이 전제된다. 두 수준에 차이가 존재한다는 이 말은 당연하다. 만약 바라는 수준이 현실보다 높지 않다면 요구는 생겨나지 않을 것이다. 덧붙여 요구는 내가 그 차이를 채워야 한다는 필요성을 자각하고 있을 때 생겨난다. 차이가 있어도 채울 필요를 느끼지 않는다면 이 또한 요구가 성립되지 않는다.

이 두 가지 조건, 바라는 수준이 더 높기 때문에 그리고 그것에 도달하고자 하는 자각과 의지가 있기 때문에, 인간은 그것을 쟁취하려 행동할 것이다! 이렇게 보면 모든 목표, 기대, 의지, 행동은 요구와 함께 정의되어야 한다. 이것들은 모두 요구를 근원으로 삼고 있다. 아무런 부족함이나 수준의 격차 그리고 채움의 필요성을 느끼지 못하는 사람에게서는 의지나 행동을 볼 수 없다. 하지만 늘 다행스런 점은 나에게는 항상 미래지향적 이상을 발견하고 조성하는 어떤 그치지 않는 자기 문제의식이 내재되어 있다는 것이다. 나는 끊임없이 앞을 향한 보다 나은 수준을 설정하며, 그것은 항상 현재 내가 누리고 있는 수준에 비해 높으며, 나는 늘 그 차이를 메워야 한다는 필요감을 가지고 있다.

그렇다면 사람은 한 시점에서 얼마나 많은 요구를 가지고 있는 것일까? 소망에 대한 의식과 현실에 대한 의식 사이의 모든 격차가 요구일까? 그 격차 모두가 목표나 의지로 발전되어 현실의 행동으로 나타나는 것일까? 아마도 그렇지는 않을 것이다. 만약 그렇다면 사람은 자신의 요구를 적정한 양으로 줄이는데 삶을 허비하거나 모든 요구를 행동으로 옮기기 위해 자신의 삶을 혼란으로 빠뜨릴 것이기 때문이다.

물론 한 시점에서 오직 하나의 요구만 있는 것은 아니며, 대개 한 사람의 내면에는 얼마가 되었든 간에 복수의 요구들이 공생하고 있을 것이다. 돈도 좀 넉넉히 있었으면 좋겠고, 여행도 갔으면 좋겠으며, 동시에 아이들이 맘껏 뛰어 놀았으면 하고 생각하며, 이웃들도 나무랄 데 없는 좋은 사람들이었으면 하고 바라고 있다. 이 다수의 것들은 종종 모종의 관계를 맺기도 하고, 서로 영향을 미치기도 하며, 타협을 꾀하기도 한다. 또 이들은 각각 다른 강도나 거리감을 가지고 그 사람의 의지와 행동을 유도한다.

여기서 우린 위의 두 가지 조건 즉 수준의 격차와 채움의 필요성의 성격을 가늠할 세 가지 요건을 상정할 수 있다.

첫째는 절실함의 요건이다. 요구란 소망의식과 현실의식 사이의 격차 중에서 특히 긴 거리를 가진 격차 즉 절실한 필요성들이라고 말해지는 것들을 뜻한다. 절절한 것들만이 삶의 목표와 의지 그리고 행동과 의미로 이어질 것이다. 한 시점 혹은 상황에서 그다지 절실하지 않은 원함, 중요치 않은 주장, 이차적이라고 여겨지는 부족함은 지금 당장 요구라는 태그를 붙이지 않아도 된다. 보다 더 중요하게 여겨지는 필요성들이 현재의 삶을 지배하고 있는 한, 이들은 쇼핑 리스트에서 잠시 사라진 상태로 있어도 좋다. 나는 어떤 것이 더 중요하고 절실한지를 판가름하는 주관적 잣대를 늘 지니고 있는데, 절실한 것들을 위해 사는 삶만으로도 현재의 삶은 벅차고 힘겹다. 세계와 나 사이의 관계 속에서 내 안의 능력은 늘 한정되어 있는 것임으로.

둘째는 명백함의 요건이다. 숨겨진 필요성은 요구로 불리지 않는다. 물론 채워지지 않는 것을 혼자 가슴 속에 비밀스레 간직하고 있는 사람도 있다. 몇몇 갈망은 한 사람의 내면 깊은 구석이나 무의식의 바위 뒤에 교묘히 숨어있을 수도 있다. 모습을 드러내지 않은 채 한 사람의 정신이나 가슴 속에 꼭꼭 숨어있는 것들은 현실의 경험적 현상으로 잘 나타나지 않는다. 이런 은폐된 아쉬움은 관찰하기 어렵다. 이같이 숨겨진 것들은 요구가 아니다. 요구라고 할 만큼 아직 하나의 형체로 성숙하지 않은 것들이다. 나의 명철한 의지와 현실행동으로 이어지는 필요성, 외적 세계의 탐구와 투쟁의 환난을 마다하지 않는 것, 의식세계에서뿐만 아니라 경험세계에서도 투사나 영웅처럼 자신을 드러내는 것들이 요구이다. 따라서 요구는 항상 현실에서 명백한 증상으로 자신을 표현한다.

셋째는 집요함의 요건이다. 외적 세계와 부딪쳐 힘 한번 제대로 쓰지 못하고 사라지는 갈망은 요구라는 개념과 거리가 멀다. 요구는, 그리고 요구의 지원을 받는 의지는, 집요하다! 자기 실현을 위해 몸부림치며, 한번 실현되면 사라지지 않고 반복적으로 나타난다. 집요한 필요성은 때로 매우 독창적인 방법을 빌어 현실로 나타난다. 외적 세계의 온갖 장애물을 넘기 위한 창의적인 방법을 고안해낸다. 규칙 잘 지키고 말 잘 듣는 온순한 학생도 물론 관찰해야겠지만, 고집 센 학생, 지칠 줄 모르고 자신의 방향으로 정진하는 학생을 주목해야 한다. 벽에 부딪칠 때 녹아버리거나 쪼그라드는 것이 아니라, 벽마다 넘는 방법과 뚫고 나가는 힘을 보여주는 것이 요구이다. 때때로 그것이 매우 이탈적인 것일지라도 그 일탈성이 부족함을 충족하는 것이라면 일탈이 요구이다 (요구의 성격과 조건 그리고 이탈행동에 대해서는 필자의 근저「도시주거의 비판적 휴머니즘」에 자세히 기록되어 있다).

요구의 강도 — 요구는 삶의 원동력이다. 경험의 근원적 에너지이다. 아무런 불만족이나 필요성을 느끼지 않는 사람은 삶에 대해 소극적인 자세를 보일 것이다. 반대로 자신의 삶을 여러 필요성으로 유도하는 사람에게서는 각가지 의지, 여러 성취감이나 충만함을 엿볼 수 있을 것이다.

따라서 요구에 대해 말할 때 우린 그것을 거리나 강도의 개념으로 측량해볼 필요가 있다. 이것은 물론 한 사람이 주관적으로 의식하는 강도이다. 하지만 분명히 삶의 목표와 소망, 실천을 향한 의지, 현실에서의 가슴 벅찬 행동체험, 그리고 마지막에서 한 줌의 생의 의미로 이어질 만큼의 강도를 가진 의식이어야 한다. 요구는 단순히 아쉽다거나 부족하다거나 불만족스럽다는 내면의 느낌으로 끝나지 않는다. 그것은 실행의 강도 즉 목표, 의지, 행동으로 이어지는 실행적 현상 그리고 의미의 강도 즉 하나의 필요성이 얼마나 소중한 의미를 유도할 잠재력이 있는지로 측정되는 실용적이며 현상적인 생애증상을 보여준다. 실행과 의미로 걸음을 옮겨가는 요구라는 이 필요성의 의식은 절실한 것과 그렇지 않은 것, 명백한 것과 그렇지 않은 것, 독특하며 창의적인 것과 그렇지 않은 것, 집요한 것과 그렇지 않은 것 중에서 모두 전자에 속한다. 절절히 필요한 것, 명백히 드러나는 것, 집요하게 추구하는 것이 강하고 중요한 요구이다. 내 안의 에너지가 넘치는 힘을 어쩌지 못하고 밖으로 튕겨나가 이리 충돌하고 저리 부딪쳐 마지막에 소중한 의미의 눈물 하나 맺고 사라지는 것. 이것이 요구이며, 삶의 근원이다.

요구의 내용 — 그렇다면 사람의 거주에는 어떤 필요함의 의식, 어떤 소중한 열망들이 있는 것일까? 살아가면서 우린 무엇을 위해 행동하고 있으며, 무엇을 절실하고 명백하며 집요한 것으로 여기고 있는 것일까? 아브라함 매스로우, 찰토 토울에서 에드워드 데시, 렌 도열까지 인간의 요구가 무엇인지에 관한 논의는 심리, 사회, 정치, 복지, 역사 분야를 넘나들며 풍부하게 논의된 바 있다. 이들은 모두 숭고한 휴머니즘을 이념적 전초로 삼고 있다. 인간의 존엄성, 기본 생존권, 창의력, 효율, 정신과 육체의 건전한 발전, 인류 복리 등을 공통의 모토로 삼고 있다. 물론 나열하자면 요구의 항목이나 세부 내용은 분야나 관점 그리고 학자나 논의대상마다 다르다 (이에 관한 세부 논의가 이 책의 주안점이 아님을 양해하기 바란다). 하지만 이들의 견해와 생각들 하나하나는 인간, 거주, 의미를 요구와 한데 묶어 논하는 우리 관점에 정확하고 격렬한 실마리를 준다.

종합해보면 거주를 통해 한 사람이 가질 수 있는 절실하고 명백하며 집요한 필요성은 감성과 정서에 관한 것, 생존과 실용에 관한 것, 정신과 관념에 관한 것에 속할 것이다. 이것은 물론 인간 내면이 표출할 수 있는 수많은 잠재적 요구들의 내용을 줄이고 함축하여 말하는 것이다. 간략히 말해 사람은 정서와 감정순화, 현실적 성취와 성장, 사회적이며 문화적인 가치에 관한 소망을 가지고 있다. 이들 중 어느 하나 혹은 복수의 필요성을 위해 행동한다. 그리고 이들 중 하나에 연관된 삶의 의미를 품에 안는다.

요구가 이 세 가지에 관한 것임으로 경험도 이 세 가지를 위해 발진되는 것이며, 경험하는 자아가 세계의 존재자들과 나누는 의미연관도 이 세 가지 내용에 관한 것이다. 우린 이 세 가지 유형을 가지고 이전 학자들이 인간 요구의 내용에 관해 펼쳤던 여러 주장들을 충분히 포용할 수 있다.

첫째, 감성과 정서에 관한 요구는 심리적 안정이나 감동, 자유나 평등 혹은 행복에 관한 심리적 상태, 아름다움이나 추함 혹은 쾌, 불쾌에 관한 심미적 수준, 그리고 집중력이나 자기 통제 혹은 인지능력과 같은 오성적 열망을 향한 필요의식을 총괄한다. 사람은 대개 풍부한 감성과 함께 적절히 제어된 심리를 유지하고자 한다. 사랑이나 자유가 주는 기쁨과 함께 슬픔이나 절망 후에 올 새로운 감동에 대한 기대도 마다하지 않는다.

둘째, 생존과 실용에 관한 요구는 생명, 건강, 안전, 기초의료서비스, 기초교육과 같은 인간 생활의 기본을 지탱하는 기본적 요구 그리고 갈증, 휴식, 번식과 같은 생존에 관련된 모든 생리적 욕구를 포함한다.

덧붙여 현실적 기능이나 수단적 목적 혹은 실용적 가치에 대한 추구, 자기 행동을 자신의 방식으로 수행하고자 하는 갈망, 실행 후의 충족감이나 성취감을 향한 기대의식 등을 지칭한다. 생존은 현실 행동을 통해 유지되고 진화하는데, 이 자기 진화를 위한 물질적, 기능적 열망이 모두 여기에 포함된다.

셋째, 정신과 관념에 관한 요구는 상징적 개념과 문화적 풍요에 관한 필요의식을 말한다. 나와 나, 나와 사회이념, 나와 특정 문화집단 사이의 관계에 관한 바람 그리고 내가 속한 집단의 이념적 가치에 대한 비판의식이다. 타인과의 교제와 협력, 삶의 나눔, 집단 소속감과 공생체 의식 등 사회적 안정을 위한 필요 그리고 자기 집단의 문화적 수준과 집단 정체성, 가치관과 세계관, 언어나 기호체계를 개선하고 유지하고자 하는 자기 상징체계에 대한 갈망을 포함한다. 사람들이 사는 곳이면 어김없이 그들이 스스로 굳이 사회체제와 문화체계를 만들고 그것에 관심과 노력을 보이는 사회문화적 증상들을 보게 된다.

요구의 구조 — 한 시점에서 개인이 가지고 있는 다수의 요구들은 그 사람의 내면에서 하나의 체계와 질서를 갖추고 있다. 이것을 우린 요구시스템이라고 칭할 수 있다. 시스템, 이는 개별요구들의 상호관계가 만드는 구조적 성격에 의해 지탱된다. 누구는 모든 실용적 이익을 마다한 채 특정한 정서적 요구 하나에 온 의식을 모으는 때가 있다. 이것이 그 사람의 실용적 이익에 관한 요구의식과 정서적 요구의식 사이의 관계를 규정한다. 그리고 그는 자신의 정서적 요구가 다른 것들보다 중요하다고 믿는다. 예컨대 사랑은 배고픔도 잊게 하지 않는가! 또 상황에 따라서는 자신의 물질적 요구와 사회적 요구를 상보의 관계로 유지하려는 때도 있다. 특정 집단으로의 사회적 소속감이 자신에게 현실의 실용적 가치를 가져다 줄 것으로 믿는 경우가 그렇다. 이처럼 요구들은 일정한 관계적 구조를 형성한 채 사람 안에서 공존하고 있다.

개인은 다수의 자기 요구들이 서로 다른 강도로 자신에게 작용하고 있음을 알고 있다. 요구의 강도란 한 사람이 지니고 있는 여러 필요의식들의 절실함과 중요함 그리고 명백함과 집요함에 관한 자기 믿음의 정도를 말한다. 개인 안에 존재하는 삶의 요구들이 어느 시점에서나 또 어느 상황에서나 모두 똑 같은 중요도를 가지고 있을 수는 없다. 그들은 말하자면 한 사람 안에서 강도의 프로파일을 만든다.

또 그들은 상호 일정한 연관성을 맺은 채 공생한다. 예컨대 공간적으로는 요구 A와 요구 B가 같은 공간적 맥락에 관련되어 있는 경우를 생각해볼 수 있다. 또 'A가 있으면 B가 있을 개연성이 높다' 라든가 'A와 B는 하나의 행동으로 충족이 가능하다' 와 같은 상호 도구적, 기능적 연관성을 생각해볼 수도 있다. 그리고 시간적으로는 시간에 따라 변하는 강도의 변화 그리고 두 요구의식 사이의 선행과 후행의 관계에 대해 말할 수 있다. 역시 실질적이며 과학적인 시간이 아니라 사람이 느끼고 믿는 의식적 시간이 기준이 된다. 우린 앞으로 이러한 요구시스템의 구조적 양상을 세 가지 차원 즉 프로파일, 연관성, 시퀀스 등이 만드는 3차원적 구조로 일관성 있게 조망하려 한다 (따라서 경험의 구조도 그리고 의미의 구조도 이 3차원적 관계구조로 설명하게 될 것이다). 세 가지 차원을 간략히 설명해보자.

(1) 프로파일, profile. 요구시스템 속의 개별 요구들에 대해 자신이 부여하는 중요도 내지는 절실함의 정도의 총합적 관계를 요구 프로

파일이라고 한다. 우린 한 시점이나 한 상황에서 개인의 개별요구들을 그 사람이 가장 중요하다고 믿는 것부터 위계적으로 나열한 하나의 프로파일을 생각해볼 수 있다. 예컨대 지금 한 아이는 친구집단에 자신을 소속시키는 일 그리고 그들과 정규적으로 어울리는 일을 다른 일상 기능들보다 더 중요한 필요성으로 느낄 수 있다. 심지어는 이것이 건강이나 공부보다 더 절실하다고 믿을 수도 있다. 자신에게 중요한 것은 절실한 것이며, 절실하면 그것은 명백한 현실적 증상으로 나타날 개연성이 높다. 그리고 그것을 집요하게 추진할 개연성도 높아진다 (중요함=절실함 → 명백함 → 집요함). 따라서 우린 절실함의 프로파일을 통해 명백함의 구조 그리고 집요함의 구조도 함께 이해할 수 있다. 두 가지만 더 말해보자.

우리가 사람들의 요구시스템을 이 같은 프로파일로 정리한다면 우린 어느 요구들이 그 사람에게 있어 중요도의 상위에 속하는지 판단할 수 있다. 그 사람이 이런 중요한 것들부터 실행에 옮기려 한다 해도 놀랄 일이 아니다. 어떤 행동이 더 중대하고 시급한 것인가는 그 사람의 내면에 구축된 요구의 프로파일을 기준으로 정해지는 것이다. 틀림없이 그 사람은 자신의 프로파일에서 상위에 있는 것들이 자신에게 더 중대하고 소중한 삶의 의미를 전해줄 것이라고 믿고 있다. 그리고 자연스럽게 이들을 실행에 옮김으로써 그 소중한 의미를 얻으려 할 것이다.

또 우린 당연히 이 프로파일이 시간에 따라 변할 것임을 추측할 수 있다. 심지어는 느닷없이 다가오는 어느 상황에 따라 프로파일이 급격히 재배열될 수도 있다. 새 학교의 신입생이 된다거나, 결혼을 하거나, 유학을 떠나거나, 어느 생경한 곳으로 이사를 간 경우를 생각해보라.

그러면 한 때는 그처럼 중요하게 여겨졌던 나의 소망이 지금 다른 것들에 의해 뒤 켠으로 사라지는 모습을 보게 될 것이다. 살아가는 절차라는 것이 어떤 요구들은 새롭게 생겨나고 또 어떤 것들은 사라지며 이들이 중요도 위치를 서로 뒤바꾸는 유기적이며 창의적인 진화와 크게 다르지 않다.

(2) 연관성, relevance. 연관성이란 한 사람의 요구시스템 안에서 요구의 내용들이 갖추고 있는 기능적 관계구조를 일컫는다. 요구들은 뿔뿔이 흩어져 있는 상태로는 버텨내지 못한다. 그들은 기능적으로 교묘하고 복잡하게 서로 관계를 맺고 있다.

우린 연관성을 상관성과 인과성 그리고 정연관성과 부연관성 등의 구조로 설명할 수 있다.

상관성이란 한 요구가 생성될 때 다른 요구도 같이 나타나는 태생적 상관관계, 한 요구의 강도 변화에 따라 다른 요구의 강도도 함께 변하는 강도적 상관관계, 한 요구가 행동으로 이어질 때 다른 요구가 부차적으로 편승하여 움직이는 위계적 상관관계를 말한다. 한편 두 요구가 하나의 시공간적 상황으로 묶여 돌아가는지를 따지는 연관성 즉 맥락적 상관관계(시공간적 근접성)를 덧붙여 생각해볼 수 있다. 이들은 말하자면 한 요구가 어느 방향으로 움직일 때 다른 것들도 더불어 일정하게 움직이는 연관관계로서, 요구들 사이의 내용적 유사성에 대한 부류이다. 이외에도 요구들 사이에는 인과관계가 형성될 수 있다. 두 요구 사이에 원인과 결과의 상호관계가 명백한 경우를 말한다. 이 모든 상관적, 인과적 관계에서 둘의 작용이 서로의 영향력 아래 서로 긍정적이며 상보적으로 움직일 때 우린 이를 정연관성이라 한다.

물론 부연관성도 생각해볼 수 있다. 반비례의 부정적 상관관계 내지는 부(否)적 인과관계를 말한다. 이를테면 한 요구가 중요하게 부각되는 때에 맞춰 다른 요구가 소멸되거나 쇠약해지는 경우를 생각할 수 있다. 한 아이의 PC게임에 대한 요구는 그 아이의 바깥놀이에 대한 요구와 원칙적으로 상호 갈등의 관계 안에서 작용할 것이다. 또 공간적으로도 한 요구의 실현에 필요한 공간적 요건이 다른 것들의 실현에 필요한 공간적 요건과 충돌할 수 있다. PC게임에 관련된 공간과 바깥놀이를 위한 공간은 서로 다르기 때문에 시간적 운용만 고려한다면 두 요구의 충족에 공간적 문제는 없다. 하지만 취학 전 소아들의 놀이터 그네놀이와 초등학생들의 놀이터 게임놀이는 놀이터라는 공간적 한계 안에서 서로 충돌을 일으킬 개연성이 있다.

(3) 시퀀스, sequence. 한 사람이 가지고 있는 요구들 사이의 시간적 관계에 주목해서 생각할 때 우린 이를 요구 시퀀스라 부른다. 위에서 우린 요구시스템 속에서 한 요구의 강도가 시간에 따라 변한다는 점을 지적하였다. 시퀀스는 둘 이상의 요구 사이의 시간적 관계를 말한다. 한 요구가 다른 요구의 형성에 선행조건으로 작용하는 경우, 두 요구 중 어느 하나가 반드시 다른 것의 사전 혹은 사후조건이 되는 경우, 두 요구가 시간적으로 동시적이어야 할 경우, 세 가지 개별요구가 원-투-쓰리의 시간적 시퀀스를 보이는 경우 등이 포함된다.

시간적 전후 관계가 연관성과 비례적으로 움직이는 때를 먼저 생각해보자. 내용적으로 기능적 연관성을 가진 두 요구가 시간적으로도 위계를 보이는 경우이다. 예컨대 사람들 사이의 친교는 소속감이나 공동체 의식의 시간적 선행조건이며 동시에 이것들과 기능적 의존관계를 가진다. 예배당을 자주 찾겠다는 갈망, 예배에 더 열성적으로 참여하고 싶다는 바람은 종교적 신념에 더 충실하고 싶다는 요구와 시간적 선후관계는 물론 태생적 상관관계, 시공간 맥락적 상관관계를 지니고 있다. 축구게임을 하고 싶다는 바람과 목마르다는 욕구도 이와 비슷하게 시간적, 기능적 상관관계 안에서 서로 움직인다.

하지만 시퀀스가 반드시 연관성과 비례적으로 혹은 동시에 움직이는 것은 아니다. 시퀀스가 연관성과 반비례적으로 작용할 때도 있으며, 또 아무런 연관성이 없는 두 요구 사이에서도 시퀀스의 관계는 명확하게 지켜져야 하는 경우도 있다. 예컨대 앞서 말했던 어린 아이의 실내 PC게임이 주는 환상적 가상놀이를 향한 요구와 바깥놀이가 주는 친구들과의 어울림을 향한 요구는 서로 부정적 비례의 관계이거나 서로 아무런 관계가 없다고 말해질 수 있다. 하지만 이 둘 사이에서 정확한 시간적 선후관계는 지정될 수 있으며, 두 가지가 명확한 시퀀스에 의해 배열될 수도 있다.

시퀀스 구조를 중요하게 고려해야 하는 이유는 한 사람의 요구시스템이 한 순간이라도 정체되는 일 없이 시간에 따라 항상 변화하고 또 발전하거나 쇠퇴하는 진화의 사이클을 거듭하기 때문이다. 요구시스템의 진화경로 안에서 개별 요구들은 왕성한 시간적 율동을 보일 것이 틀림없다. 그리고 이 요구들이 세계 속에서 행동과 의미로 탈바꿈되면서 나타나는 행동의 시간배열, 의미의 시간배열은 인간 거주를 논하는 우리에게 중요한 논점이 아닐 수 없다.

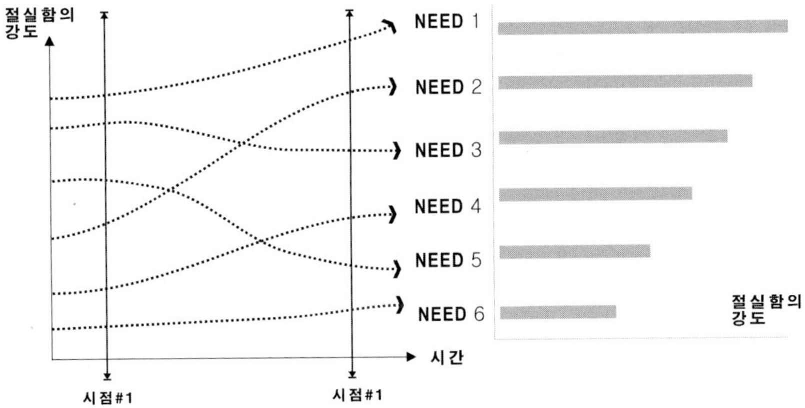

사람은 한 시점에서 복수의 요구를 가지고 있다. 이들이 내면에서 요구시스템을 형성한다. 이 시스템은 여러 요구들의 내용과 강도의 관계로서, 프로파일, 연관성, 시퀀스의 구조를 이룬다. 요구를 실현하는 세계경험과 인간 행동은 틀림없이 강한 요구(절실하고 중요하며 명백하고 집요한 것)에 먼저 집중될 것이다. 이건 놀랄 일이 아니다. 하지만 이런 절실한 요구라 할지라도 다른 요구들과의 상보적 혹은 갈등적 관계 안에서 움직인다는 사실을 잊지 말자.

근접체험과 행동경험

배움에는 행동을 통해 배우는, 단 한 가지 방법이 있을 뿐이네. 그대가 알아야 할 모든 것들은 여행을 통해 다 배우지 않았나. 이제 남은 건 한 가지뿐이지.

(파울로 코엘료, 최정수 역, 「연금술사」, 205쪽, 문학동네, 2001년)

그냥 가만있지, 뭐하러 처음부터 힘든 경험이란 것을 하는지? 어쩜 가만있는 것이 진정한 행복이나 자유나 사랑에 더 빨리 도달하는 방법이 아닐까? 거리를 좀 두고 사는 것이 나을지도 모른다. 하지만 존재의 본성은 삶을 지금보다 더 나은 것으로 만들기 위해 사람을 계속 채

근한다. 사람은 자기 삶의 바라는 것들에 대해 늘 행동하도록 결정지어졌다. 그리고는 이를 위해 자신을 밖으로, 밖으로 밀어낸다. 세상과의 거리를 용납하지 않는다. 이것이 실존의 숙명이다.

앞에서는 본능적이라고 말했다. 그리고 자신의 요구가 샘물처럼 그치지 않는 모습을 보고는 '참 다행스런 일이군' 이라든가 '난 아직 살아있는 거야' 라는 안도의 내색이 있을 것으로 짐작했다. 근데 말이 좀 뒤바뀐 것 같다. 다행이라든가 안도하고는 거리가 좀 멀다. 세계와 부딪치면 생채기가 나게 돼있다. 그러니 이건 다행스럽다고 말하기 전에, 어렵고 숨찬 일이다. 어쩌지 못하고 피할 수도 없는 숙명이다. 끝없이 솟아나는 더 나은 것들에 대한 생각에 소망이며 이상이라는 옷을 입히고, 그 중 몇몇을 위해 저 모자라는 현실을 등에 업고 끌고 가야 한다니! 그러기 위해 세계와 늘 근접해 있어야 한다니.

하지만 나만 하는 일이 아니며, 나에게만 처해진 숙명이 아니다. 인간이라면 누구에게나 씌워진 굴레임으로 어쩔 수 없는 것이며, 또 못할 일도 아니다. 기왕에 해야 할 일이라면 즐겁게 할 수도 있는 것이다. 또 우린 이것이 생명이나 생존과 같은 삶의 본질에 관한 것임을 잘 알고 있다. 현실에서 멀어지려 할수록 삶은 더욱 불행해지며 우리의 실존적 인간성은 붕괴된다. 알베르 까뮈는 이를 존재적 부조리에 대한 저항이라 하였다. 우린 어쩔 수 없이 현실의 겨드랑이 밑으로 더 가까이 달려들어야 한다. 그렇지 않으면 상황은 더 나빠지는 것이다. 현실과의 이 근접관계가 벗어날 수 없는 것이라면 오히려 더 근접해보자. 나를 그것으로 끌어내야 한다면 더 행복하게, 더 자유롭게 끌어내볼 수도 있는 것이다. 그리하여 간절한 소망이나 절실한 이상 같은 것들이 저절로 더 많이 솟아나게 해볼 수 있다.

멀다고 하기엔 너무 가까운 너, 현실 — 최근 도종환 시인이 피치 못할 까닭으로 홀로 산 속에 은둔해있었다고 한다. TV도 인터넷도 없는 오두막에서 한 3년간 세계를 멀리 두고 지냈다고 전해진다. 시인은 이를 자기 유폐라고도 하고 또 후에는 '기교를 버려 단순해진 삶' 이라고도 한다. 그래서 나온 시 묶음이「해인으로 가는 길」이다. 그런데 여기서 평을 맡은 이문재 선생은 '시인에게 저 가볍고 투명해진 깨달음이 가능해진 것은 멀어져서가 아니라 오히려 더 근접했기 때문' 이라 지적한다. 세계와 근접한 것이 자기와의 근접을 허락하여 자기 안의 반성과 성찰과 고요가 가능해 졌음이다. 그러지 않고 산 속으로 유폐함으로써 세계와 멀어지려 했다면 이는 도피이며, 삶은 후회나 증오나 무관심으로 가득했으리라.

'가볍고 투명해진 깨달음' 을 가능케 하는 이 근접성이란 무얼까? 이문재 선생은 계속 말한다. 보고 아는 일 즉 '시각(視覺)은 대상과 거리를 두지 않으면 작동하지 않기 때문에 태생적으로 패권적이다' . 시각은 먼발치서 느끼는 수단이다. 대상과 떨어지면서 발달한다. 그러나 나머지 감각은 희박해진다. 시각이 기승을 부리면 세계와 만나는 다른 경로들의 문은 막힌다. 시각만으로는 허약하다. 근접이란 무엇을 보되 가까이서 보는 거리이며, 이와 함께 만지고 듣고 냄새 맡고 맛을 보는 만큼의 가까움을 일컫는다. 세계는 당초 이렇게 가까이 있었던 것인데, 또 사람은 본성적으로 이만큼 세계와 가깝게 있었는데, 지금은 많은 것은 너무 많아 탈이고 적은 감각은 너무 적어 탈이 되어버렸다.

인간은 근접감각을 타고났다. 근접감각에는 세계와 나 사이에 간격이 없다. 손을 뻗으면 세계의 존재자들이 손에 닿을 만큼 가까이서 자신을 드러낸다. 신체의 직설적인 느낌, 육체가 받아들이는 생동감 넘치는 정보, 그리고 행동의 즉각적인 대처. 그럼으로써 세계의 존재자들이 전해주는 의미는 명쾌하고 강렬해진다 (아마도 그들이 나로부터 받아들이는 의미도 이만큼 명쾌할 것이다). 손가락으로 가리킬 필요도 없고 손바닥을 이마에 대고 멀리 바라볼 필요도 없다. TV나 인터넷이 끼여들 게재가 아니다. 중간에 다른 방해가 없음으로 나와 세계의 관계는 단순하고 간결하다. 이 간결함 속에서 의미의 깨달음이 나온다.

세계와의 간소하고 명철한 거리 안에서 나는 오히려 더 맘껏 움직일 수 있다. 내 작은 움직임 하나하나에 세계가 따라 움직인다. 손이나 발을 뻗으면 그것이 세계를 이용하는 것이 되고, 세계는 그에 따라 변화한다. 세계와 내가 함께 행동하게 되는 것인데, 이것이 바로 세계 내 자아이며 자아 내 세계이다. 자아 내 세계는 세계 존재자가 숨결이 들릴 만큼 가까이서 전하는 의미들이 자아 안에서 정착하는 작용일 것이다. 세계와의 이 가까운 만남을 통해 나는 보다 자유롭게 나에 대해서 그리고 세계에 대해서 선택할 수 있다. 세계와 피부를 그리고 의식을 직접 맞대고 있기에 나는 수없이 솟아나고 순간순간 명멸하는 소망과 기대들 중에서 무엇이 진정한 내 삶의 요구인지를 선별해낼 수 있다. 그리고 어떤 행동을 취해야 할지 그리고 그것이 진정 내 삶이 가야 할 방향인지를 판단할 수 있다. 멀리서 마냥 바라보기만 하는 시각적 삶, 네트워크에서 다른 사람의 삶을 대신 사는 삶으로는, 이런 즉시적 쾌감이 불가능하다.

다시 말하지만 거주체험은 모두 근접체험이며, 사람의 거주는 모두 현장의 거주이다. 근접체험이 존재이며, 현장체험이 곧 거주이다. 그렇지 않은가? 사람의 모든 삶은 세계 속에서, 세계와 근접해 있다 (한데 지금 신도시와 아파트의 실무는 사람의 삶이 근접해 있는 저 세계를 스스로 멀리 두려 애쓰면서 그것을 만들고 있는 건 아닌지? 아이러니가 아닌가!).

운동과 움직임의 행동경험 — 삶은 의미를 좇는 행위이며, 삶은 또 당연히 그렇게 되어야 한다. 당신은 무엇을 위해 살아가는가? 우린 스스로 정한 어느 특별한 대상을 가리키며 그 대상이 내게 전파하는 가치를 위해 살아간다고 대답할 것이다. 사랑하는 것들을 가리키며, 나의 이 실천적 행동을 가리키며, 그리고 이들이 가져다 줄 삶의 저 행복을 가리키며, 나는 이런 것을 위해 산다고 할 것이다. 그렇다. 우리에겐 우리가 믿는 신념이 있으며 행복이나 사랑과 같은 가치가 있다. 자기 존재에게 필연적으로 주어진 의미나 예감 혹은 신념을 위해 살고 있으며, 가족이나 국가나 어떤 직위나 자신이 성취하는 일과 같이 존재의미를 떠받치고 있는 세계의 특별한 대상들을 위해 살아간다.

의미나 대상은 매일매일의 일상과 굳건히 연결되어 있다. 일상은 이들을 찾거나 제조해내는 공장라인과 같다. 다른 한편에서 보면 일상은 또 목적 있는 행동들, 정해진 곳을 향해 움직이는 신체운동들로 구성되어 있다. 자기 실현을 위한 실천의 움직임들로 빼곡히 여며져 있다. 말하자면 행동들, 신체 움직임들이 가동되면서 의미와 대상이 표출된다. 공장라인의 장비들이 조직적으로 작동하듯이, 우리가 일상에서 자유자재로 만들고 바꾸는 각자의 운동과 움직임에 의해 의미가 만들어지고 특별한 대상이 지정된다. 요컨대 자기 신체의 운동을 어떻게 조직하고 운영하는지가 중요한데, 운동의 조직이란 나름의 의미를 만들어가는 방법을 행동으로 터득하고 실현하는 일을 뜻한다.

우린 예컨대 인류는 결국 서로를 사랑하게 될 것이라는 희망을 품을 수 있다. 역사에 이름을 남길 예술가가 되겠다는 목표를 세울 수 있으며, 이번 여름에는 배낭여행을 가겠다는 계획을 세워볼 수도 있다. 주말마다 내 젊은 땀을 사회봉사를 위해 흘리겠다는 의지를 곧추 세울 수도 있다. 물론 나는 손 하나 까딱 않은 채 이 모든 것을 말로 혹은 생각으로만 처리할 수 있다. 말로는 무언들 못하랴. 넌지시 쳐다보는 일로는 또 어떤 것인들 못하랴. 하지만 말로는 또 쳐다보는 것만으로는, 희망과 목표와 계획과 의지의 씨앗이 한 획을 긋고 돌아 삶의 결과로 성숙하는 이 옹차게 쓰라리며 동시에 환희에 찬 열매까지는 어려울 것이다. 어떤 것이든 그것이 결실하기 위해서는 필연코 거기에 어떤 변화의 동력이 필요하다. 마치 불사의 승려가 동안거를 치른 후 세상 속으로 떨쳐나가듯, 동력이란 세계와 만나는 접점에서 보여지는 우리의 행동이다.

행동이 의미 산출의 방법이라는 명제를 증명하기란 여간 까다로운 일이 아니다. 이것은 증명이 어려운 일종의 가정이나 상식에 가깝다. 앞에서는 삶이 본질적으로 외적 세계와 근접해 있는 것임을 밝히기 위해 그 반대의 경우 즉 근접하지 않은 삶 예컨대 보기만 하거나 남의 것을 대신 사는 삶을 상정했었다. 여기서도 우린 불가피하게 이 구차스런 반증법적 논지를 택해야 할 것 같다. 행동하지 않는 삶, 그러면서도 여하한 방법으로 의미가 가득한 삶, 이런 것이 과연 있을까? 세계를 감각이나 공상이나 말만으로 슬쩍 맛본 채 그걸로 충분하다고, 그래서 살아가는 진정한 이유를 터득했노라고, 말할 수 있을까? 지각이나 상상 같은 간접적인 방법으로 이젠 좀 알 것 같다고 하며 정말 삶을 죄다 아는 체 할 수 있는 것일까?

앞서도 말했는데, 인간 거주에는 한가지 원칙이 있다. 나는 세계 속에 존재하며 세계 존재자들과 공존한다. 그리고 그들과 나는 서로의 존재의미에 대한 정보를 끊임없이 교환한다. 내가 사는 곳이 도시 복판이든 깊은 산중이든, 나의 본성이 사회적이든 독아적이든, 거주에서 이 한가지 원칙은 변함이 없다. 예컨대 산이나 바람이나 물, 지하철이나 아파트나 가족, 각각은 공존의 뜻과 내 실존의 가치에 대해 나에게 계속 무언가를 말해주고 있다. 나를 에워싼 세계의 존재자들은 끊임없이 전파를 송신한다. 그리고 숙명적으로 내 안에는 이 정보를 받아들이는 안테나가 펼쳐져 있다.

이 원칙 안에서 우린 극도로 소극적인 삶의 자세를 상정해볼 수 있다. 안테나의 작동 그리고 의미의 교차통행을 위해 물론 나는 먼저 그들을 감지해야 한다. 감지란 감각, 지각, 인지를 말한다. 우리가 흔히 보는 위성안테나처럼, 말 그대로 가만히 앉아서 외부 정보를 받아들여 해독하는 일이다. 이를테면 자연 속에 살며 자연세계가 시간에 따라 자신을 변화시키는 모습을 오감으로 느끼고 그 모습이 내 삶의 가치에 관해 말해주는 여하한 정보를 터득하려 할 수 있다. 도시에서도 마찬가지이다. 나는 건물 안이나 가로 한 구석에 가만히 앉아 도시와 사람 그리고 그 속의 노에마들을 객관적으로 감지할 수 있다. 나는 무대 위로 아직 올라서지 않았으며, 그들에 관해 혹은 그들과 나와의 관계에 관해 어떤 행동이나 결정이나 판단을 자제하고 있는 사태이다. 그런 채로 대상들과 나 사이의 의미연관을 가늠해보며, 나는 그들 중 어떤 것도 건드리지 않은 채 그들과 맺은 나의 존재의미를 다 알게 되었다고 자부하기도 한다.

이것을 소극적이라 한다면 우린 그 반대의 자세도 상정해볼 수 있다. 수용과 이해를 넘어 신체로 탐구하고 몸으로 여행하며 스스로 결정하고 판단하는 삶을 생각해볼 수 있다. 몸의 여행을 통해 우린 알아차린다. 하물며 결정과 판단은 경험의 시작일뿐, 존재의미를 향한 탐구는 행동을 요구하며 더 나아가 그 존재자들의 이용 그리고 존재자와 나 사이 관계의 변화를 요구한다. 이 모든 적극적인 삶의 작업들은 모두 나 스스로 수행해야 할 실존적 숙제이다. 사실을 말하자면, 우린 이를 적극적이라 강조할 필요조차 없다. 왜냐하면 모든 거주가 이 정도의 적극성은 다 가지고 있기 때문이다. 우리 삶 모두가 그렇고, 또 누구에게나 마찬가지의 적극성이다. 삶도 의미도 세계의 모습도 모두 내가 스스로 만드는 것인데, 나는 행동과 이용과 변화를 통해 비로소 이들을 만든다. 자연 안에 있으면 자연과 내 몸이 단순 접촉을 넘어 실행의 관계를 맺는 것이며, 도시 속에 있으면 그 모든 존재의 무대 위로 성큼 올라가 세계의 대상들과 함께 춤추고 노래하는 퍼포먼스를 수행하는 것이다. 사실은 이것이 삶, 그것이다.

그러므로 우리가 경험이라고 하는 것은 모두 근접체험을 말한다. 그리고 근접체험은 근접감각과 근접행동을 합한 거주의 기초 양식을 일컫는다.

정리해보자. 경험은 세계의 특정 부분을 '노에마' 적 대상으로 삼는 인간의 '노에시스' 적 의식작용이다. 특정 대상을 지향하지 않고서는 경험도 없고 의식도 발동하지 않는다. 거주의미에 대한 의식은 이처럼 거주를 규정하는 세계, 그 현물적 실체를 필요로 한다. 의미는 세계의 특정 대상과의 관계에 의해 현출하기 때문이다. 세계 대상의 존재와 현상에 대한 인정, 이것이 지금까지 말한 경험의 세계 근접성 내지는 참여에 관한 속성, 그 첫 번째 요건이다.

경험은 특정 대상과 '관계 맺음'을 통해 나타나는 의식작용을 포함하는데, 이 관련성의 의식은 하나의 실천적 산물이다. 한 대상을 감각적으로 느끼고 생각하거나 이해하는 선에서 그칠 수도 있지만, 그것에 관한 나의 지향성과 의식작용이 나와 그것의 의미관계로까지 도달하기 위해선 대상과 관련된 행동이 있어야 한다. 행동은 대상으로부터 자기 동기의식에 연관된 잠재적 효용성을 발견하는 일, 육체적 움직임과 이동, 그리고 대상의 물질적 변화를 수반한다. 감지를 넘어 행동을 내포한 체험, 이것이 경험의 근접성 내지는 세계 참여성에 관한 두 번째 요건이다.

행동이란, 실행이란? — 경험에서 의식작용과 육체작용은 동전의 양면이다. 육체작용을 통해 나타난 합목적적 운동은 의식으로부터 나와 다시 의식으로 돌아간다. 세계가 거주에 중요하다고 말하는 이유는 그것이 운동경험이 나타나는 영역이기 때문이다. 운동과 움직임의 의도적 연속이 행동이고, 행동의 연속 작동이 실행이다. 이들은 모두 동기의 실현, 의미의 수확을 위한 수단이다.

행동이란 이성적 신호가 육체의 신경체계나 근육조직을 통해 신체를 움직이게 하는 의지적 작용이다. 신체의 움직임, 육체의 운동이 합목적적 의식의 통제를 받아 나타나는 증상이다. 행동이라고 말하는 것

안에는 고개를 돌리거나 무엇을 쳐다보는 작은 움직임부터 앉아있는 일, 머리 빗기, 학교 가기와 같이 다수의 단위운동들이 모여 특정한 목적과 의미를 표현하는 거대행동까지 다양한 스케일이 포함된다. 예컨대 빗을 집어 거울 앞에 서는 운동들이 모여 머리 빗는 행동이 되고, 이 운동들이 책가방을 메고 자전거를 타는 운동과 맞물려 학교 가는 행동으로 커진다. 생태심리학자 바커는 소단위short-unit, 에피소드, 대단위long-unit 등 세 가지 위상으로 요약했다. 우린 이와 유사하게 개별운동actone, 행동action, 행위체계activity system 등 세 가지 규모로 구분할 수 있다. 행동규모가 커질수록 우린 그 안에서 단위운동들의 기계적 메커니즘, 그들이 조화로운 구조를 이룬 하나의 운동시스템을 볼 수 있다.

규모가 커질 때 무엇을 기준으로 행동을 하나씩 잘라 구분할 수 있을까? 우리 의미론적 이론체계를 근거로 하면 (1) 지향대상이 바뀔 때(사람이나 나무 같은 지각의 대상, 머리 빗이나 헤어스타일, 학교나 수업 등), (2) 대상과의 의미관계에 변동이 있을 때, (3) 그리하여 행동이 특정한 하나의 고유의미를 드러낼 때마다 행동이 하나씩 구분된다. 예컨대 고개를 돌리는 운동 모두가 하나의 행동은 아니다. 고개를 돌려 사랑하는 사람을 바라보고 그럼으로써 사랑을 만들고 확인하게 될 때 하나의 행동이 된다. 이때 우린 비로소 사랑하는 그 사람이 지향대상이며 이 운동에 사랑이라는 정념과 관련된 의지적 동인이 있다고 인정한다.

이렇게 보면 상상과 공상의 영역 그리고 무의식이나 잠재의식이 거주의 경험세계가 될 수 없듯이 행동이 일어나지 않는 영역도 경험세계가 아니다. 경험은 의식작용과 신체작용의 합일을 뜻한다. 무형과 유형의 결합이다. 정신이 육체에 작용하여 둘이 하나가 되는 과정이며, 육체 운동이 의식에 작용하여 감정과 정념을 일으키는 과정이기도 하다. 결합은 두 가지가 더 이상 분해될 수 없는 원초적 상태가 됨을 말한다. 이 상태는 인간행동을 통해 완성된다.

경험의 절차와 구조

경험의 절차를 논하기 전에 경험이 무엇인지 간략히 다시 정리해 보자. 경험은 사람의 의식이 외적 세계와 만나는 일체의 사건이다. 사람은 일상을 통해 자기 내면을 현실에 개방한 뒤 둘 사이의 노출과 교통을 꾀한다. 나름대로 삶의 이런저런 요구와 목표 그리고 소망과 예감과 기대를 가지고 세계를 경험한다. 세계에는 체험과 감동과 동기 실현을 가능케 하는 재료들이 잔뜩 내장되어 있는데, 사람은 세계의 코앞까지 다가가 그것을 감지하고 이해하며 합목적적으로 이용한다. 그럼으로써 자신의 요구와 목표, 소망과 동기를 실현한다. 경험은 이처럼 세계에 대한 근접체험 그리고 세계 속 행동을 말하는데, 이를 통해 사람은 자신의 존재와 세계의 존재에 관한 의미를 깨닫고 세계를 자신의 의미세계 즉 초월적 의식세계로 전환시킨다. 현실을 의식으로 치환함으로써 세계와 자아의 의미론적 합일, 내면과 외면의 합치를 꾀한다.

경험의 절차 — 거주는 작은 경험들의 연속이다. 이 작은 사건의 획마다 그 앞에서는 동기의식이 작용하고 그 뒤에서는 의미의식이 작용한다. 앞의 동기의식이 경험을 작동시키는 것이라면, 경험 뒤의 의미의식은 한 순번의 경험이 끝난 후 경험의 결과와 가치와 그 의미를 해석하는 일이다. 경험은 이처럼 동기의식과 의미의식을 연결하는 과정이다. 필요성이나 부족함에 관한 내면 에너지를 흡수하고 현실로 넘어가 세계 속에서 숙제를 해결한 후 종국에는 삶이나 세계에 관한 뜻을 의식으로 돌려준다. 농밀하게 익은 의지를 나침반 삼아 현실을 두루 탐험하고 이용함으로써 이 노고를 마다하지 않는 인간에게 보람된 가치와 의미를 전해준다.

경험에는, 마치 열차 차량들을 서로 연결하는 장치같이, 앞뒤의 동기의식과 의미의식, 두 내면작용을 이어주는 단계들이 있다. 이 단계들은 앞서 간단히 소개한 것처럼 표상과 실행과 해석으로 이루어지는데, 표상은 동기의식을 받아들여 현실상황과 대조하는 단계이며, 실행은 현실 안에서 동기를 실현하는 단계이고, 해석은 실행의 결과를 의미로 전환하는 단계이다. 자세히 설명해보자.

(1) 표상화 단계. 경험이란 의식과 현실에 걸쳐 미지의 세계를 가로지르는 탐구와 같은데, 사람이 이를 마다하지 않는 이유는 경험이 자신의 숙명이며 자신에게 필요하다고 믿고 있으며 자신의 갈망과 바람을 충족할 것으로 기대하기 때문이다. 살면서 나타나는 각가지 필요성의 충족 그리고 갈망의 실현을 향한 기대가 개인을 세계와의 무균 청정한 의미연관을 좇는 의지의 인간으로 만든다. 의지를 지닌 인간은 세상 여러 부분을 여러 각도로 체험하여 자기 삶을 여러 색감의 의미로 장식한다.

세계 체험을 향한 이 의지는 한편으론 현실의 부족함이나 필요함 그리고 다른 한편으론 미래에 대한 소망과 기대감에 비례한다. 삶에서 부족함에 대한 인식이 크면 그것을 해소하고자 하는 의지도 커질 것이다. 또 미래에 대한 희망과 기대가 크면 그것을 충족하고자 하는 의욕도 커질 것이다. 현실의 부족함에 대한 인식과 미래의 기대결과에 대한 인식은 서로 관계를 맺고 작용하기도 한다. 부족함의 인식 즉 요구가 강할 때 미래의 기대가치에 대한 열망도 따라 커질 개연성이 있다. 하지만 엄밀히 말해 두 인식작용은 각각 독립적인 영향력도 가지고 있다. 이를테면 부족함이나 필요함에 대한 현실감은 약해도 그 일이 가져다 줄 것으로 기대하는 가치는 크다고 느낄 수도 있다 (좋은 이웃을 가져야 한다는 요구는 없지만 좋은 이웃들과 함께 산다는 것은 대단히 가치 있는 삶이라고 믿는 것처럼). 또 필요성은 크지만 그것의 충족이 가져다 주는 결과나 가치에 대한 기대는 보잘것없다고 생각하는 경우도 있을 수 있다 (부모나 사회의 필요에 의해 학원에 다니기는 하지만 학원이 내게 가져다 줄 가치는 크지 않다고 믿는 때처럼).

부족함이나 필요함에 대한 인식 즉 요구에 관한 논의는 원래 전통 심리학에서 주로 다루어져 왔다. 반면 기대감이나 기대가치에 관한 생각은 사회학에 뿌리를 둔 인지학습론자들 예컨대 에이젠, 반두라, 매덕스 등에 의해 발전되어 왔다. 사람에게는 요구나 목표를 세우는 능력뿐 아니라 일의 결과나 향후 가치에 대한 예감을 만드는 능력도 있다. 심리학이나 사회인지학습론 모두 요구와 목표 그리고 기대와 예감 등이 사람의 지난 경험과 기존 지식에 의존해 형성된다고 말한다. 또 여기서 기존 지식이란 개인적 혹은 사회적 학습의 결과라고 보고 있다. 말하자면 심리학과 사회학의 기성 이론들 모두는 사람의 경험이란 것이 본래 한 줄로 서서 길게 이어지면서 축적되고 진화하는 것임을 말하고 있다.

이처럼 경험은 현재의 부족함이나 미래의 기대에 관한 크고 작은 인식이 있어야 시작된다. 최초의 부족함에 대한 인식에선 현실세계에 대한 지향성이 약하거나 비구체적이다. 예컨대 '배고프다', '사랑이 필요하다', '아이들의 바깥놀이가 부족하다', '나는 성공해야 한다' 같은 요구 형성의 단계에선 세계의 '무엇을', '어디에서'와 같은 현실적 정보가 희미하다. 이것이 목표 형성의 단계를 지나 기대 혹은 의지의 단계로 넘어가면서 현실에 대한 지향이 조금씩 모습을 드러낸다. 그렇지만 그것은 아직 그다지 구체적이지는 않다. '오늘은 파스타를 먹어야겠다', '이웃은 좋은 것이다', '인류애로 가득한 의사로서의 삶은 내게 성공적인 삶이다' 같은 말에서 우린 물론 파스타, 이웃, 의사의 헌신적 삶 같은 진보된 현실감을 읽을 수 있다. 하지만 어느 식당에서 어떤 파스타인지, 이웃이라면 구체적으로 누구인지 등 세부적인 세계 지향성까지는 읽어낼 수 없다.

하지만 경험으로 들어서면 세계는 명백히 경험에 의해 사람과 직접 맞닿는 부분과 그렇지 않는 부분으로 나뉜다. 그리고 경험 안에서 사람의 의식과 행동은 어떤 구체적인 것들을 지향하게 된다. 이 세계 지향이 시작되는 경험적 작용을 표상이라 한다.

표상은 내면적 동기의식을 현실 행동으로 이관하는 연결단계로서, 현실에서의 동기 실행이 얼마나 가능한지 그리고 어떻게 행동할 수 있는지를 의식 속에서 타진하고 모색하는 일이다. 사람은 자기 생각을 무작정 행동으로 옮기지 않는다. 행동 전에 사람은 세계를 미리 살펴보고 그 속에서의 행동을 의식 속에서 예행한다. '현실에서 이 행동을 수행할 수 있나?' '어떻게 실행해야 할까?' 표상은 아직 실행은 아니다. 다소 애매한 회색분자라고 해도 할말이 없다. 경험의 한 부분이지만 동기

의식이 가지고 있는 관념적 추상성을 완전히 버리지 못한 상태에서 행해진다. 분명 현실세계를 견주어 생각하지만 표상은 엄연히 의식작용의 한 부분이다. 의식영역 안에서 행해지는 행동연습이라고 볼 수 있다.

머리 속에서의 행동이라는 말이 좀 허망하다 싶겠지만 실은 사람이 표상에서 다루는 세계는 대단히 구체적이다. 특정한 대상과 장치가 설정된다는 점 그리고 명확한 세계 지향성을 가지고 있다는 점, 이 현실감이 표상을 다른 의식작용과 구분한다. 예컨대 허기를 채우는 행동을 예행하면서는 누구와 언제 어디서 무엇을 어떻게 먹을 것인지 그리고 왜 그렇게 하는지를 표상한다. 사랑이 필요하면 어떤 사랑을 말하는 것이며 무엇을 어떻게 해서 그것을 얻을지를 표상한다. 세계는 각가지 유형적, 무형적 요소들로 이루어져 있는데, 이들의 일부가 표상을 통해 앞으로의 실행과 연결된다.

그러므로 표상은 지금 하려는 행동에 대해 세계가 무엇을 해 줄 수 있는지 혹은 반대로 어떤 장애를 내포하고 있는지를 가늠하는 일이기도 하다. 이런 점에서 표상은 세계에 대한 도구적 평가라고 말할 수도 있다. 이를 위해 사람은 세계를 꼼꼼히 감지하고 검토하는데 (이것이 철학과 심리학의 전통에서 감각, 지각, 인지를 뭉뚱그려 흔히 표상이라고 바꿔 부르는 이유이기도 하다), 여기서 세계는 재료나 도구나 무대장치로서 긍정적 영향력 그리고 반대로 행동의 추진력을 멈추게 하거나 그것에 역으로 작용하는 부정적인 영향력을 함유하고 있다. 표상이라는 예행연습에서는 이들을 모두 점검한다. 주어진 세계의 구석을 뒤져 잠재력을 들춰내기도 하고, 주어진 세계가 모자라면 지금껏 생각지 못했던 새로운 세계를 찾기도 한다. 표상은 그것이 비록 행동 이전의 의식적 연습작용이지만 다른 의식작용들과는 달리 이처럼 대단히 섬세하고 구체적이며 현실적이다.

이처럼 사람은 표상을 통해 세계와 행동의 구체적인 관계를 설정하고 세계의 각가지 것들을 여러 각도로 예행연습 안에 투입한다. 세계와 행동이 다양한 만큼 표상의 양상도 다양하다. 어떤 행동인지를 정하고 그 방식을 결정하는 행동표상, 실행의 시공간 맥락이나 공간적 무대 혹은 사회문화적 배경을 정하는 장치표상(환경표상), 행동에 직접적인 대상이 있다면 무엇을 혹은 누구를 대상으로 삼을지 정하는 대상표상, 세계로부터 어떤 것을 재료 내지는 수단으로 이용하고 또 무엇을 제거하는지를 정하는 재료표상(자원표상), 누구와 함께 할 것인지를 정하는 동료표상, 그리고 이들을 종합해 묶음단위로 그려내는 상황표상 등을 생각해볼 수 있다.

(2) 실행화 단계. 몸은 움직이지 않은 채 생각으로만 사는 삶은 실존의 성실함과 거리가 먼 삶이다. 어떤 것이 필요한지도 알고 또 어떻게 그것을 얻을 수 있는지를 예행할지라도 실천의 고단함을 슬쩍 외면한 채로는 삶의 진정한 깊이를 맛볼 수 없다.

경험이 실천적이고 생생하며 즉시적인 사건임을 우린 이미 여러 차례 강조했다. 경험은 현실 속 실제 상황으로서, 관찰 가능하고 서술 가능하며 타인에 의해 이해 가능한 것이다. 누군가에 의해 미리 짜인 각본에 맞춰지거나 공식에 의해 움직이는 기계적인 것과는 거리가 멀다. 그것은 현실의 사람들 그리고 삶과 일상의 자연적인 태도에 의해 움직이는 자연적인 현상이다. 이처럼 경험이 현실적이며 심지어는 즉 물적이라거나 자연적이라고 말할 수 있는 이유는 그것이 동기의 실행 즉 인간행동을 향해 움직이는 것이기 때문이다. 행동이 있음으로 사람은 각자 삶의 동기를 스스로 풀어헤쳐 자신을 입증할 수 있는 것이며, 또 이를 위해선 반드시 세계를 구체적으로 이용해야만 하는 것이다.

영화 이야기 하나 해보자. '캐스트 어웨이'에서 홀로 무인도에 버려진 주인공은 4년의 세월이 지난 후 파도에 떠내려온 문짝만한 철판조각 하나를 발견한다. 사실 이것은 절망적이며 무료에 지친 주인공에게 획기적인 발견이다. 그는 부숴진 철판조각을 모래로 끌어다 놓고 한참을 골똘히 생각에 잠긴다. 갑자기 바람이 불어와 곧게 서 있던 철판을 한쪽으로 쓰러뜨린다. 후에 이 물건은 주인공이 섬을 탈출하기 위해 만든 나무배의 돛으로 그리고 햇빛과 비바람을 피하는 지붕으로 쓸모있게 이용된다.

무언가 재료를 소비해야만 행동이 계속될 수 있는데, 행동하는 인간에게 있어서 세계의 모든 것은 재료로서의 실용적 가치를 가지고 있다. 도시건축의 모든 부분들, 다른 사람들, 사물들, 사건들, 시간, 공간, 사회적 조직과 이념, 문화적 집단과 규범 등이 모두 재료로 채택될 잠재력을 가지고 있다. 두 가지 이상이 가세하여 훨씬 강한 재료적 능력을 발휘할 수도 있을 것이며, 하나가 다른 하나의 효력을 상쇄하는 경우도 있을 것이다. 위에서 말한 표상작용을 통해 사람은 실행의 최적 환경여건 그리고 최적 행동재료를 구상한다. 세계가 가진 재료로서의 잠재력을 계발해낸다.

이처럼 사물의 용처는 사물 속에 늘 내재해 있으며, 어떤 의지를 지닌 사람에 의해 탐색되고 이용된다. 세계 여기저기에 숨어있는 용처들의 잠재성은 실행에 뜻이 있는 사람 누구에게나 쉽게 찾아진다. 누구든지 자신의 의지를 행동으로 펼쳐 보이려는 사람이라면 자신이 알든 모르든 세계 속 용처를 썩 훌륭하게 발견할 수 있다. 세계 모든 요소가 인간행동의 실용적 재료가 될 수 있다는 사실은 도시건축 실무에게 대단한 기쁨이다. 왜냐하면 실무가 제공하는 어떤 것이라도 인간행동을 거쳐 삶의 풍요로움 그리고 이루어지길 바라는 소망을 충족하는데 보탬이 될 수 있기 때문이다.

그럼에도 불구하고 세계는 인간에게 두 가지 방향으로 작용한다. 그것은 우선 성공적 행동을 지원하는 방향으로 작용한다. 실행에 부응하는 적절한 환경여건과 필요재료들의 세트를 구비하고 있는 경우이다. 당연히 사람들은 자신의 행동을 자신이 원하는 방식으로 수행할 수 있다. 세계는 이와 반대의 방향으로 작용할 수도 있다. 표상이나 행동을 거스르는, 삐딱하고 거추장스러우며 잔인한 것이 될 수도 있다. 거주의 행로 중에 사람은 끊임없이 존재 의문을 던진다. 보다 나은 자아를 위한 신화를 만들어간다. 실현해야 할 동기도 지속적으로 생산된다. 하지만 세계가 이것과 거슬려 작용할 때 거기엔 재료가 없다. 세계는 호락호락 우호적이지 않다. 실행의 초기에 혹은 중도에 행동은 소멸된다. 거둬들일 체험과 의미도 없다 (마치 높고 큰 아파트나 거대하고 조밀한 신도시 같이).

사람은 행동을 통해, 세계 지향을 넘어, 세계를 이용하고 그것을 소화해낸다. 세계의 소화, 우린 이를 의미 한 톨이 진정으로 열매 맺기 위한 산통이라고 말해도 좋다. 행동은 삶의 감동과 의미를 산출하기 위한 피할 수 없는 국면이다. 행동을 통한 자아와 세계의 의미연관, 이것은 하이데거가 말한 '쓰임새의 연관'이다. 삶의 동기와 의지로 넘쳐 있는 사람은 타의적 사변이나 규범이 주는 권위의 속박에서 벗어난, 세계로 열려있는 사람이다. 그에게 있어서 가까이 근접해 있는 세계의 부분은 각가지 쓰임새에 관한 의미를 지시한다. '나를 이용해 주세요. 당신의 실용에 적합한 나를.' 그의 몸이 움직이기 시작하면 의미를 지시하는 수 없는 세상의 것들도 함께 따라 움직인다.

이렇게 보면 표상은 끝없는 대조의 과정이다. 자신이 필요로 하는 요건과 실제의 현실요건, 목표상황과 실제상황, 필요재료와 현실재료를 비교하는 작업이다. 끊임없이 세계의 효능을 평가하고 그 현실로부터 이용 가능한 재료를 탐색한다. 그렇다면 인간행동은 하나의 조화가 만들어낸 결과이다. 표상된 여건과 현실의 여건, 필요 재료와 현실 재료의 일치가 만들어낸 증상이다. 두 가지가 맞아떨어졌을 때 사람이 바랬던 행동 하나가 완성된다. 따라서 인간행동은 도시건축이 인간 거주의 의미에 대해 얼마나 성공적인가를 증명하는 잣대이기도 하다 (아파트 단지엔 얼마나 많은 소중한 인간행동이 있을까?).

(3) 의식화 단계. 위 내용을 다른 말로 표현하면, 행동은 의식작용들의 중간마다 나타나는 증상이다. 특히 표상적 의식작용과 해석적 의식작용 사이에서 벌어진다.

후설의 말을 인용하면 사람이 세계를 지향하여 그것을 이해하고 판단하는 작용에는 본질적으로 실천행위가 필요하다. 왜냐하면 모든 세계 경험의 본질은 불만족 상태로부터 만족 상태에 도달하고자 하는 노력인데 이 상태적 전환은 오직 실천활동을 통해서만 가능하기 때문이다. 하지만 경험이 실천활동에서 끝난다면 그 경험은 사람에게 아무런 체험적 효과를 제공하지 못할 것이다. 이전에는 깨닫지 못했던 자기 삶과 세계에 관한 지식을 터득하기 위해 사람은 그 실천활동이 가져다 주는 효과를 스스로 정의해야만 한다. 여기서 사람의 해석적 의식작용이 동원된다. 하나의 행동 혹은 세계이용적 사건이 진정 무엇을 체험케 하는지를 알아차리는 내면작용을 말한다. 한 획의 경험은 이 해석작용을 거쳐 비로소 종결된다. 이처럼 표상의식과 현실행동이 해석의식으로 이어지는 과정이 경험의 요체인데, 해석을 통해 비로소 삶을 영위하는 사람이 자기 거주의 의미를 터득할 수 있다.

행동의 뒤를 이어 나타나는 경험의 이 세 번째 의식화 단계는 크게 해석과 전회로 이루어져 있다.

해석은 행동이 자아와 세계에 관해 타전하는 삶의 가치나 거주의 이유에 관한 정보를 의식 안에서 정제하는 작업이다. 현실에서 벌어지는 각가지 동기 실현을 위한 제스처들의 결과 그리고 그것이 가져다 주는 의미는 해석을 거쳐 음미된다. 여기서는 이성적 추론과 감정적 판단이 뒤섞여 작용한다. 두뇌와 사고에 의해 통제되는 이성적 숙고의 명석하고 냉정한 판단 외에도, 여기에는 때때로 자아 스스로도 이해하기 어려운 모호한 감정적 판단이 개입한다.

해석에는 기본적으로 반추, 연상, 평가 등 세 작용이 동원된다. 반추reflection란 현재의 행동상황을 과거의 경험내지는 지난 사례들과 연결하여 비교하는 의식작용이다. 물론 현재 상황과 동행자, 장소, 행동내용 등 측면에서 유사하다고 믿어지는 사례들이 주로 이용될 것이다. 연상association이란 지금의 경험상황에 함의된 가치로부터 이미 축적된 기성 의미들 혹은 기존 지식들을 연상함으로써 현재 경험에 새로운 의미를 부여하는 작용이다. 생애의 지난 의미들로 가득한 기억을 거슬러 올라감으로써 현재의 의미를 숙성시키고 그것을 과거의 것과 이어주는 일을 말한다. 평가evaluation란 실행의 결과를 당초의 동기나 의지와 비교하여 성취의 길이를 판정하는 작업이다. 요구나 기대나 예감을 끌어와 행동의 결과와 비교함으로써 행동의 의미에 관한 구체적인 정보를 판단한다. '그래 맞아, 그 사람은 내게 행복을 주는 사람이야', '이번 여행은 정말 좋았어', '이 사건은 내 삶의 방식을 바꾸는 계기가 되었다' 같이, 우린 알게 모르게 일상적으로 수많은 해석을 수행한다. 이 해석적 의식작용에 기대어 우린 현실상황 하나하나가 삶에 어떤 가치를 함의하는지 그리고 나는 누구이며 나의 거주와 나의 세계는 또 무엇인지를 차츰 깨닫는다.

전회는 세계 체험으로부터 해석해낸 의미를 그 세계와 묶어 세계의 여러 요소로 이식하는 상징화 작용이다. 사람은 해석을 통해 의미의 상태, 감정적이며 정념적인 관념의 상태로 젖어 든다. 그리고 경험의 마지막에서 그 관념을 세계의 특정 대상과 짝으로 한 뜸씩 꼼꼼히 엮는다. 전회를 거친 의미는 사람의 의식 안에 존재하는 동시에 세계의 여러 대상 안에 존재하게 된다. 관념으로서 말해지는 대신 세계의 상징적 기호로 바꿔 말해질 수 있다. 따라서 예컨대 여행에서 얻은 감동과 기쁨과 사념은 여행의 일정이나 동반자 혹은 여행지 그리고 여행에서 보고 느꼈던 대상과 같은 실체 속에 스며들어 보관된다.

전회는 연속해서 솟는 수많은 체험조각들을 저장하기 위한 불가피한 작업이다. 의식의 용량은 일정하다. 그리고 의식은 시간의 흐름에 민감하다. 따라서 체험의 정념을 의식 밖으로 내보내 실체와 엮어 그

생생함을 지속시켜야 한다. 전회는 또 의미의 재활용을 돕는다. 의미란 본래 재활용되는 것인데, 전회는 마치 어류를 통조림 캔으로 가공하는 것처럼 정념적 관념을 실체적 지식으로 가공한다. 그리고 이 실체적 지식은 미래의 경험들로 재활용된다. 따라서 전회란 관념을 구체화하는 절차이기도 하다. 의식은 모호하고 무질서함으로, 가견적이고 실용적인 실체로 하여금 의미를 상징하게 하는 것이다. 여기서 의미의 기호가 만들어지며, 상징되는 내용signified과 상징체signifier가 명백히 정의된다.

경험의 구조 — 내면과 외면의 조우, 의식이 세계와 만나 신체운동으로 전개되는, 경험이란 이름의 생애 사건. 주변에서 벌어지는 자기 몸의 움직임 하나하나를 헛되이 하지 않고 대신 그것을 다시 주워담아 자기 삶의 색조로 장식하는, 사람이 산다는 일의 오묘한 증상.

경험은 느닷없이 벌어지는 일이 없다. 사람의 어느 경험 앞에는 항상 그 사람의 삶에 관한 자기 성찰이 있다. 경험이 세계 안의 현상임으로 세계의 형편에 따라 모습을 조금 달리하겠지만, 더 근본적으론 경험의 모든 것, 그 행로와 양상과 강도 일체는 사람의 동기의식에 의해 정해진다. 경험을 태동시키는 사람의 내면 에너지. 경험이 어떻게 짜여있는지, 그 구조도 당연히 동기의식의 구조에 의해 정해질 것이다. 앞서 요구의 구조에서 말했던 것처럼, 경험의 구조에서도 프로파일, 연관성, 시퀀스에 대해 말할 수 있다.

(1) 경험의 프로파일과 우선행동. 한 사람의 의식의 바구니에 요구가 열 개가 있다면 경험은 몇 개가 생겨날까? 꽤 흥미로운 질문인데 정답은 없다. 요구 하나하나마다 대응하는 열 가지 다른 경험이 나타날 수 있다. 하지만 요구의 절실함의 차이에 따라서는 그 중 한두 가지만

실제 경험으로 이어질 수도 있다.

열 가지 요구의 중요함의 순위를 말할 수 있는 것처럼 경험에서도 중요함의 프로파일을 생각해볼 수 있다. 꼭 집고 넘어가야 할 점은 요구가 중요한 것이면 이에 대응해 나타나는 경험도 중요하다는 것이다. 반대로 중요치 않다고 믿어지는 요구를 위해 수행되는 경험은 그 요구와 마찬가지로 그다지 중요하지 않은 것으로 여겨질 것이다. 경험의 프로파일은 이전에 이미 사람의 의식 안에서 만들어진 동기의 프로파일을 따르게 되어있다. 동기가 경험을 유도하고 그 방향을 지시하는 것이다.

경험의 세 단계 절차 안에서 사람의 행동은 세 가지 형태로 변해나간다. 처음에는 동기와 의지에 합당하다고 머리 속에서 그려지는 형태로 표상되었다가, 다음에는 현실에서 실제로 벌어지는 가견적 형태로 변하고, 후에는 어떤 의미를 대신 표현해주는 하나의 상징체로 변한다. 이들을 표상행동, 실행행동, 의미행동으로 불러보자. 세 가지가 정확히 동일한 행동일 수도 있고, 또 요체는 같지만 겉모습은 조금씩 다를 수도 있다. 하지만 어느 경우에서건 세 가지는 하나의 동기의식을 모태로 공유하고 있고 그 의식이 진화하는 하나의 선 상에 있으며 서로 대단히 밀접하게 연관되어 있다.

한 시점에 공존하는 다수의 삶의 동기 중에서 그 사람에게 특히 절실한 동기 즉 삶의 본연의 목적과 존재가치에 대한 결정적인 동기로부터 진화한 행동을 우린 우선행동priority behavior이라 부른다. 우선행동은 다수의 동기들과 관련하여 자신이 수행해야 한다고 생각하는 여러 행동과제들 중에서 (브라이언 리틀은 이들을 자기과제personal projects라고 칭하고 있는데) 현재의 자신에게 특히 필요한 것, 목표의 가장 상위에 있는 것, 중대하고 절실하며 심각하다고 믿는 것이다. 우선적으로 실행해야 할 것이며, 다른 것들보다 먼저 실천해야 한다고 생각하는 것들이다. 그럼으로써 삶의 최상위 의미를 전해줄 것으로 믿는 것들이다. 공부가 여행보다 먼저일 수 있고, 그림이 음악보다 중요할 수 있다. 만약 내 힘이 열 가지 동기 모두를 만족스럽게 성취하기 힘겨운 것이라면 분명 나는 내 능력을 우선행동에 집중할 것이다.

프로파일은 동기나 행동에 국한된 개념은 아니다. 사실 우리 각자의 의지, 삶의 상황, 주변 사람들, 공간들 각각이 한 시점에서 중요함에 관한 믿음의 순위에 의해 개별 프로파일로 정리될 수 있다. 프로파일의 꼭대기에 있는 것들, 이를테면 우선의지, 우선상황, 우선타자, 우선공간(장소)은 삶의 절실함, 가장 소중하고 뜻 깊은 의미를 표현한다. 각자의 능력은 이들에 집중된다 (어쩌면 이들 중 몇몇을 위해 각자는 자기 능력 이상의 것을 짜내고 있는지도 모를 일이다).

내 삶과 존재는 이 소중하고 우선적인 것들, 절실한 의식과 중요한 행동 그리고 우선적인 상황과 타인과 공간과 시간들에 의해 성격 지어진다. 중요치 않은 것들은 삶의 성격을 결정할 능력이 없다. 공부, 미술, 타인에 대한 헌신, 이웃에 관한 것 등이 프로파일의 상위에 포진해 있다면 이들이 곧 나의 삶이며 실존이며 존재이유이다. 물질에 대한 탐욕이나 자신에게로 향한 이기적 행동처럼 하위로 밀려난 것들은 내 삶을 정의하는데 그리고 타인들이 나의 존재를 정의하는데 그다지 중요치 않다. 한 가지 잊지 말아야 할 것은 행동이나 상황이나 공간이나 시간 등을 프로파일로 엮었을 때 상위에 있는 것들이 이처럼 상위에 포진하게 된 이유는 이들이 모두 중요하고 절실한 동기의식으로부터 진화했기 때문이라는 점이다. 따라서 이들이 발산할 의미 또한 의미의 프로파일에서 다른 의미들보다 상위에 있을 것이다. 이를 우선의미라고 말할 수도 있다. 다시 강조한다. 절실한 동기와 우선적 행동과 중요한 의미, 이들이 나의 거주와 삶과 존재를 결정지을 것이다!

만약 우리 각자가 자기 삶의 성격을 요약하고자 한다면 각자는 틀림없이 이 우선적인 것들부터 찾아야 할 것이다. 만약 어느 도시건축 실무자가 있어 그가 인간적이라거나 인간성 혹은 사람의 체험과 생활과 감동에 관심을 두고자 한다면 그는 인간의 우선적인 것들을 먼저 찾아나서야 한다. 인간 삶의 가장 높은 의미와 연관된 우선동기, 우선행동, 우선소재에 관심을 모아야 한다. 그가 이 핵심에 근접했다면 그는 인간적인 도시건축을 짓는데 성공할 가능성이 크다.

(2) 경험의 연관성. 사람이 세계의 그 무엇을 경험하는 것인지, 경험의 내용을 굳이 따진다면 그것은 아마도 경험 중에 사람이 표상하는 내용, 실행하는 내용, 해석하는 내용일 것이다. 사람이 감각, 지각, 인지하는 내용이며, 자신이 필요로 하는 세계와 비교 판단하는 대상으로서의 적절성에 관한 내용일 것이다. 또 경험이 세계이용과 행동을 포함하므로 행동 또한 경험의 내용이 되며, 이로부터 얻는 자신의 삶과 주변 세계에 관한 메시지도 경험의 내용이 된다. 대개 사람은 이런 것들이 하나로 뭉쳐져 '언제 어디서 누구와 무엇을 어떻게' 같은 종합적인 덩어리로 나타나는 하나의 상황을 경험하는 것이라고 말할 수 있다.

앞에서 우린 요구의 연관성에 대해 논한바 있다. 다수의 요구들이 얼마나 서로 유사한지 살필 수 있고, 시공간적으로 얼마나 근접해있는지 따질 수 있으며, 혹시 인과관계가 있는지 가늠해볼 수 있다. 경험의 내용은 요구의 연장선 상에서 요구의 내용에 의해 결정된다. 따라서 경험의 내용에 대해서도 같은 작업이 가능하다. 두 가지 요구가 상관성이나 인과성의 관계를 가지고 있다면 그들로부터 야기되는 경험의 내용 사이에도 동일한 연관성이 나타난다.

다만 경험에 대해서는 요구나 동기에서는 불가능했던 관찰 내지는 기록이 가능하고 또 객관적 토론과 의사소통이 명확해진다. 이점은 중요하다. 왜냐하면 이는 우리가 굳이 사람들 의식의 미로 속으로 들어가지 않아도 현실의 경험상황들을 통해 사람들이 필요로 하는 것들의 작용을 알 수 있기 때문이다. 또 사람들 경험의 상호관계를 살펴봄으로써 요구나 동기들의 상호관계를 추론할 수도 있다. 한 사람의 삶은 이처럼 기능적으로 혹은 시공간적으로 서로 관계를 맺고 나타나는 경험들에 의해 떠받쳐져 있다. 정의나 묘사가 쉽다는 것이 우리에게 얼마나 큰 혜택인가! 현실에서 나타나는 체험과 행동이 사람들 내면세계를 대신 보여주며 그들 삶의 큰 성격적 맥락을 드러낸다.

우리가 경험의 연관성을 살펴보아야 하는 이유는 무엇일까? 경험은 하나씩 흩어져 발생하지 않는다. 한 사람의 일상은 자신도 모르는 사이 경험의 연관성에 의해 영향을 받고 있다. 예컨대 한 경험은 다른 것과 기능적으로 연합하면서 그 효과를 증대시킨다. 호숫가에서 도시락을 먹는 일, 여행 중에 좋은 책을 완독하는 일처럼 두 가지는 하나의 맥락으로 묶일 때 더 큰 힘을 발휘한다. 더욱이 사람들은 한 사건으로부터 다른 사건을 연상하기도 하고 추억 하나를 다른 추억과 연관 지어 기억하기도 한다. 쇼핑을 하면서 점심을 때우거나 놀이를 통해 친구를 사귀는 것처럼 사람들은 유사한 것들 사이에서 효율성을 도모한다. 시공간적으로 근접한 행동들은 한번에 혹은 한 장소에서 수행하려 할지도 모른다. 인과성으로 맺어진 부분들에 대해서는 원인을 조정하여 보다 나은 결과를 추구하려 할 것이다. 서로 관계 맺고 움직이는 부분들을 굳이 따로 놓고 생각한다면 우린 인간 거주를 올바르게 이해할 수 없다. 사람들 경험들을 따로 놓고 생각하는 도시건축 실무는 사람들 삶을 풍요롭게 만드는 일에 실패할 공산이 크다.

(3) 경험의 시퀀스. 경험에서도 요구에서와 마찬가지로 선행과 후행의 관계를 살펴볼 수 있다. 사람이 두 가지 동기 사이에 시차를 인지하고 있을 때 경험은 이 시차를 현실로 반영한다. 한 동기가 다른 것보다 앞서 충족되어야 하는 것일 때 두 경험 사이에서 시간적 앞뒤 관계가 정해지게 된다. "당신은 식사 후에 운동하길 원합니까 아니면 운동을 마친 후에 식사하길 바랍니까?" 사람 일상에서 순서 논리는 이처럼 명확하고 강력하다. 먼저 한 가지가 완료되어야 다음 것이 착수되는 경우가 많다. 때로는 여러 경험의 가능성 중에서 먼저 경험되어야 한다고 믿어지는 것들이 나타나기도 한다. 누구든지 한 사람을 선택해 그 사람의 행동을 관찰해보라. 시간적 순서의 질서가 얼마나 명확한지 금세 알 수 있다. 우리가 일상에서 얼마나 자주 또 진지하게 시간을 인식하고 있는지를 상기하면 경험의 시퀀스가 우리 거주 그리고 도시건축 실무에서 차지하는 중요성을 충분히 깨달을 수 있다.

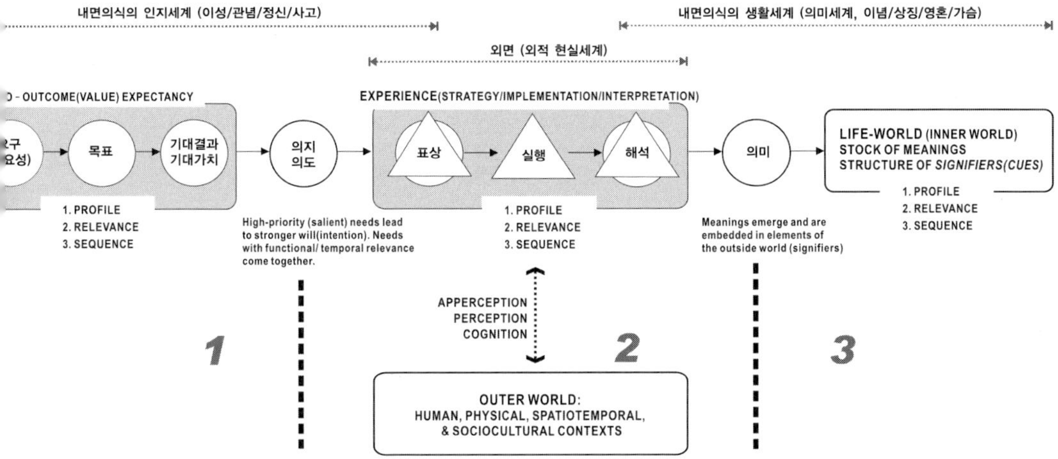

동기의식은 현실경험으로 그리고 의미와 의미실재로 이어진다. 여기서 경험은 동기를 실현하고 의미를 도출하는 중간자적 역할을 가진다. 의식을 현실로 잇고 또 다시 의식으로 반환한다. 의미를 생산한다. 이 경험은 크게 표상화, 실행화, 의식화의 3단계 엔진이다. 그리고 요구의 구조와 마찬가지로 프로파일, 연관성, 시퀀스의 구조를 지니고 있다. 예컨대 절실하고 소중한 요구는 절실하고 소중한 인간행동으로 이어지고 다시 절실하고 소중한 생애 의미로 귀결된다.

경험의 뒤란: 실재로서의 의미세계

거주경험 하나하나는 우리 의지가 가리키는 방향으로 의미를 좇아가는 선명한 창조의례이다. 경험은 세계를 자아의 의식대상 즉 노에마로 지정하는 것이며, 의식작용 즉 노에시스를 통해 세계의 본래 성질을 자아의 초월적 지식으로 변환하는 일이다.

삶이라는 창조적 의례. 나를 둘러싸고 있는 세계는 내게 다가와 나의 영혼을 관통하여 내 앞에 정연한 패턴을 갖추며 정돈된다. 저 밖의 세상은 내 감각과 인식의 신경망을 관통하여 내 것으로서의 세계로 탈바꿈한다. 의식작용을 거쳐, 객관적 현실은 감각적이고 주관적으로 창조된 새로운 실재로 재구성된다. 이제 바야흐로 나는 내 고유의 의식언어를 사용하여 나의 실재를 묘사할 수 있다. 이를테면 「설국」의 작가 가와바타 야스나리의 시선은 세상을 훑어 관망하며 섬세한 감각의 안테나를 세워 주변을 관찰하고 묘사한다. 그리하여 작고 치밀하며 은밀한 아름다움의 가능성을 채취한다. 그는 소설 속 주인공 시마무라의 눈을 통해 한 사람의 고유한 주관적 세계로 탈바꿈된 세상을 본다. 한 사람이 이해하고 있는 세계란 그 사람에 의해 창조된 실재이다. 그렇지 않은 것은 결코 인식도 묘사도 할 수 없다.

세상에는 얼마나 많은 실재가 있을까? 지각과 의식을 동원해 우리 삶에 참되며 진실된 실재라고 말할 수 있는 그것은 어디에 있을까?

우린 세상에 존재하는 것 모두를 이해할 수 없다. 마치 신체가 초음파를 감지하지 못하는 것처럼, 저 하늘의 모든 별을 헤아릴 수 없으며 세상의 수많은 책들을 죄다 읽을 수 없고 저 모든 꽃들의 작은 아우성을 이해할 도리가 없는 것처럼, 사람은 세상에 존재한다고 믿는 것 모두를 소화해낼 수 없다. 우리 경험은 한정되어 있다. 볼 수 있는 것만 보며, 아는 것만 안다. 하지만, 나와 전혀 관계 없는 것이라면 모르겠거니와, 사실 자신이 모르는 저 밖의 무수한 요소는 나도 모르는 사이에 내게 큰 영향을 미친다. 초음파나 자외선처럼 내 감각과 의식의 한계 밖에 있는 것들까지도 실은 나와 관련이 있다. 다만 그들은 의식에 없기 때문에 중요하지 않다고 생각한다. 의식하지 않음으로 실재가 아니라고 믿는다. 그러다가 그것이 의식의 큰 자리를 차지하면 그때 비로소 삶의 중요성으로 느끼게 된다. 실재 안으로 들어온 후에야 알게 된다.

현실은 저 밖이지만 실재는 의식 안의 작은 테두리로 정제된 세계이다. 앞서 말했던 것처럼 데카르트는 그의 「정념론」에서 정념을 '감정과 느낌에 관한 마음의 작용이며 인간 존재를 특징짓는 궁극적 관념' 이라고 주장한다. 그는 배고픔, 목마름 같은 생리적 욕구, 고통, 쾌감, 빛, 색, 소리, 냄새 같은 감각적 경험, 그리고 사랑, 기쁨, 분노 같은 감정적 경험을 모두 정념에 포함시키고 있다. 물론 정념은 외계에 대한 인간의 초월적 의식작용의 산물이다. 하지만 데카르트가 지적했던 것처럼 한 번 형성된 정념은 의식작용 이전의 상태 즉 물질이나 신체로 되돌릴 수 없다. 시작은 물론 물질세계로부터지만 마음의 작용으로 형성되는 정념의 세계 즉 실재는 자체로서 고유한 창조물이라는 것이다.

그렇다면 우린 인간의 세계 경험을 현실세계가 인간 내면의 실재로 진화하는 '세계적 변환의 과정' 이라고 말할 수 있다.

첫째, 저 밖의 외계는 인간과 관계없이 자기 본래의 모습대로 본연의 자연법칙에 의해 움직이는 자연세계이다. 일부는 개인의 경험 안에 있지만 그 밖의 대부분은 감각, 지각, 인지, 행동, 의식의 경계 밖에 존재한다. 경험영역 밖에서 개인과는 무관하게 나름대로의 원리로 작동하고 있지만 그것은 어느새 개인에 대해 끊임없이 힘을 발휘하고 있다. 더욱이 그것은 개인이 바랄 때면 언제든지 의식의 영역 안으로 침투한다. 그럼으로써 본래의 객관성을 탈피하고 개인의 주관적 관념으로 탈바꿈한다. 외적 자연세계는 이처럼 언제든지 개인의 주관적 실재로 침투할 잠재력을 가지고 있다.

둘째, 익명의 광대한 자연세계 어딘가에는 한 사람의 촉수와 맞닿은 개인적인 부분들이 있다. 이 영역은 개인이 머무르고 행동하는 시공간이다. '나는 여기서 이렇게 살고 있다' 라고 묘사할 수 있는 친근한 경험세계이며 각자의 거주세계이다. 일상에서 경험이 연속적으로 작동하는 부분으로서 감각과 인지의 영역이며 매일매일의 행동이 발현되고 또 의식이 발효되는 현실이다. 이곳이 곧 생생한 삶의 현장이다.

셋째, 이 경험의 현장에서 사람은 한 방울 한 방울 존재의 의미를 의식의 체로 증류한다. 그리하여 자연세계도 아니고 경험세계도 아닌 의식 속의 또 다른 자기 의미세계 즉 실재를 만든다. 정신에 의해 길들여지지 않은 광활한 바깥세계는 경험에 의해 수많은 각들이 깎여나가 종국에는 한 사람의 삶에 관한 정념들로 압축된 의식적 의미실재로 축약된다. 이 의미실재는 자연세계나 경험세계처럼 겉으로 잘 드러나지도 않고 또 여럿이 나누어가질 수도 없는 은밀한 자기 내면의 재산이다. 무한정한 현실이 의식으로 안착하는 과정의 끝이다. 이처럼 현실은 개인이 완전히 이해할 수 있고 스스로 조정 가능한 의식세계로 관념화된다. 정신이 신체를 거치고 영혼이 물질을 관통해 도달하는 궁극적인 정념적 의미실재. 이것이 있음으로 각자는 스스로 인간임을 증명할 수 있으며 또 자기 실존의 사실성을 입증할 수 있다. 그렇다고 해서 이것을 무형의 추상적 세계라고만 말할 수는 없다. 경험의 끝에 인간은 본능적으로 전회에 몰입하여 의미를 세계의 실체적 소재에 이식한다. 본래의 세계를 구성하고 있던 부분들로 의미를 상징화하며, 이 부분들을 이용하여 자기 의미실재를 구체화한다. 따라서 비록 의식에 의해 새로운 옷을 입기는 했지만 한 사람의 실재로 축약되는 것은 엄연히 물질적이며 시공간적인 의미소재들이다. 실재란 이처럼 관념적인 동시에 실질적이다. 또 상징적이다. 본래의 세계를 구성하고 있던 각가지 실체들이 의미를 하나씩 옆에 끼고 정렬하고 있는 네트워크이다.

위 세 가지 세계는 사람이 경험을 통해 선택하고 걸러내는 작업에 의해 진화한다. 마치 필터로 체를 치듯이 사람은 자연세계로부터 자기 경험세계를 걸러낸다. 여기에는 물론 동기와 의지에 의해 조종되는 간택의 묘법이 적용된다. 자기 삶이 머무르는 현장의 둘레는 결국 자신이 알아서 정하게 되어있는 것이다. 마찬가지로 실재로서의 의미세계 역시 경험세계로부터 가늘게 체 치듯이 걸러진다. 의미실재는 한 사람의 내면적 정제작업의 결정체이다. 현실을 자기 내면 속에서 관념의 언어로 증류하는 섬세한 의식작용의 결과이다. 경험세계는 친숙하지만 아직은 넓고 무미건조하다. 정돈되지 않은 상태이다. 의미실재는 경험세계 중에서 특히 의미 있는 것들, 중요하다고 여겨져 특별히 선택된 것들로 재구성된다. 사람이 자기 삶의 진정한 체험이라고 말할 수 있는 것들로 재창조된다. 이처럼 사람은 누구나 일상적으로 현실에서 실재까지의 정제작업을 쉬지 않고 거듭한다.

이 의미실재를 우린 한 사람의 실존세계 혹은 생활세계로 부르기도 한다. 실존세계란 작고 소중한 체험들이 세월을 두고 의식 속에 침전하여 종국에 한 사람의 단단한 정념적, 소재적 지식으로 석화된 세계를 말한다. 타인에겐 대단히 복잡하고 미묘하게 보이겠지만 자아에게는 명백하고 자연스러우며 일상적인 그리고 동시에 명석하게 정돈되어

질서를 갖춘 자기 존재의 장이다.

이 속에서 체험적 의미들은 단단한 바위처럼 응고된 색조를 형성하여 몇 줄기 굵은 패턴을 만든다. 이들은 자아에게 있어서 진정 소중한 의미들만을 명쾌히 상징하고 있다. 의미실재라는 실존세계를 구성하는 체험들은 모두 절실한 것, 굳고 강한 것, 우선적인 것, 소중한 것들뿐이다. 이를테면 이건 한 사람이 생애를 통해 얻은 소중한 체험들의 압권이다. 이렇게 생각해볼 수 있다. 우린 각자가 실재라고 믿는 자신만의 실존세계를 가슴에 간직한 채 거주현실과 만난다. 우리가 익명의 모호한 현실, 험한 삶을 그럭저럭 견디며 그것과 그래도 나름대로 빛나는 의미연관들을 맺어나갈 수 있는 것은 우리 의식 속에 이미 깨끗이 정돈된 이 실존세계가 자리하고 있기 때문이다.

이 모든 것은 우리가 지금껏 말해온 한 가지 거주절차 즉 경험이라고 말해지는 사건에 의해 결정된다. 명쾌하지 않은가! 최초 무한대서부터 한 사람의 명확한 존재의 정의까지 모두를 쥐고 흔들며 만들고 부수는 것이 간단히 경험이라니. 도시건축에 대한 인간 경험이 이 모든 것을 허용하거나 혹은 불허한다. 목적과 동기를 지닌 채 자기 삶을 아름다운 이야기로 채워나가려는 노력도, 삶의 현장에서 무언가 행동을 통해 자신이 세웠던 크고 작은 뜻을 펼쳐 보이려는 몸부림도, 체험의 작은 의미알갱이들을 모으고 모아 '나 여기 살고 있소' 하며 자기 본질을 증빙하려는 시도도, 사람들이 매일같이 도시건축과 부딪혀 보여주는 경험의 획들에 달려있다. 이게 모두 도시건축 안에서의 일이다.

5. 의미의 소재: 세계에 담긴 의미

간혹 눈을 질끈 감고 싶은 때가 있다. 얇게는 말고, 눈자위 주위로 힘을 집중해서 깊게 감으면 세상은 느닷없이 암흑으로 변한다. 의식과 외계가 조우하는 경계. 어두운 속에서도 의식은 살아있어, 나의 내면 말고도 저 세계의 잔상들이 눈꺼풀을 따라 부유한다. 마치 흔들어주면 작은 눈발들이 병 속에 갇힌 성(城) 주위로 흩날려 퍼지는 유리 기념품처럼, 의식을 한번씩 크랭크할 때마다 외계의 점과 선과 면과 물체들이 실핏줄의 형상으로 혹은 눈발의 형상처럼 암흑 속에서 동요한다. 어떤 때는 많은 것들이 떠다니면서 좀 혼란스런 것 같기도 한데, 이것은 패러독스이다 — 어둠 속에서야 비로소 현출하는 나와 세계에 관한 장면들. 내 존재가 정확히 어디에 있는 건 줄은 잘 몰라도, 그것의 인식은 한번씩 이렇게 솟아나는 내적 물체들을 통해야 하는 것임을 알 것 같다. 이를테면 누군가 저 세계 속으로 나를 첨벙 빠뜨리는 식으로는 사람의 존재에 관한 이야기가 곤란하다는 것을.

존재는 이런 내면의 장면들 속에서 드러나는 것이다. '장면 속에 버무려진 의미'라는 말은 생소하지 않다. 장면들의 풍경이 이어지는 삶이라는 것도 낯설지 않다. 당신의 삶이 영화나 오페라 같다고 생각해본 적이 있는가? 어느 소설이나 시의 구절 같은 삶이었으면 하고 바랬던 적은? 삶을 드라마로 유비하는 허황된 공상은 경계할지라도, 어차피

저 바깥의 현실이나 내 눈꺼풀 속의 삶 모두가 영화나 오페라나 소설처럼 풍경들이 이어지고 바뀌는 연속임을 부인할 수 없다. 중첩이나 인접 혹은 분리와 전환을 거쳐 장면들이 흘러가는데, 자아는 여기서 이 관계와 흐름을 결정하는 디렉터로서 흐름의 한가운데 서있다. 삶은 장면으로 쉽게 번역되고, 장면은 풍경적 물체로 그리고 물체는 또 의미로 쉽게 번역된다. 장면 속 개체는 삶의 의미가 무엇인지를 서술하는 언어이다. 더욱이 내 삶의 장면과 타자의 장면이 중복되는 부분에 관해 두 삶의 의미를 소통하는 언어로서도 빠뜨릴 수 없다. 어떻게 의미가 장면의 언어로 소통될 수 있다는 것인가?

이 해답은 의미의 근원을 향해 역추적하는 사유 속에서 찾을 수 있다. 의미는 필연코 자아와 세계 존재자들이 합쳐 만드는 경험적 사건들로부터 나오는 것임으로. 마치 관련된 몸 속 세포들이 조합하여 하나의 기관을 만들듯, 세계 속에서 나와 그 밖의 존재자들은 반드시 한 덩어리로 모이고 뭉치며 서로 작용한다. 더욱이 세계가 내 눈꺼풀 속으로 현상될 때 이들은 뿔뿔이 흩어지는 대신 기왕의 덩어리진 모습으로 현상된다. 이것을 우린 모천 회귀의 원리로 빗대어 생각해도 좋을듯하다 — 떠났던 곳으로 다시 돌아감. 우린 지금부터 이 덩어리를 일컬어 의미의 소재라 할 것이며, 이들이 영화나 오페라나 소설처럼 인간행동으로, 세계로, 그리고 장소와 장면과 생활세계로 이어져 흘러간다고 말할 것이다.

5.1. 도시건축의 기호학적 의의

표정이라는 단어, 정(情)의 드러남. 내면이 물질로 형상화되는 가장 노골적인 장소로서의 얼굴 – (히라노 게이치로의 2003년 단편 '다카세가와' 중에서)

전회와 기호

전회의 대상 – 전회란 경험에서 얻은 삶에 관한 의미를 경험세계로 되돌려 이식하는 의식작용이다. 체험에서 얻은 감동이나 기쁨이나 기억은 사람의 전회작용을 거쳐 세계의 여러 것들, 타자, 사물, 행위, 시간, 공간 등에 보관된다. 엎어 씌우기. 경험세계에 사람의 의미가 전회되면 그것은 상징의 세계가 된다. 각각의 요소는 의미의 기호가 되어 사람들의 체험에 관한 이야기를 대신 들려준다.

의미는 관념이며 사상이다. 인간 의식의 추상적 산물이다. 하지만 우리 삶의 의미가 관념으로 끝나는 것이라면 어쩐지 허전하다. 의미가 의식 안에 머물러야 하는 것이라면 사람의 의식은 온갖 관념들로 뒤죽박죽 될 것이다. 인식체계와 의식구조는 포화의 한계를 넘어 마비될 지경이 될지도 모른다.

의미는 아름다움, 즐거움, 짜릿함, 질박함, 아련함, 성취감, 포만감 같은 실존의 형용사적 관념이다. 세계는 대상, 장치, 자원과 같은 명사적 요소들로 가득 차있다. 경험은 행동이며 동사적 절차이다. 경험은 세계의 명사적 요소를 지향하고 또 이를 이용하는 동사적 절차를 거쳐 의미의 형용사적 결과를 낳는 일이다. 거주란 '명사를 동사하여 형용사에 도달'하는 일과 같다. 형용사는 물론 명사와 동사를 초월하는 어떤 하나의 상태에 관한 현상적 결과지만 그 관념적 추상성은 늘 약점으로 남는다. 그 허약한 존재감이 실체적 기호로 전회되지 않는다면 의미는 안착의 처소를 잃고 의식 속에서 부유하게 될 것이다.

본래 관념의 네트워크였던 사람의 의식은 전회를 거쳐 기호들의 네트워크로 재배열된다. 그리하여 전회가 끝난 후에는 생애나 존재에 관한 관념적 의미실재가 실체적 소재실재로 뒤바뀐다. 우린 이를테면 편안한 자리에서 '당신에게 의미 있는 사람, 사물, 사건, 시간, 장소 등이 있는지' 그리고 '그것이 당신 생애에 관해 어떤 의미를 전해주는지'를 물어볼 수 있다. 니체의 권력의지 사상에서 그는 말한다 — '사실적 진리란 존재하지 않는다. 오직 해석된 진리만이 존재할 뿐'. 세계를 이해할 수 있는 것은 세계가 인간에게 무엇을 보여주기 때문이 아니다. 그것은 인간이 세계를 볼 수 있기 때문이다. 외적 세계는 의미의 전회를 통해 완전히 재편성되어 한 사람 고유의 세계로 탈바꿈한다. 그 안에는 관념의 질서(의미실재)와 기호의 질서(소재실재)가 평행선을 그리며 공존하고 있다.

관념과 기호, 의식과 세계 등 두 질서는 완전히 하나이다. 진정 어느 삶이 의미가 있다면, 한 경험으로부터 어떤 소중한 의미를 얻는다면, 그 의미는 삶이나 존재에 관한 것인 동시에 세계에 관한 것이며 또 나와 세계의 관계에 관한 것이다. 이를테면 똑 같은 의미가 동시에 자아에게 적용되고 대상에게 적용되며 자아와 대상의 관계에도 적용된다. 이 동시적, 동질적 의미가 가능한 것은 전회적 의식작용 때문이다. 그러므로 전회란 내면적 의미와 대상적 의미의 동격화 작용이며, 의미실재와 소재실재 등 두 가지 질서의 일체화 내지는 동질화 작업이라고

할 수 있다. 전회를 통한 동시적, 동질적 일체화를 거침으로써 의미는 의식의 추상적 양태로부터 세계 대상에 점지된 구체적 양태로 탈바꿈한다. 두 가지는 동일하다. 그러므로 우린 내면적 의미를 보는 것처럼 그 전회된 실체의 구체적 양태를 볼 수 있다. 실체를 보고서도 의미를 깨우칠 수 있다!

세계의 구체적 양태로부터 인간의 의미실재를 추론할 수 있다니? 이건 어떻게 가능한 것일까? 예외가 없진 않겠지만 대개는 사람이 경험에서 지향했던 세계요소가 그대로 전회의 대상이 되어 기호화된다. 다른 것들 말고 사람이 표상하고 이용하고 변형했던 그 부분이 의미의 소재로 활용된다는 것이다. 예컨대 내가 사랑하는 그 사람은 내 사랑의 대상인 동시에 사랑이라는 내 감정의 소재이다. 마찬가지로 재미있는 자전거타기 놀이는 경험인 동시에 자체가 흥겨움이나 즐거움의 소재이다. 이들은 어떤 고유한 경험을 거쳐 사람과 의미연관을 맺도록 특별히 걸러진 부분들이다. 따라서 이 특수 경험의 특수 대상만이 의미론적 기호가 될 수 있다.

세계의 어떤 부분을 말하는가? 거주하는 자아에게 있어서 세계의 모든 부분이 경험의 대상, 장치, 혹은 재료가 된다. 이를테면 도시건축의 선과 면과 표피, 빛과 어둠, 길과 공원과 건물, 보이는 것, 쓰이는 것, 생각의 대상 모두가 인간에게 경험된다. 그러므로 인간 경험으로 포섭되는 세계의 모든 대상, 장치, 재료가 의미의 매체로 이용될 수 있다. 세계의 어떤 것이라도 인간의 기호가 될 수 있다. 세계 모두는 전회의 잠정적 대상이다. 당연히 세계 부분들 몇몇이 서로 연관을 맺고 뭉쳐 작용하는 현상적 덩어리 내지는 경험의 단위 즉 사건이라든가 상황 같은 것들도 마찬가지로 그 덩어리 하나가 의미의 상징매체가 될 수 있다. 상황에 한 사람의 의미가 전회되면 상황은 장면이 된다.

인간의 전회능력은 놀랍다. 인간은 삶 앞에 놓인 거의 모든 세계요소를 두루 이용한다. 그리고 스스로 거둬들인 거의 모든 의미를 세계의 요소요소에 숨겨놓는다. 예컨대 의미는 소중한 사람(들)에 얹히기도 한다. 사랑하는 사람, 어려움을 같이 이겨낸 사람은 삶에 빛을 더한다. 가족, 친구, 애인 같은 사람은 사랑이나 우애나 공존과 같은 관념을 떠올리게 한다. 또 의미는 이들과 함께 했던 행동이나 시간에 실리기도 하며, 이들과 함께 만든 사회적 규칙 안에 혹은 조직체제 안에 숨겨지기도 한다. 이를테면 여행이나 놀이 같은 사건은 누군가의 소중한 기억을 전해준다. 사진이나 인형 같은 사물 그리고 작은 화분 같은 생활소품에도 의미가 전회된다. 손에서 놓지 않았던 책이나 만년필은 어딜 가나 내 삶에 관한 이야기가 된다. 의미 중에 어떤 것은 또 건물이나 광장, 길이나 공원의 어느 부분과 같은 특별한 장소로 전회되기도 한다. 내 놀던 옛 동산, 아빠와 만든 꽃밭, 어릴 적 골목길, 우리가 만든 놀이장소들은 의미소재이며 동시에 나의 소중한 실재소재이다. 이들 모두는 의미를 상징하는 기호들이다.

기호의 역할 — 따라서 우린 의미를 서로 관련된 두 가지 시각으로 보게 된다.

의미는 우선 그 내용과 의의 즉 의미콘텐트를 살피는 눈으로 조망할 수 있다. 한 사람의 동기와 의지를 그의 경험과 연결한 후 자신과 세계와 거주에 대해 무엇을 터득하고 어떤 정념을 얻었는지를 분간하는 일이다. 이건 상징되는 것 즉 signified에 초점을 맞추는 의의학적 시각이다. 콘텐트를 기준으로 삼아 우린 그것들의 우선순위 즉 가치론적 강도의 위계를 따져볼 수 있고 또 그들에 대한 개인적 선택의 향방도 설명할 수 있다.

하지만 콘텐트는 해석이나 의식으로 정의되는 추상적 관념이다. 부패하거나 왜곡되기 쉽고, 싱싱한 각들이 깎여나가거나 혹여 완전히 증발해버릴 우려도 있다. 따라서 중요한 것일수록 우린 내용을 부호와 연합시켜 기호화한다. 눈에 보이고 만질 수 있으며 설명이 쉽고 자기 내지는 타인과 의사소통도 쉬운 실체적 그릇에 담는다. 물론 우린 그것을 일상의 언어에 담아 말로 소통할 수도 있다. 하지만 소중한 의미들일수록 보다 강건하고 정직한 부호에 담겨야 한다. 내 놀던 동산이나 운동장, 겨울 가지 끝에 걸친 보름달, 우리의 존재이며 생명 자체였던 골목놀이와 그 패거리들처럼, 든든한 기호에 담기면 혹시 의식은 간데없어도 기호는 끈질기게 남아 우리 의식을 한번씩 강하게 크랭크할 것이다.

그리하여 그리운 고향집을 돌이키거나 흘러간 세월을 셈해볼라치면 어김없이 몇 편의 장면이 풍경되어 떠오른다. 희한하게도 내용은 가뭇없고 풍경만 또렷하다. 신작로, 읍사무소, 느티나무, 방죽, 엄마의 예배당, 구멍가게, 저녁나절의 마당과 멍석, 할머니, 어릴 적 친구, 우리집 강아지. 의미는 기호가 되고, 기호들이 꿰여 기억이 만들어진다. 그러다가 어느 한 가지 기호라도 찾아내면 우린 마치 추억을 몽땅 되찾은 것처럼 기쁘다. 옛 흔적 모두가 사라졌어도 느티나무 그늘 하나만으로 고향은 온전하게 회복될 수 있다 (왜 모든 추억은 아름다운 것일까? 이 모진 현실도 그것이 추억이 되면 어김없이 그리워질까? 우리 도시의 아이들에게도 이런 게 있을까?).

어쩐지 삶이 헛헛하다고 느껴질 때 자기도 모르게 이런 기호들에 더 집착하게 된다. 기념품을 수집하거나 어떤 증빙을 남겨두려 애쓴다. 어디 여행을 가서도 꼭 어떤 물건이나 사진 등속을 챙겨와야 직성이 풀린다. 어쩐지 세월이 빠르게 지나간다고 느낄수록 혹여 세월을 잡아줄지도 모를 이런 기호들에 기대게 된다. 역시 아름답고 소중한 삶일수록 기호의 언어가 풍부하다. 가치 있고 뜻 깊은 삶일수록 다양하고 소중한 기호들로 장식된다.

모든 경험적 의미는 기호로 치환된다. 의미실재와 소재실재(기호실재)는 하나로 통합된다. 이 통합적 상징화가 완성되지 않으면 세계는 혼란스러우며 내 삶의 방향도 불확실해질 것이다. 의미의 내용에 실체적 소재를 버무려 의식화를 완성한다. 내면에 실체적 형상의 옷을 입힘으로써 세계를 자기화한다. 세계를 실존의 영역으로 만든다. 기호는 내 안에도 있고 세계 안에도 같은 형상으로 존재하고 있는 것이다 이제 우린 기호를 해독하는 일로도 사람들의 삶에 대해 충분히 이해할 수 있다. 기호들만 지니고 다녀도 안심할 수 있다. 기호를 이용해 자신에게 혹은 서로에게 의미를 소통할 수 있다. 해독하는 우리 집단과 해독하지 못하는 타인 집단을 구별할 수도 있다. 기호들을 분별함으로써 삶을 선명한 하나의 구조로 정돈할 수 있다. 기호를 토대로 삼아 다음 차례의 경험, 예컨대 삶에서 진정 바라는 것이 무엇인지를 정의할 수도 있다.

그렇다면 이건 도시건축 실무에게 대단히 황홀한 일이다. 의미의 소재나 기호는 대단히 실무적인 논제이다. 도시건축이 만드는 세계의 모든 것, 실체와 형상 그리고 보이는 것과 느껴지는 것, 쓰여지는 것,

사람을 감싸 안는 다양한 것, 모두가 결국은 인간의 기호가 된다는 것이다. 도시건축 세계는 표상되고, 이용되고, 해석되는 것이며, 동시에 사람들의 기억을 담아 삶의 이야기를 전해주는 것이며, 그리하여 또 현재의 삶을 품어 미래로 이어주는 것이다. 도시건축의 수많은 요소 각각이 누군가 삶의 소중한 부분인 것이다. 실무가 뜻 모르게 무시하거나 비틀어댔던 혹은 제대로 생각지도 않고 그려냈던 저 형상들 하나하나가 누군가의 생명이며 존재의 뜻인 줄을 실무는 미처 몰랐던 것이다.

의미는 어디에? – 자아, 행동, 대상과 장치와 자원, 상황

의미 있는 거주, 뜻 깊은 삶과 같은 본질을 말할 때 우린 이 두 가지 즉 의미와 매체, 뜻과 기호, 상징되는 것signified과 상징하는 것signifier을 하나로 묶어 말하게 된다. 의미가 전이된 세계는 나와 특별한 관계를 맺은 것들이다. 그들은 내 삶에 특별한 것들이다. 경험에는 이처럼 삶에 관한 소중한 뜻을 스스로 정의하는 일과 함께 그 뜻의 매체를 정의하고 표현하는 일, 말하자면 세계 중 어떤 것을 특별히 소중한 것으로 만드는 일signification이 포함된다. 어떤 사람이나 사물이나 사건을 내게 중요한 것으로 만들기. 그리고 이것이 내게 혹은 타인에게 어떤 의미를 전달하는지를 알아차리기. 누구는 전회가 정보를 은밀한 상징언어로 모호하게 가장하는 이를테면 암호화와 같은 일이라고 생각할 수 있다. 하지만 전회는 암호화가 아니다. 그것은 일상에서 자연스럽게 나타나고 또 자신도 모르는 사이 겉으로 드러나는 일이다. 그것은 모호하게 혹은 비밀스럽게 만드는 일이 아니라 명철하고 쉽게 구체화하는 작업이다. 의미는 자신에게 그리고 타인에게 명백하게 의사소통 되어야 한다.

지금까지 우리가 주고받았던 논의는 사람의 실존이 세계에 완전히 열려 있다는 커다란 하이데거적(的) 가정을 기초로 삼고 있다. 자아는 세계 내 자아이다. 자아의 행동 역시 세계 내 행동이다. 사람이 경험을 위해 부딪치는 대상, 이것도 세계 내 대상이다. 경험 또한 세계 안에서의 현상이며, 그 안에서 행하는 표상과 실행과 해석도 세계 내 작용이다. 사람이 살아가는 일상의 부분들, 생활과 거주사건과 상황 등 모두가 세계 내 운동이고 세계 내 상황이다. 의미는 어디에 있을까? 의미는 이들 모두로부터 나온다. 그리고 이들 모두로 회귀하여 이들 안에 존재한다. 결국 우리가 찾는 의미는 세계에 있는 것이며, 그것은 세계 내 의미이다.

우리가 궁금해하는 인간 거주의 의미소재는 우선 거주하는 자아의 내면에 있다. 그리고 그것은 세계의 여러 부분들 안에 있다. 이 여러 것들을 유형으로 묶어보자. 세계는 자아 외의 모든 인간 존재자 그리고 사물과 물체들 (객체대상), 사람이나 사물의 운동과 생활행위 (행위대상), 신념과 신조, 제도체계, 규범과 행동프로그램, 서비스, 기타 사회문화적 신호 (시스템대상), 시간과 공간 혹은 여타 물리적 시설 (시공간적 장치), 사회조직이나 문화집단 혹은 상징과 가치의 체제 (사회문화적 장치) 등으로 구분해볼 수 있다. 물론 이들이 혼합된 거주현상의 단위 즉 상황(장면)이 추가된다.

그러므로 자아 속의 의미가 세계로 전회될 때 그것은 타인이나 사물과 같은 객체대상, 운동이나 행동 혹은 생활활동과 같은 행위대상,

신념이나 제도나 규범 혹은 행동프로그램 같은 시스템대상에 있다. 물론 삶과 경험과 사건이 일어나는 무대 즉 우리가 거주장치라고 부르는 시공간적 장치, 사회문화적 장치로 전회될 것이다. 나아가 자아, 대상, 장치가 서로 연결되고 하나로 융합되어 삶의 한 생활사태로 나타나는 경험적 덩어리 내지는 경험단위로서의 상황에 전회될 것이다. 이처럼 의미는 자아 내에, 그리고 세계의 객체대상, 행위대상, 시스템대상으로, 또 세계의 시공간적 장치와 사회문화적 장치로, 그리고 세계 내 상황으로 분산된다.

한 단계 크게 보면 의미는 네 가지 즉 자아의 의식으로, 사람의 행동으로, 대상과 장치와 자원의 세계로, 그리고 이들이 뭉친 상황으로 전회된다고 말할 수 있다. 의미는 이 네 가지 의상 중 하나의 옷을 입고 있다. 대상이나 장치뿐 아니라 자아나 상황 역시 모두 세계 내 존재임으로 의미는 결국 하나의 커다란 세계 속에 산재해 있다. 이들이 모두 세계 내 존재자로서 의미의 기호이다.

달리 보면 이들 소재는 크게 현상적이거나 형상적이다. 현상적이라 함은 사람의 의식으로 초월된 관념적 의미 그리고 행동패턴에 녹아 들어간 비물질적 상태로서의 의미를 뜻한다. 따라서 이것은 형이상학적이거나 형이하학적이다. 즉 자아의 의식과 같은 형이상학적 현상적 소재가 있고 또 행위와 같은 형이하학적 현상적 소재가 있다. 덧붙여 형상적이라 함은 명백히 사물이나 장치와 같은 형상적 모양을 빌어 자신을 드러내는 형이하학적 소재를 뜻한다. 세계의 대상이나 장치 중에서 구체적으로 감지되는 어떤 것이 의미를 담고 있을 때 이를 형상적이라고 부른다.

	현 상 적		형 상 적
	형이상학적	형이하학적	
자아	자아 (내면 의식세계)		
대상		행위대상 (운동, 행동 등) 시스템대상 (제도, 신념 증)	객체대상(인물, 사물 등)
장치			시공간적 장치 (장소) 사회문화적 장치 (장소)
상황		상황 (삶의 사태와 사건단위, 장면)	

- 의미의 형이상학적 현상적 소재: 자아의 의식, 주체의 심리적 사건이나 기분으로서의 관념으로 탈바꿈되고 형이상학적 언어로 저장된 의미들. 후설과 하이데거가 말하는 통일적 기분
- 의미의 형이하학적 현상적 소재: 세계 안에서 나타나는 관찰과 묘사 가능한 현상이나 증상으로서의 소재. 이들이 일정한 관련성을 맺고 형성하는 개개 상황 혹은 그 속의 사건행동이나 시스템 대상
- 의미의 형상적 소재: 특정한 재료적 속성이나 형상적 양태를 갖춘 유물론적 대상 속의 의미. 인물, 사물과 같은 객체대상 그리고 모든 시공간적, 사회문화적 장치

(1) 자아에 있는 의미 — 의미는 내면의 기분 혹은 의식 속 정념의 형태로 있다. 외적 사건이나 타자가 내 삶과 존재에 던지는 의미는 사유인지 감정인지를 분간키 어려운 정념의 양식으로 내 안에 자리잡게 된다. 그것은 내 의식의 현상으로서 나의 소유물이다.

이 한 톨의 의미를 얻기 위해 나는 이미 세계의 부분과 단순 교감의 차원을 넘어 의미의 끈으로 묶여진 의미연관적 일체화 관계를 맺은

것이다. 그리고 의미론적 융화를 통한 세계적 풍경의 일원이 된 것이다. 그러므로 문태준의 시처럼, 땅에 떨어지는 한 줌의 그림자에서도 우린 기억에 관한 이야기를 하나 그려낼 수 있다. 돌 밑에 깔린 풀잎처럼 누군가 앉았다 비워둔 의자를 보며 그리움에 대해 말할 수 있다 (문태준의 시 '뻘 같은 그리움', '꽃 진 자리에'). 이것은 단순히 세계로 가까이 다가감의 상태도 아니며 또 어떤 목적성을 띈 접촉의 개념도 아니다. 이것은 상호 정의를 말하는데, 의미론의 시각으로 보면 하나의 존재는 다른 하나가 주는 의미에 의해 정해진다. 숲에 이는 바람이 나무를 정의하듯, 햇살이 꽃을 피우고 바닥의 잔돌이 물결을 만들듯.

하지만 삶의 주체로서의 자아의 한 부분은 늘 비어있다. 나의 의식은 항상 미완성이며, 감정과 사유의 창고 중 어느 부분은 늘 채워지지 않은 상태로 남아 있다. 스스로는 바로 이 부분 때문에 자기 존재에 대해 항상 불안해하며 무언가 부족하다는 느낌을 떨칠 수 없다. 의식은 늘 갈증을 느끼고, 삶의 목적이나 존재이유에 대해 끊임없이 의문을 던진다. 만약 의식이 완전한 충만의 상태라면 더 이상의 의미를 구하기 위한 소망도, 삶의 새로운 동기도, 더 채울 의미도 생겨나지 않을 것이다. 이 허기진 의식의 빈 공간으로부터 더 알찬 의미, 더 풍요로운 삶을 향한 동기와 의지나 나온다. 그리하여 삶과 세계와의 공명과 일상의 경험이 끊어지지 않고 계속된다.

많은 사람이 이 근원적 결핍을 관념적 현상이라 말한다. 그리고 이성적 형이상학으로 설명하려 한다. 헤겔이나 칸트 역시 갈망과 충족의 방정식을 인간 이성과 합리적 사유의 궤도 안에 두고 있다. 이 점에서는 초기 데카르트도 마찬가지이다. 물론 자기 속의 의식을 해명하는 일에 이성적 사유가 빠져서는 곤란하다. 하지만 사람의 의식은 본래 이성적이라기 보다는 감정적인 본질을 가지고 있다. 어쩐지 불안하거나, 괜스레 흥분되며, 안 그래도 되는 줄 알지만 어쩌지 못하고 어떤 감정에 빠지는 것이다. 더욱이 이성은 의식을 설명하고 그 갈증을 해명하는데 있어서 독자성이나 완벽성을 가지고 있지 못하다. 세계의 여러 현상들 예컨대 에리히 프롬이 설명한 소극적 자유와 같은 인간 역사의 사건들은 결코 이성적 산물이 아니다. 이성의 벽을 넘어 의식의 본질에 다가가면, 마치 예술이 실증의 갑골을 무난히 탈피하는 것처럼, 자아의 원초적 결핍증상이 상당히 감정적인 본질에 맞닿아있음을 알게 된다. 이성은 위태롭고 변덕스럽다. 꿈과 소망, 갈망과 열정, 신념과 의지, 기대와 예감, 지각과 표상, 성공과 실패, 해석과 기억 등 세계와의 관계에는 일관성 있게 감정적 편견이 개입한다. 나와 세계 각각을 엮어주는 감정의 이 순수한 개입을 인정할 때 우린 자아 속의 의미가 무엇인지, 없어지지 않는 이 근원적 결핍은 왜인지를 좀더 정확하게 이해할 수 있다.

(2) 행동에 있는 의미 — 의미는 사람의 의미 있는 행동 하나하나에 있다. 운동이라는 개념으로 세계를 보면 세계는 두 가지로 상정된다. 움직이는 것과 움직이지 않는 것. 후자는 정물화로서의 세계이다. 사물 일체가 정지한 고요의 세계, 아니면 운동이 더디고 더뎌 우리 감각이 좇아가지 못하는 느린 움직임. 반면에 움직이는 세계는 어디로 향해 가는 중이거나 스스로 돌기를 멈추지 않는 상태이다. 대개 이 움직임의 원리는 각기 동요를 시작하고 그치기를 반복하는 내부 존재자들의 개별 운동패턴으로 정해진다. 작은 것들이 잘그랑대는 힘으로 큰 운동이 생겨난다고 할까!

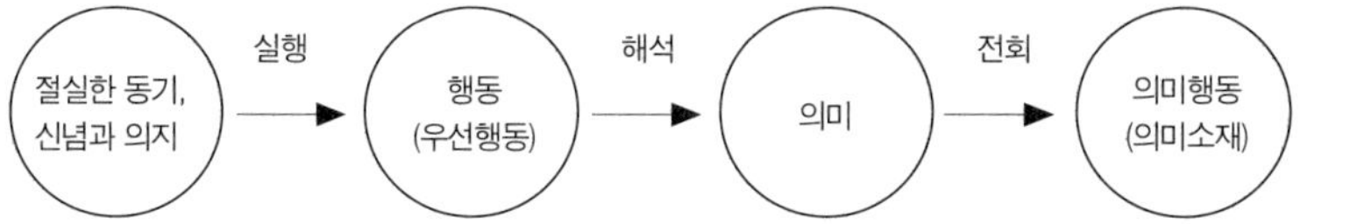

우린 거주라는 현상이 움직이는 것인지 어떤 것인지를 생각해 보아야 한다. 하지만 나를 비롯한 여러 존재자들을 담고 있는 이 세계가 어떤 형태로든 움직이고 있음을 부인하는 사람은 없을 것이다. 겨울 밤 흰 눈이 밤새는 줄 모르고 내린다. 바람은 불었다 그치기를 거듭한다. 새는 날면서 운다. 물이 흐르는 것처럼, 시간도 우리 곁을 스쳐간다. 아이들은 동네에서 끊임없이 놀고 있다.

어떤 것은 빠르게 어떤 것은 느리게, 움직이고 있다. 어떤 것은 죽을 때까지 운동을 멈추지 않지만, 어떤 것은 움직이다가 멈춘 후 다시 움직인다. 명백한 움직임이 있으면 은근한 것이 있다. 요란한 것이 있는 반면에 그윽한 것도 있다. 우리가 정지해 있다고 아는 것들은 실제 정지가 아니라 정지한 듯 느끼는 것뿐이다. 고요하다고 보이는 것들의 대부분은 실상은 어떤 움직임을 위해 존재하는 것이거나, 과거에 움직임의 역사를 가지고 있는 것이거나, 운동의 중간에서 잠시 휴지기에 들어가 있는 것들이다. 큰 움직임은 눈에 쉽게 띄지 않지만 작게 보면 동요의 증상은 어디에나 있게 마련이다.

운동경험의 양의론. 움직임의 관점에서 자신을 다시 새겨 보자.

사람이 세계 내에 존재한다는 첫 번째 뜻은 바깥 세상이 움직일 때 나 또한 그에 상응하는 움직임을 보인다는데 있다. 세상의 존재자들이 모두 움직이고 있는 가운데 나 홀로 정지해 있다는 것은 세계와 나의 공명이나 합일이라는 개념과 거리가 멀다. 나는 기록경기의 움직임을 좇아가는 비디오처럼, 조용한 움직임에는 조용한 흔들림으로 빠른 운동에는 빠른 반응으로, 세계와 함께 흘러간다. 우리가 체험한다는 일 모두가 '몸소' 체험인 이치와 같다. 이처럼 세계의 움직임에 상응한 사람의 움직임이 곧 행동이다. 행동을 통해 세계와 작용하며 그것과 하나가 된다. 여기서 인간행동이란, 세계 존재자들의 운동이 모두 그런 것처럼, 현실적 질량과 형상을 보여주는 육체적 움직임을 뜻한다. 일정한 패턴과 방향성을 가진 합목적적 운동으로서, 일차적으로는 동기라는 실용적 필요성의 충족에 목적을 둔 합리적이며 유물론적인 수단을 말한다.

그러나 얼핏 이 첫 번째 뜻만으로는 세계와 사람의 동반 운동이 객관적 법칙의 지배를 받는 자연과학적 증상이라는 오해를 살 수 있다. 물론 우린 여기에 물리적 법칙이나 역학적 해석을 적용할 수는 있다. 움직임의 경로나 궤적을 객관적으로 묘사할 수 있고 또 이동의 거리와 에너지를 수학적으로 계산할 수도 있다. 하지만 보다 중요한 관점은 모든 움직임이, 심지어는 자신의 행동까지도, 인간 체험의 의도에 의해 간섭을 받는다는 사실이다. 세계 움직임에 사람이 행동으로 상응하는 건 사실이지만 이 상응행동은 기계적 반응이 아니라 관찰과 지각, 이해와 인식 등 일련의 의식적 소화과정을 거친 경험적 결과이다. 말하자면 행동은 즉각적이 아니라 체험적이다. 따라서 세계의 어느 움직임에 대해 여러 다른 경험적 필터들이 적용될 수 있고 또 그 결과로 나타나는 인간행동 역시 여러 다른 양상을 보일 수 있다. 이를 자연법칙이나 물리적 원리로 모두 설명하기란 불가능하다.

이처럼 행동 양상이 사람마다 다르게 나타나는 이유는 경험양식이나 행동적 상응방식이 개인별로 독특한 내면적 동기의식에 뿌리를 두고 있기 때문이다. 달리 말하면 행동은 단순한 신체적 운동이기에 앞서 표상, 계획, 전략 그리고 앞으로 얻을 의미에 대한 기대와 예감을 내포하는 포괄적 경험양식에 의해 나타난다. 이를테면 행동 안에는 현실적 실행의 본보기들에 늘 존재하는 어떤 실험성이 내포되어 있다. 써본다, 해본다, 들어본다, 사용해본다, 걸어본다 함의 뜻에는 단순히 실용적 요구의 충족이라는 '수단 - 목적'의 효율성 법칙의 논리가 감히 어쩌지 못하는, 삶과 존재에 관한 엄숙한 상상력이 담겨 있다.

이제 우린 사람이 세계 내에 존재한다는 두 번째 뜻을 이해할 수 있다. 신체의 움직임을 물리적 법칙으로 보는 시각으로는 인간행동에 내포된 동기와 의지의 에너지를 감지할 수 없다. 더구나 사람이 행동을 통해 얻는 의미들을 상상하는 일도 불가능하다. 새의 날갯짓에서 들리는 먼 여행으로의 준비, 아이들 골목놀이에 담긴 그윽한 평화, 예배당 종소리가 알려주는 목회자의 엄격하게 준비된 삶처럼, 세계에 대해 내가 움직이는 이유는 움직임에 의해 비로소 의미의 충만함을 기대할 수 있기 때문이다.

그러므로 사람이 행동한다 함은 그 움직임을 통해 삶의 의미를 터득하기 위함이다. 육체는 세계와 함께 운동하지만 내면은 운동이 가져다 줄 의미를 얻기 위한 의식작용에 몰두한다. 이처럼 행동은 의식과 늘 함께 반응한다. 그럼으로써 행동이 의미를 낳을 수 있고 또 의미가 그 행동으로 전회될 수 있다. 행동만으로는 세계와 하나가 될 수 없다. 의미를 통해 또 전회를 통해, 사람은 세계와 온전히 하나가 된다. 이렇게 되면 행동은 곧 의미의 기호가 된다. 행동이 의미를 연상시킨다. 사랑하는 사람과 걷던 초원의 길, 그 걸음이라는 행위가 곧 사랑이다.

운동경험의 양의론을 통해 우린 두 가지 점을 추가로 기억해 두어야 한다.

첫째는 행동과 의미, 운동과 의식이 항상 정비례의 관계로 작용하지 않는다는 점이다. 행동은 움직이는 세계에 대해 사람이 어쩔 수 없이 택하는 피동적인 반응이 아니다. 대신에 그것은 사람의 의식이 동시 작용하는 동기적이며 의지적인 상응방식이다. 따라서 세계의 운동과 나의 운동 그리고 나의 운동과 나의 의식이 항상 같은 속도로 작동하지 않는다. 개인의 자유의지에 따라서는 급격히 움직이는 세계 속에서도 자신의 운동은 유보적인 상태로 유지하려 할 수 있다. 또 행동은 느리고 정숙해도 내면에서는 격정의 파도가 일어날 수 있다. 이점은 의미를 말하는 우리에게 중요한 내용을 시사한다. 세계의 운동이나 신체의 움직임에 비례하여 의미의 내용이나 의미 운동량을 결정할 수는 없다는 것이다. 세계는 격해도 행동은 차분할 수 있으며, 행동이 격해도 의미는 흐릿할 수 있다. 비록 세계와 인간행동과의 상관관계를 살피는 일이 필수적이라 할지라도, 심지어는 이에 대해 어떤 공식이나 함수관계의 가능성을 타진할 수도 있을 지라도, 의미는 사람의 심성과 감정을 살피는 섬세한 방법으로 정의해야 한다.

둘째는 동기를 절실한 것과 그렇지 않은 것으로 분간할 수 있는 것처럼 행동도 그 사람에게 중요한 것과 그렇지 않은 것으로 분간할 수 있다는 것이다. 개인의 동기가 행동양식을 결정함으로 동기가 중요하다면 이에 연결된 행동의 중요성 또한 높아질 것이다. 앞에서는 우선행동이라는 용어로 이들을 구분하였다. 우선행동이란 삶의 절실하고 소중한 뜻과 연관되어 있는 행동을 말한다. '의미 있는 행동' 또는 '의미가 전회된 소재로서의 행동'이라는 말로도 표현할 수 있다. 마치 도로가 다 똑같지 않고 놀이터라고 다 놀이터가 아니며 공원이 다 같은 공원이 아닌 것처럼, 일상 거주행동 중에는 삶의 소중한 의미가 전회된 특별한 행동 즉 우선행동이 있다. 도시건축은 이런 의미 있는 특별 행동을 위한 세계를 만드는데 힘을 먼저 쏟아야 한다.

(3) 세계의 대상과 장치와 자원에 있는 의미 — 현재에 대한 의문, 요구와 목표, 미래에 대한 소망과 신념, 이런 동기의식이 행동의 필수 조건일지언정 동기의식만으로는 행동의 실현이 아직 멀다. 자아가 행동을 표출하기 위해선 세계의 대상과 장치에 기대어야 하며 이들로부터 자원을 얻어야 한다. 물론 행동은 아무 것이나 대상으로 삼지 않으며, 아무 재료나 얻어 쓰지 않고, 아무 장치에서나 마구 나타나지 않는다. 행동을 자기 의도대로 실현하기 위해 사람은 세계로부터 대상, 장치, 자원을 섬세하게 선정한다. 또 이들을 효과적으로 이용한다. 그러므로 행동의 결과로 얻은 의미를 이 선택된 세계의 대상과 장치와 자원의 실체적 몸에 담는다. 하나씩 좀더 자세히 살펴보자.

첫째, 행동에는 반드시 그것이 지향하는 대상이 있다. 지향대상이란 사람이 행동이라는 수단을 통해 교섭하는 세계의 부분 내지는 특정 요소를 말한다. 그것은 사람과 본질적이고 실존적인 의미연관을 맺는 실체이다. 그것은 나무도 될 수 있고 하늘도 될 수 있으며, 풍선이나 자전거, 학교나 회사, 그리고 부모나 친구가 될 수도 있다. 지향대상이 나무일 경우에 나는 나무를 지향하는 행동을 보이며 나무와 어떤 의미연관을 맺게 된다. 나는 나무를 가꾸기도 하고 나무를 자주 찾기도 하며 나무 그늘에 앉기도 하고 나무에 대해 말하기도 한다. 또 그것을 해치는 외부조건에 저항하기도 한다. 또 학교를 지향할 경우 나는 학교와 어떤 형태로든 교섭하며 그로부터 나의 존재에 관한 의미를 얻는다. 이 지향대상들은 당연히 의미가 전회되는 의미소재로서의 역할도 가지게 된다.

둘째, 행동은 반드시 세계의 어떤 장치 안에서 나타난다. 모든 경험은 자기 무대를 가지고 있다! 예컨대 행동 하나하나에는 물리적 위치가 있다. 그 위치에 의해 행동이 머무르는 공간의 크기와 형상과 거리 등 지리적 정보가 정해진다. 그리고 공간의 물리적 환경이 정해진다. 공간적 장치 외에도 행동은 여러 다른 무대 이를테면 시간적 배경, 사회제도적 배경, 문화집단적 배경을 장치로 사용한다. 추석, 부활절, 누구의 생일 등에 엮인 사람들 행사에는 아마도 시간적 장치가 가장 중요할 것 이다. 노동조합원들의 단체행동, 학교행사 등의 주요 장치는 역시 사회조직일 것이다. 이들이 모두 행동의 장치이다.

행동이 진정한 의미의 행동(우선행동)과 그렇지 않은 행동으로 구분되는 것처럼 장치들 사이에서도 중요도의 차이를 분간할 수 있다. 다수의 장치들 중에는 특히 중요한 행동의 무대가 되는 중요 장치 즉 우선장치가 있다. 물론 반대로 그다지 중요치 않은 행동에 이용되는 중요치 않은 장치도 있을 것이다. 우린 특별하고 의미 있는 우선행동의 장치를 장소라고 부른다. 장소에는 물리적 공간뿐 아니라 시간적, 사회문화적 장치도 포함된다. 그리고 우선행동이 가져다 주는 의미는 장소 안에 전회되어 장소와 함께 보관된다. 예컨대 골목길이나 집 앞 가로, 언덕, 아파트 단지의 커뮤니티시설과 그 앞마당, 상가 문방구 옆 공터, 공원의 특별한 부분, 학교 운동장 등은 아이들의 중요 행동과 일상적 심성이 녹아있는 의미의 기호가 될 수 있다.

셋째, 행동은 마치 생물체가 성장하듯 적시적소에 적절한 영양분을 공급받아 성숙한다. 물론 그 일부는 자아로부터 동기나 의지의 형태로 투여된다. 이런 뜻에서 행동은 동기의존적이다. 덧붙여 행동은 주변 세계로부터 영양을 취해야 한다. 세계에서 실용적인 재료를 얻어야 행동이 성립된다. 행동은 세계의존적이며 자원의존적이기도 한다. 휴식이나 공부는 예컨대 일정한 공간과 의자와 테이블을 이용한다. 행동은 이처럼 사물의 물리적 속성을 자원으로 채택한다. 산책과 같은 행동은 고즈넉한 분위기나 자연이 주는 생명감 혹은 선선한 그늘을 필요로 한다. 행동은 이처럼 환경의 질적 양태적 속성을 자원으로 채택하기도 한다. 자원이란 이 모두를 뜻한다. 세계의 요소 중 특정 행동을 위해 탐색되고 취득되며 합목적적으로 이용되는 재료, 도구적으로 소모되는 기능적 재료 모두를 말한다.

이렇게 보면 세계는 자원의 밭이다. 세계 요소는 경험의 대상이나 장치로서의 역할과 동시에 자원으로서의 역할도 지니고 있다. 예컨대 꽃나무를 가꾸는 행동에선 꽃나무와 꽃밭이 경험의 대상과 장치가 된다. 여기에는 또 가족, 정원장비, 물, 흙, 관련경험 등이 함께 이용되며, 이들이 모두 자원이 된다. 자원이 적절히 제공되면 사람들의 행동들이 적절한 방식으로 나타날 것이다. 만약 이 행동이 사람들의 소중한 의미와 연관된 것이라면 의미는 행동이나 장치뿐 아니라 자원들로도 전회될 것이다. 몇몇 자원은 사람들의 의미를 담은 소재기호가 되어 의미를 보관하고 상기하는 역할을 가지게 된다. 우린 한 번 사용한 소중한 자원을 스스로 폐기하는 법이 없다. 그들은 다음 차례의 경험에서 재활용되거나 내 기억 속에서 재생된다. 의미 상징의 매체가 된다.

(4) 상황에 있는 의미 ― 지금까지 우린 거주의 의미가 자아, 인간 행동, 세계의 대상과 장치와 자원에 전회된다고 말하였다. 인간, 세계, 경험행동 모두가 모종의 인간적 의미를 담는 소재로서 이용될 가능성을 지니고 있다. 물론 각각이 개별적으로 작용하는 경우도 많다. 하지만 일상 거주에서 대개는 몇 개 요소가 뭉쳐 하나의 상황 내지 사태로 사건화된다. 예컨대 학교 파한 후 건너편 상가 문방구 앞 아이들 놀이에서는 독자적인 소재적 잠재력을 가진 요소들 즉 아이, 친구들, 공간, 놀이행동, 놀이도구, 일정 시점 등이 모여 형성한 독특한 삶의 양상 하나가 드러난다. 한 아이의 삶의 가치는 이들 중 어느 것 하나에 전회될 수도 있고 또 전체 장면에 전회되어 보관될 수도 있다. 우리의 기억은 대부분 일개 요소보다는 요소들의 묶음을 단위로 편성된다. 마로니에 나무, 나무 밑 가로등, 저녁나절 우리의 만남, 어설픈 대화들, 작은 행복과 아픔들, 그리고 그 사람. 물론 이들 중 몇몇은 각각 독자적인 소재로 기억될 것이다. 덧붙여 이들이 모인 하나의 상황도 틀림없이 관련자의 소중한 의미를 품게 될 것이다. 우린 사람들 삶의 의미가 상황에 소재해 있다고 말할 수 있는 것이다.

상황을 학술적으로 복잡하게 정의할 필요는 없다. 사람들 삶에 관한 짧은 이야기 내지는 한 단면이 곧 상황이다. 우린 어느 누구의 진솔한 삶의 이야기를 듣는 일에 흥미를 느낀다. 사람들 사이의 사건에 관심을 기울인다. 여유로운 시간 중에 듣는 가슴을 울리는 삶의 이야기는 특히 더 그렇다. 어떤 이야기를 말하려 할 때 우린 어김없이 상황을 건드린다. 물론 이야기가 꽤 길게 늘어질 때는 여러 상황들을 꿰어야 할 것이다. 모든 이야기에는 늘 사람(들)이 등장하고 타인이나 사물이나 사회문화나 행위사건 같은 대상이 등장하며 또 하나 이상의 장치가 등장한다. 그리고 그 속에서 우린 어떤 사람의 경험이라고 말할 수 있는 표상, 실행, 해석의 한 묶음을 가늠할 수 있다. 자아, 세계, 행동경험 중 한 가지라도 빠지면 그것은 하나의 이야기가 되지 않는다.

요소들이 복합 작용함으로써 한 상황에 담긴 의미의 강도내지는 선명도가 증폭되는 경우가 많다. 나무 한 그루로 부족한 것처럼, 요소 각각만으로는 의미에 관해 할 말을 충분히 다하지 못한다. 그러나 살구나무 한 그루, 그 옆의 아이들, 아이의 손톱을 깎아주는 '나', 한낮의 무료한 시간 같은 것들을 한데 조합하면 우린 그로부터 '삶의 시간과 생명의 성장, 쇠락의 섭리'까지도 읽을 수 있다 (문태준의 시 '살구꽃은 어느새 푸른 살구 열매를 맺고'에 실은 김주연의 해설). 하나일 때보다 모여있을 때 갑자기 색다른 삶에 관한 이야기가 엮이게 되고 또 그것의 의미론적 강도가 배가되는 것을 볼 수 있다.

이 시점에서 우린 어쩔 수 없이 상황과 장면의 차이에 대해 다시 말해야 한다. 의미가 자아, 세계, 경험행동으로 전회된다고 할 때 우린 궁극적으로 의미가 한 묶음의 현세적 사태로 전회된 결과 즉 상황소재 내지는 장면에 대해 말해야 한다. 상황은 의미를 담을 준비가 되어 있는 사태를 이른다. 손에 쥔 기차표나 전당표 저당쪽지를 물끄러미 바라보는 것처럼, 우린 다소 객관적인 태도로 한 상황을 바라볼 수 있다. 하지만 그것이 인간적 의미소재가 되면 우린 사람들의 연민이나 깊은 사유에 기대어야 한다. 의미기호로 변모한 상황은 객관을 초월한 개인적 현상으로 바뀌며, 덤덤했던 이야기가 돌연 색이 진해지고 또 가슴의 울림이 있는, 말하자면 살아 숨쉬는 의미의 이야기가 된다. 이런 사태가 곧 장면이며 삶의 풍경인데, 이것은 화자의 떨리는 마음의 느낌과 생생한 기분이 스며든 삶의 모습이다. 장면은 삶의 정념을 알알이 담아 저장하는 그릇이다. 장면의 모습을 보면 그 속에 진정한 인간들 의미가 있다.

생활세계: 현상적, 형상적 의미실재

누가 '당신은 무엇을 위해 사는가' 물으면 우린 아마도 각자가 가지고 있는 소망, 나름대로의 신념, 이루고자 하는 무언가를 위해 산다고 대답할 것이다. 만약 누가 또 '당신은 어디에 사는가' 물으면 우린 뭐라고 대답할까? 흔한 번지수나 아파트 동호수는 물론 아닐 테고, 남들도 다 알며 누구나 당연히 살고 있는 그곳, 저 넓은 바깥세계 우주 어딘가라고 말할 것 같지도 않다. 진정 이루기를 소망하는 무언가를 위해 사는 것이라면 그리고 살면서 소망에 관해 조금이라도 무언가 얻은 것이 있다면, 우리가 지금 사는 곳은 틀림없이 각자 내면의 의미의 세계 어딘가가 아닐까? 이 명철하고 소중한 의미실재는 누구에게나 다 있는 것인데, 우린 이 곳을 생활세계라고 부른다.

후설이 처음 말했던 생활세계는 후설 이후 현상학 계보의 슈츠, 사회학이론의 기든스, 비판이론의 하버마스 등에 의해 발전되었다. 이들이 철학이나 사회학에서 말하는 생활세계는 한 사람의 일상 있는 그대로의 모습이 담긴 순수 일상의 세계로서, 그가 가장 정확히 그리고 극히 자연스럽게 이해하고 있는 현존하는 개인의 원초적 존재영역을 말한다. 이는 하나의 삶이 순수 모습 그대로 보이는 부분, 행위와 의식이 가장 편안한 방식으로 일어나는 영역이다. 내 존재의 본질적 순수성이 기거하는 세계라고 말해도 좋다. 그러므로 처음 질문으로 돌아가서, 내가 거주하는 번지수를 말하라면 그것은 저 드넓은 실체세계 중에서 나의 일상활동과 생애의식이 삶이라는 하나의 제도에 의해 영위되는 바로 그 부분, 생활세계일 것이다.

예컨대 하버마스는 생활세계를 대중의 문화적 의사소통의 세계로 정의한다. 그에게 있어서 이 세계는 극단적 효율성을 신봉하는 온갖 이념들 그리고 '목표-수단'의 합리적 이성주의에 의존하는 현실 신념들에 대항하는 민중의 문화적 신호의 세계이다. 자본경제시스템, 과학지상주의, 기술의식주의, 정치관료체계 등 외압적 규율권력에 대항하는 순수대중 안에서 발현하여 대중 사이를 관통하는 상징적 의미세계이기도 하다. 자성적 민중이 자유로운 의사소통과 정보교류의 기제를 이용하여 자신들의 세계에 대한 의미체계와 상호이해의 시스템을 확보하고 이를 근거로 현실참여를 향한 동기와 신념을 획득한 세계를 말한다. 여기서 하버마스가 말하는 의미란 자기 고유세계의 본질에 대한 이해를 뜻하며, 자유로운 의사소통을 향한 동기이고, 자기 문제의 자발적 해결을 향한 신념을 뜻한다. 흥미롭게도 하버마스의 정의는 우리가 사용하고 있는 키워드들, 예컨대 인간의 자유 의사소통과 해석, 상징과 의미의 구축, 동기와 의지, 행동으로의 실현과 현실참여 등을 포함하고 있다. 하버마스에게 있어서 생활세계의 부흥, 의미와 신념의 부활은 시대적 당면과제이다. 이를 해결하기 위해 그는 사람들이 어떻게 스스로 교류하고 어떤 방식으로 자신들의 상징적 의미를 형성하는지를 이해해야 한다고 주장한다.

우리도 이 기본적 정의에서 출발해보자. 그러나 우린 무엇보다도 삶의 의미와 도시건축 세계를 강조해야 한다. 의미론과 도시건축에 입각해서 생활세계의 개념을 좀더 정밀하게 정의할 필요가 있다. 우리에게 생활세계는 끝없는 일상경험의 순환에 의해 세계의 요소들이 있는 그대로의 모습을 드러내는 존재의 영역이다. 그 속에서 주위를 둘러싼 세계 요소들이 생애에 어떤 의미를 던지고 있는지를 개인의 의식으로 소화하고 해석한 자기 의미의 실재이다. 세계와 자아가 만드는 생애상황들이 일상적으로 토해놓는 경험적 사건들의 연속이고, 동시에 이 혼돈의 생애상황이 인간 의식에 의해 정제되어 의식 안에 안주한 실존적

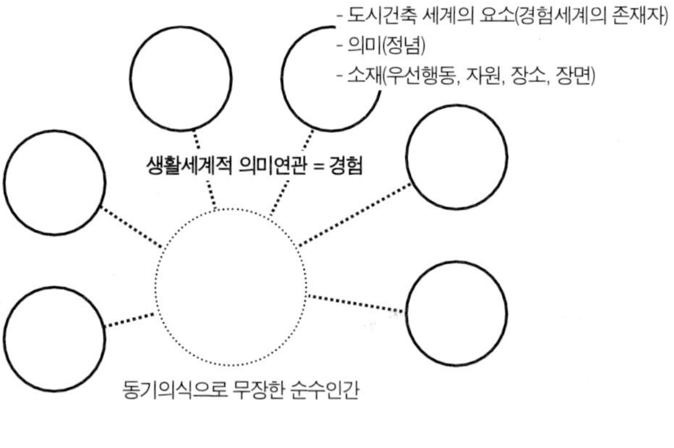

실재 = 의미세계 = 생활세계. 주위를 둘러싼 도시건축적 거주세계의 수많은 것들로부터 나는 삶에 소중한 의미를 주는 것들, 삶의 가치에 중요한 것들로 의미실재를 구축한다. 생활세계는 의미와 소재로 이루어진 단위들의 네트워크이다. 실존을 정의하는 테두리이다. 이것이 풍요롭고 다양한 것들이면 좋겠다. 이것이 도시건축 실무가 지향할 목표이다.

영역이며 거주의 장이다. 저 밖은 넓고 험하며 혼돈스럽다. 그 지식은 위태롭고 불완전하다. 이제 자기 일상의 의식과 행동과 생활장면들이 다다르는 편안한 거리를 반경으로 하여 동그라미를 하나 그려보자. 그 안에서 각각은 자신에게 가장 타당한 지식으로 가장 자유로운 방식을 통해 세계와 자신에 대해 말할 수 있다.

하나의 차원에서 또 다른 차원으로 가뿐히 이동하는 인간의 이 놀라운 본성. 현실로부터 내면을 그려내는 본능적 예지력에 대한 경외. 그 결론은 고유의식과 의미의 영역, 자기를 중심으로 전개되는 존재가치들의 질서. 세계에 대한 끊임없는 타자 유비적 의식작용에 의해 탄생하는 하나의 주관적 실존영역. 이것이 의미론적 생활세계이다. 객관적 세상은 경험을 통해 걸러져 이 영역 속으로 전향되고, 그 속에서 인간은 완전한 깨어있음wide-awake을 터득한다. 이제 한 사람의 생애실재는 세계가 현상되어 관념으로 정착한 이 주관세계 속에 존재하게 된다.

이 실재는 끊임없이 다가오는 외적 정보들을 이해하고 계측하는 근거이며 관측 준거이다. 앞으로 다가오는 생애경험들은 이것을 기준으로 해석된다. 그러므로 이 실재 안에서는 과거와 현재와 미래의 것들이 하나로 묶여진다. 그 속에서 나는 자유롭다. 현실의 모든 것 그리고 나의 경험 모두가 정확하게 내 존재를 중심으로 해석된다. 보는 것, 듣는 것, 만지는 것은 실상 진정한 내 것은 아니요, 나의 존재목적으로 해석한 후의 것이 참된 나의 것이다. 누군가의 의도와 이념으로 제도화된 외재가 그 외압적 권위를 잃고 순수자아의 질서로 새롭게 제도화되는 곳, 이것이 내재적 생활세계이다. 내가 느끼고 생각하고 행동하는 세계, 매일의 경험통로를 거쳐 나타나는 편안한 일상의 의미와 소재들이

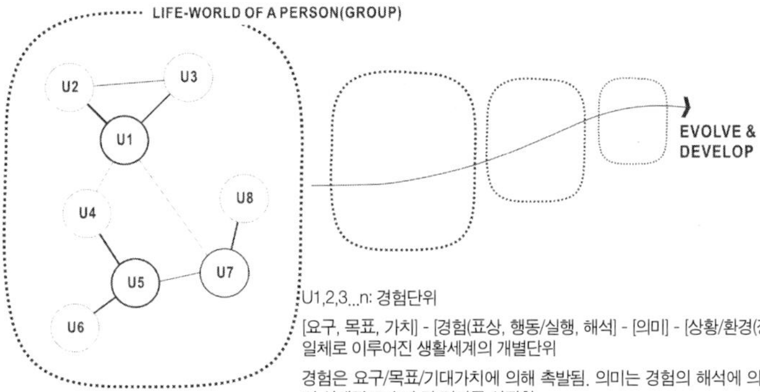

U1,2,3...n: 경험단위

[요구, 목표, 가치] - [경험(표상, 행동/실행, 해석] - [의미] - [상황/환경(장소, 자원)]의 맥락적 일체로 이루어진 생활세계의 개별단위

경험은 요구/목표/기대가치에 의해 촉발됨. 의미는 경험의 해석에 의해 결정됨. 현실상황의 실체적 요소가 각 의미를 상징함.

단위들은 중요순위 프로파일, 연관성(유사, 근접, 인과), 시퀀스의 관계 안에서 하나의 구조적 질서를 형성 (예, U1은 U2보다 우선행동, U1-U2의 관계는 U1-U4의 관계보다 강한 연관성을 가지고 있음

생활세계는 경험단위의 내용의 변화, 단위의 프로파일, 연관성, 시퀀스의 변화, 구조적 견고성의 변화 등에 의해 지속적으로 진화하고 성장함

생활세계는 장면들의 구조 즉 라이프 프로그램이다. 그것은 자의식, 경험, 세계의 대상과 장치, 의미, 소재가 모인 인식단위들의 구조이다. 그러므로 인간 동기의식, 우선행동, 세계 자원, 사람의 정념적 관념, 그리고 이 관념이 전회된 실체기호들(장소, 장면 등)의 네트워크이다. 당연히 생활세계는 진화한다. 자신이 접하고 있는 세계의 양상 그리고 그 속의 자기 위치가 변하고 있으며, 그 세계에 자기를 투입하여 타자 유비적 이해를 수행해야 하는 나의 의식도 수시로 진화하고 있다. 따라서 유의미 장소들도 생성 소멸을 반복하며, 의미의 생활장면들도 생겨나고 사라지길 거듭한다. 생활세계는 그야말로 간단없이 변화한다. 그럼으로써, 후설이 말한 것처럼, 세계에 대한 나의 지평구조는 무한 전개된다.

적재된 곳. 이 곳의 질서는 견고하고 일관적이어서 더 이상 혼란스럽지 않다. 그 속에서 정신은 일상적이며 편안하고 자연스런 행보를 계속할 수 있다.

이처럼 생활세계는 융합의 장이다. 이 안에선 의미실재를 만들기 위해 한 사람이 거쳐야 했던 여러 과정과 요인들의 모습이 보인다. 이것은 의미들이 축적된 고요한 지식의 바다이며 동시에 경험과 의식이 활화산처럼 작동하는 동적 세계이기도 하다. 의식이 생성되는 원천이며 동시에 의식이 안식을 취하는 종점이다. 삶을 관통하는 자의식이 바

닥에 깔린 채 현실사건과 물질개체들이 우글거리고 있다. 말하자면 그 안에는 자아(현존의식, 동기와 의지), 세계(대상, 장치, 자원), 경험(표상, 실행, 해석), 의미(감성, 실용, 상징), 소재(우선행동, 세계의 대상과 장치, 상황과 장면) 등 사람의 거주에 관여하는 영역들이 교합하여 이루는 총체가 있다. 하나씩 간단히 살펴보자.

(1) 자의식의 생활세계 — 생활세계는 자의식이 머무는 은신처이다. 초월적 현상의 세계이다. 빙 둘러싼 세계와 간단없이 충돌을 거듭하는 자아. 바깥세상으로부터 쉴새 없이 밀려오는 자극의 물결. 어디 고요한 세계 속으로 침잠을 꾀하려 해도 마음 속에서 착종하는 어쩌지 못할 수많은 의식의 선들. 내가 세계에서 존재한다는 이 작용을 견지하기 위해, 어떤 형태로든 어떤 수준에서든, 나는 의식 속에서 소용돌이치는 언어들을 정리하여 세계로부터 어떤 유의미한 형상을 정제해내야 한다.

자신이 만든 이 유의미의 형상 속에서 모든 과학적 증빙절차는 수포로 돌아간다. 그 누구도 이것이 현실과 괴리가 있다고 반박할 수 없다. 스스로 칠한 의미의 색채가 현실의 색과 닮지 않은 것은 아닐까 하는 의구심은 떨쳐버려도 좋다. 심지어 이 괴리의 문제는 자기 자신조차도 증명하지 못한다. 하지만 자신만의 이 유의미 안에 존재하는 모든 것 그리고 그 안에서 벌어지는 현상들 모두는 진실된 것이다.

자의식의 생활세계는 매우 순수하며, 일체의 선입견을 배제한 상태이다. 하기야 자신을 정결한 백지로 만든 후 사물이나 타자와 조우하면 그것의 존재나 입장이 자기 것처럼 선명해질 수 있겠다. 이를테면 이것은 주관으로 시작하였으나 객관이 얼핏 주관이 되면서 주관과 객관의 경계가 허물어지는 풍경이다. 세계의 존재는 나의 존재와 동일한 지평에 놓이게 된다. 이러면서 나는 세계의 의미를 정확하게 이해한다. 우린 이것이 하이데거의 세계 내 존재의 참뜻임을 알아차릴 수 있다. 노에시스(의식작용)-노에마(의식대상)의 구조에서 발현하는 세계에 대한 참 의미 창출의 생생한 의식적 움직임을 말한다.

그때그때 대상을 향한 내 의식의 순수 지향성. 그리고 이에 의해 현실세계에 내 순수한 내면이 겹쳐지면서 세계가 갖가지 의미로 빛나는 형상을 상상해보라. 의식의 이 활동적 움직임 그리고 나와 세계의 풍요로운 의식적 교착을. 세계의 다양한 사태가 내 청명한 의식의 거울, 그 포용력 넘치는 의식적 바구니의 반사작용 속에서 새롭게 하나의 의미로 다시 태어나 반짝이는 하나하나의 모습을.

(2) 경험의 생활세계 — 생활세계는 작은 경험단위들로 구성되어 있다. 그것은 감동적인 감각과 지각, 인지와 표상, 행동체험들, 그리고 의미로 점철된 생애상황들이 모인 조직이다. 이 체험들은 모든 것이 떨어져 나간 후에도 끝까지 남아 내 존재이유를 증빙하는 최종의 것들이며, 내가 하려 하고 또 나만이 할 수 있는 삶의 사건들이다. 의미와 직결된 우선행동들과 그들이 만드는 생애장면들이 줄지어 선 채 길고 크게 엮여 이루는 한 사람의 생애구조, 하나의 '라이프 프로그램'을 말한다.

생활세계를 열어보자. 이건 어렵지 않다. 누구의 생활세계를 열어보고 싶으면 그 사람의 일상경험들을 끄집어내어 그것들의 프로파일과 연관성과 시퀀스의 관계를 파악하면 될 것이다. 하나의 경험이란 생애상황이나 사건 그 하나하나를 말한다. 실제로 우린 상황을 경험하는 것인데, 그것을 행동으로 경험한다. 그러므로 누구의 생활세계를 열면 그 사람의 생애상황 즉 일상행동의 구조를 볼 수 있다. 특히 의미의 행동들 즉 우선행동들이 보인다. 우린 그 속에서 과거와 현재와 미래의 체험과 행동들이 서로 연관성을 맺고 하나로 묶여 움직이는 모습을 살펴볼 수 있다.

다른 시시하고 사소한 행동들 말고 사람들 삶의 가치와 직결된 행동들만 모아보자. 이들이 모여 만든 생애의 프로파일, 장면의 네트워크, 이것이 그 사람의 라이프 프로그램이며 생활세계이다. 사람의 의식 속 생활세계를 행동이나 체험장면으로 번역할 수 있다는 것은 흥분되는 일이다. 행동들과 장면들로 사람들 의미실재를 그려낼 수 있다니! 이를테면 10년 전 당신의 라이프 프로그램 안에 있었던 빛나는 사건들은 무엇이었나? 지금 여러분의 생애장면 속에서 이것 저것 가리킬 수 있는 삶의 중요 과제들은? 자신이 예감하는 미래의 의미로운 생애장면들은? 생에 관한 가슴 벅찬 각가지 느낌으로 터져버릴 것 같은 삶의 작은 부분부분들. 우리를 감동케 하는 삶이라는 것. 우린 뜻 깊은 생애가치들을 기대하며 끊임없이 닥쳐오는 이 경험의 파도를 마다하지 않는다. 스스로에 대해 항상 무언가를 요구하며 삶을 희망으로 채우는 것은 자기 생애를 진정 가치 있게 만드는 일이다. 사람들의 생활세계를 가만히 쳐다보면 의미의 경험상황들이 보일 테고 그들의 삶의 동기와 체험과 행동과 장면들이 보일 것이다.

(3) 대상과 장치의 생활세계 — 생활세계는 드넓은 외적 현실 중 한 사람의 일상적 존재의식이 안착한 부분이다. 그러므로 그것은 무한의 영역 중에서 사람이 체험하는 세계의 요소들이 옹기종기 모인 영역

이다. 일상에서 의식이 빛을 발할 때마다 그 빛이 도달하는 도달점, 세계의 대상과 장치들. 생활세계는 이같이 존재에 특별한 의미를 가져다 주는 세계적 실체들의 집합이다. 세계 중 무의미한 부분이 분리된 후 나머지 부분들, 의미로 함축된 실체들의 영역이다.

주거지 아이들의 세계를 예로 들어보자. 동네환경과 아이들 일상에 관한 연구는 흔히 아이들에게 그들이 좋아하는 사물이나 행위 혹은 장소를 그려보라고 부탁한다. 아이들의 머리와 가슴 속을 열어보고 그 속에 각인된 세계의 모양을 그려내려는 노력이다. 그 안에는 집과 학교가 있고, 부모나 할머니도 나타나며, 꽃과 나무와 새가 보이고, 공원과 운동장도 있다. 그들만의 비밀스런 놀이장소에 관한 암호도 포함되어 있다. 인터뷰까지 곁들이면 꽤 많은 것을 알아낼 수 있다. 어떤 세계요소들이 한 아이의 내면세계를 구성하고 있는지 그리고 그 아이가 이들로부터 어떤 가치를 길어내고 있는지를 이해할 수 있다.

누구나 꿈과 소망을 품지만 그것을 실현하는 방법은 그 사람의 열정과 적극성 그리고 창조적 본성이 좌우한다. 그리고 이 방법의 큰 부분은 그 사람이 처한 외적 환경 즉 그 사람이 선택한 자신의 세계적 사태에 의해 영향을 받는다. 꿈을 실현하려는 사람 앞에 온갖 방해물과 훼방꾼만 들어차 있다면 곤란하지 않겠는가? 의미는 세계 속 여타 존재자들과의 관계에 의해 탄생한다. 그것은 순수이성이나 추상관념으로부터가 아니라 생애를 둘러싼 세계의 현실적 실체들, 늘 바라보는 것들, 자연스럽게 맞닥뜨리는 대상들로부터 온다.

여기 이 세계 존재자에는 물론 타인들도 포함된다. 이들은 내 경험이 지향하는 대상으로서 혹은 자원으로서 내 생활세계 속으로 포섭된다. 생활세계는 이처럼 타자들과의 공존을 전제로 한다. 나는 내 아이, 남편이나 부인, 이웃, 동료, 심지어는 내가 공감하고 있는 어떤 작가나 사회운동가를 있는 그대로 이해하여 그들로부터 나와 그들에 관한 의미를 추론한다. 그렇게 함으로써 그들의 생활세계는 나의 것과 중복된다. 예컨대 진정한 소통이란 나와 가족의 생활세계, 나와 이웃의 생활세계가 서로 가까이 다가와 중첩을 이뤄내는 그 영역에서 가능해진다. 이 중첩부분은 나와 어떤 식으로든 의식의 끈으로 연결된 다른 사람들의 생활세계가 나의 것과 순간순간 겹쳐지기를 반복하면서 나타난다. 내 생활세계는 그것 속에 존재하는 중요 타자들의 생활세계의 모자이크이다. 세계를 향한 나의 의미란 것이 모두 이렇다. 남들도 가지고 있으며, 세계의 대상 각각이 또 나름대로 가지고 있는 것들이 스스럼없이 부딪치고 스쳐 지나가는 세계적 교합이다.

(4) 의미의 생활세계 – 생활세계는 의미세계이다. 그침 없이 세계와 부딪치면서 우리 의식은, 마치 종이 한 장이 각가지 색의 붓칠로 채워지듯이, 여러 정념의 의미들로 모자이크를 이룬다. 생활세계는 개별 경험으로부터 응축된 각각의 의미들이 한데 모여있는 총체적 합이며 이들의 구조적 웹이다. 세계와의 대면이 우리 육체와 의식을 본격적으로 작동시킨다. 우린 몸과 영혼을 앞세워 세계 안에서 감지와 행동과 사유의 순환을 반복한다. 경험은 창의적이며 섬세한 제조과정이다. 목적의식과 자유의지가 가리키는 방향으로 한발 다가서면 크게 애쓰지 않아도 삶에 관한 사상 하나를 얻게 된다.

노에시스, 세계의 객체를 있는 그대로의 의미로 내 의식의 거울에 반사시키는 일. 하지만 20세기 현상학의 치밀한 철학작업 속에서 노에시스에 비쳐진 노에마의 의미는 단지 깨달음의 사상, 인식의 문제로 한정 지어지지 않는다. 인식이 무엇인가? 인식은 사물에 대해 그것의 참을 분별하여 깨닫는 일인데 우린 이제 막 먹기 시작하려는 도넛 한 조각의 진리에 대해서조차도 명료하지 않다. 깨달음이란 지성과 오성이 지휘하는 이성적 절차인데, 우리가 이 세계의 순수이해에 관한 문제를 교과서적 논리 패키지 안에 온전하게 담아낼 수 없음은 자명하다.

명백하게도, 세계와 나 사이의 메시지에는 이미 인식적 논리로 논증하기 힘든 비이성적 타래가 함유되어 있다. 각자의 존재에는 늘 저 바깥세계에 대한 완숙한 이해라는 숙제가 주어지는데, 이성으로는 이 숙명적 과제의 어느 한쪽 면만이 치유될 뿐이다. 사람, 사물, 사건 속의 참이란 무엇인가? 말하자면 세계를 이해한다 함에는 근원적으로 감정의 편린이 함유되어 있다. 마음의 기미가 일절 배제된 채 시퍼런 지성에 의해 재단되는 절대적 이성의 세계란 없다. 삶의 의미를 깨닫는 일에서 마음의 영향을 지워버릴 수는 없는 일이다. 그러므로 세계와 나에 관한 의식작용, 내게 진리로서 다가오는 현실, 나의 생활세계는 세계 요소들이 내 의식에 투사하는 정념적 관념들로 짜여있다. 이것은 이성과 감정, 정신과 마음이 정신 없이 교차하여 만들어내는 하나하나의 빛들이 한꺼번에 불을 밝히고 있는 모습과도 같다.

세계에 관한 마음의 픽처. 공존하는 세계의 것마다 자신의 백색 의식에 투영된 공존자의 의미에 대해 고개를 끄덕이는 일. 그 의미 하나하나를 모심기 하듯 세계 여기저기에 돌기를 만들어 심어놓고는 이들을 자기 시간의 끈으로 엮어나가는 일. 이런 의식작용에 의해 맺어진 각 대상과 나 사이의 의식의 끈으로 모든 존재의미를 다시 직조하는 일. 경험으로 깨달아 만든 저 세계에 대한 이 내면의 타피스트리. 그 속에 담긴 의미는 끊임없이 삶과 행동과 의식에 관한 정보를 반사한다. 그리하여 세계를 이해하는 방식, 각각의 대상과 대면하는 양식, 행동의 방법들을 지시한다. 이것은 관념이나 추상 혹은 선험적 이성이나 무의식을 떠나, '나' 라는 존재와 저 생생한 현실세계가 대적하는 푸르고 붉은 일상의 행군에서 나오는 극히 현세적인, 각자의 삶에 관한 메시지이다.

(5) 소재의 생활세계 — 하나의 경험이 끝난 후 '아, 이것이 진리구나' 하고 느끼는 그것, 나와 세계의 존재이유에 관한 해답 하나를 얻으면 그것은 다시 세계 속으로 스며들어 자리를 옮긴다. 그러면 세계는 의미를 품에 안고 스스로 반짝이는 기호가 된다. 생활세계는 기호체계이다. 생활세계는 현실이 의미로 개시된 나의 내적 의미구조인 동시에 이 내적 구조가 외적 세계로 전회되어 이루는 외적 소재구조이다. 말하자면 생활세계는 내외적 의미체계가 상응하여 일치를 이룬 곳이다. 전회는 대상의 경험이 주는 결과를 그 대상에 다시 얹어놓고 대상과 의미를 하나로 묶어 저장한다. 대상은 경험이 낳은 의미의 숙주가 된다. 말하자면 생활세계에는 한 사람이 보유한 의미숙주들이 모두 한데 모여 있다.

앞서 우린 의미가 크게 자아, 행동, 세계, 상황 속으로 전회된다 하였다. 이들이 의미의 기호이며 숙주인데, 이들 모두가 한 사람의 생활세계 안에 분포해 있다. 물론 현상적 소재도 있고 형상적 소재도 있을 것이다. 생활세계 안에서 기호마다 자기 있을 곳에 제대로 놓인 채 다른 것들과 긴밀하고 정연한 관계의 질서를 맺고 있다. 심지어 우린 이들 소재마다 번호를 매기고 그것이 하나하나 품고 있는 의미콘텐트를 종이에 일일이 적어볼 수 있다. 이 시대 도시의 상실과 소외를 나타내는 소재는? 그 치유를 암시하는 실체는? 거주의 기쁨과 행복, 충만함과 건강함, 존재감과 일체감을 상징하는 기호는? 각자는 자기 생활세계 속의 기호를 한치의 오차도 없이 정확하게 의미로 번역할 수 있다. 자기 생활세계 속에서 각자는 예컨대 집, 공원, 놀이터, 운동장, 부모와 할머니, 꽃, 나무, 새 하나하나를 그리고 각각이 말해주는 삶에 관한 메시지를 정확하게 그려낼 수 있다.

실상 생활세계는 모든 의사소통의 준거이다. 생활세계는 기호들의 체계인데, 그 기호들이 가견적이고 공유 가능한 것이기 때문이다. 그들은 관념을 실체를 통해 대신 말해준다. 그리고 실체는 만지고 볼 수 있는 의사소통 수단이다. 나는 기호 하나를 소통언어로 이용하여 그 속에 담긴 의미를 나 스스로에게 혹은 다른 이들에게 전달한다. 똑 같은 방식으로 다른 사람은 그 사람의 기호를 동원하여 자기가 말하려는 의미를 내게 전달한다. 기호를 이용한 나의 세계와 너의 세계의 소통, 실체에 의해 전달되는 집단간 생활세계의 소통이다. 이처럼 의미에 관해 누군가와 기호로써 소통한다는 점 그리고 기호가 실체적이라는 점은 도시건축 실무에게 대단히 고마운 일이다. 기호가 없었다면 인간 삶의 그 오묘한 작동을 결코 쉽게 이해할 수 없었을 것이다. 더욱이 인간 생활세계 속의 기호라는 것들은 도시건축 실무의 일상적 전문어휘와 크게 다르지 않다. 이를테면 인간행동, 세계의 대상과 자원, 장소, 장면과 같은 소재들은 인간과 실무의 공용언어이다. 인간의 내면적 언어가 실무의 전문적 언어와 일치하고 있다니! 인간이나 그들 삶에 관한 문제에 관심과 배려를 가지고 있는 도시건축의 휴머니스트들은 자신들이 늘 다루는 기호적 어휘를 통해 인간고객과 소통할 수 있다.

이처럼 생활세계는 한 사람이 행하는 거주의 모든 절차 그리고 그 결과가 응축된 의미와 인식의 세계이다. 그것은 자의식의 세계인 동시에 사람이 경험하는 주변 대상들의 집합이다. 편안한 일상 체험의 연속이며, 이로부터 얻는 의미와 가치에 관한 의식의 체계이다. 또 의미가 전회된 소재기호들의 구조이기도 하다. 말하자면 거주를 이루는 다섯 가지 축 즉 인간, 세계, 경험, 의미, 소재의 합인데, 이 중에서도 한 사람의 생애의미로 완결되고 그 사람의 실존의 빛을 지켜주는 절실하고 소중한 부분들, 예컨대 절실한 동기의식, 소중한 자원과 장소들, 우선 행동, 가장 가치 있는 의미들과 그 소재들로 정제된 의미의 실재이다. 여긴 물렁거리며 유연한 관념이 흐르는 곳이며 또 관념을 대변하는 구체적 실체들이 이정표처럼 곳곳에 버티고 서 있는 곳이다.

그러므로 우린 이 구체성을 이용하여 생활세계를 해명할 수 있다. 이를테면 우린 생활세계가 유의미 생활장면들로 구성된 장면의 네트워크 즉 라이프 프로그램이라고 말할 수 있다. 장면들이 라이프 프로그램으로 엮여 한 사람의 의미실재를 만든다. 이 안에는 그 사람의 우선행동들이 과거로부터 현재 그리고 미래로 이어지는 선 상에 도열해 있고, 행동들마다 그것이 이용하는 세계의 자원들, 예컨대 바람과 물과 나무와 길과 놀이터 등이 정연하게 자리를 잡고 있다. 물론 생활세계는 장면의 시공간적, 사회문화적 장치로서 장소들의 네트워크라고 요약해서 말할 수도 있다. 장소에는 인간 동기와 우선행동과 자원 그리고 의미가 공존하기 때문에 장소를 잘 살피기만 해도 생활세계의 실체가 드러난다.

이 우선행동, 자원, 장소, 장면의 네트워크는 양적으로 또 질적으로 변화를 거듭한다. 우선행동과 의미연관의 양과 질은 사람의 동기의식이 크고 강렬할수록 증가할 것이다. 또 세계가 풍요롭고 너그러우며 그 자원이 다양할수록 늘어날 것이다. 장소의 수 역시 장면의 수와 정비례의 관계를 가지고 있다. 마음의 장소, 소중한 의미의 장소들이 많은 생활세계에는 의미와 가치도 풍요롭다. 생활세계의 수준 즉 '삶의 질' 은 이처럼 자아의 동기가 얼마나 다양하고 강력한가, 우선행동이 얼마나 나타나는가, 세계(자원)는 그 행동들을 지원하는가, 얼마나 많은 유의미 장소들을 보유하고 있는가, 그리하여 얼마나 다양하고 의미 있는 장면들로 이루어져 있는가에 달려있다.

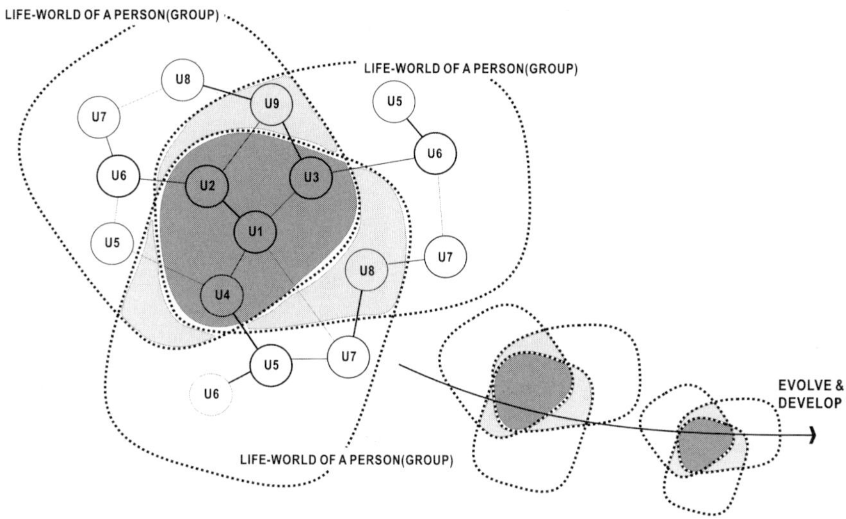

U1,2,3...n: 경험단위, [요구, 목표, 가치] - [경험(표상, 행동/실행, 해석] - [의미] - [상황/환경(장소, 자원)]의 맥락적 일체로 이루어진 생활세계의 개별 구성단위

U1, U2, U3, U4: 경험단위들 중 세 개인(집단)의 생활세계가 공통으로 수행하고 보유하는 공유경험들 (공동목표, 공동행위, 공동의미, 공동장소, 공동자원 등), 세 집단간 타당하고 건강한 사회적 관계 기대

U8, U9: 경험단위들 중 두 개인(집단)의 생활세계가 공통으로 수행하고 보유하는 공유경험들 (두 개인/집단의 공동목표, 공동행위, 공동의미, 공동장소, 공동자원 등), 두 집단간 타당하고 건강한 사회적 관계 기대

각 생활세계 안에서 경험단위들은 중요순위 프로파일, 연관성(유사, 근접, 인과), 시퀀스의 관계로 구조적 질서 형성, 집단 공유경험단위들이 각 생활세계에서 프로파일의 상위에 있을 때 (공유경험이 개개 집단에게 가장 중요한 것일 때)공유경험 단위들과 비 공유단위들 사이에 연관성이나 시퀀스의 관계가 강할 때 보다 타당의 의미 소통이 기대됨. (예, U1, U2, U3, U4가 각 생활세계에서 최우선 행동일 때, U1-U7, U2-U6, U3-U6의 관계가 강할 때)

이와 같은 조건일 때 개인 혹은 집단의 개별 생활세계는 타인 혹은 타집단의 생활세계와 일체화되어 함께 진화 발전함. (한 생활세계의 경험단위, 포로파일, 연관성, 시퀀스의 변화는 다른 생활세계의 경험단위 및 구조에 직접적인 영향을 미침)

생활세계의 공유란 행동의 공유, 장소의 공유, 장면의 공유를 말한다. 타인과 함께 행동하고, 같은 마음의 장소를 향유하며, 함께 생활함을 뜻한다. 그리하여 삶의 의미를 공유한다. 이것이 이 시대가 안고 있는 사회적 문제, 커뮤니티 정신의 회복을 위한 해법이다.

5.2. 의미의 현상적 소재

상황과 장면

버무리다. 버무린다 함은 각기 자기성(自己性)을 가지고 있는 여러 가지를 한데 뒤섞어놓는다는 것이다. 한 곳에 섞여있다 해도 무슨 화학반응 같이 엉뚱한 제3의 물체가 삐죽 튀어나오는 것은 아니다. 이미 각각은 그런 반응을 거친 후임으로, 버무려진다 해도 각자의 자기속성은 본래대로 남아있다. 섞여있는 속에서도 각각은 있던 그대로 관찰된다.

하지만 분명 경계를 나누고 있던 것들이 한데 버무려지면 묘하게도 그 경계는 서로 스멀대며 사라진다. 딱히 특별한 새 물체는 아니더라도 그것들이 섞이면 한데 모아져 어떤 새로운 성질이 등장한다. 새 성질이 나타나면서 각각의 그것들은 다 '기록할 수 없는' 것들이 된다. 무슨 비빔밥 같은 것을 상상해도 좋다. 시인들은 가끔씩 '개와 멧새와 아카시아 꽃과 호미와 나를 한데 어두워지는 순간'으로 버무려버리기도 한다. 그리고 이 순간은 과거와 방금 전의 기억들이 환생하는 시간이며 존재자가 존재로 귀환하는 시간이 된다 (문태준의 시 '어두워지는 순간'). 그리하여 버무리다, 버무린다 함은 물체는 아니더라도 각각의 성질이 하나로 융화되는, 이를테면 어떤 의미를 확인하는 시간임을 말한다.

우린 작은 혼융과 큰 혼융을 생각해볼 수 있다. 작은 것들이 섞여 작은 성질 하나를 생성하는데, 여기에는 물론 흘깃 지나칠법한 소소한 것들에 대한 우리의 남다른 애정과 집착이 작용한다. 만약 이 작은 작용을 설명할 수 있다면, 큰 혼융은 작은 작용을 낱개 단위로 삼아 더불어 쉽게 설명할 수 있다. 마치 책장(冊張)이 넘겨지며 한 권의 책이 만들어지고, 또 책들이 각가지 색으로 벽에 정렬되는 것처럼.

우린 언제든지 벽에서 어떤 것이든 한 권을 따로 집어 펼쳐볼 수 있다. 이것만으로도 충분히 하나의 이야기가 전개된다. 등장인물, 그들의 시간적 역사와 공간적 추이, 세계의 사물들, 그들의 과거와 현재와 미래의 행동들이 엮어내는 반듯한 사건 하나, 이 사건을 담아놓은 결곡한 시공간 그릇 하나, 이를테면 초원이나 바다 혹은 도시의 거리와 같은 장면, 급기야는 삶의 의미에 관한 마음 속 느낌까지. 참으로 묘하다. 인물과 역사와 사물과 사건 같은 것들은 장면으로 녹아 들고, 이 장면에는 곧이어 또 사람의 마음 속 느낌까지 녹아 든다 (많은 이들이 이를 삶의 풍경이라 말하는데, 이 말이 좋다). 인물, 역사, 사물, 사건, 느낌, 장면은 마음의 소용돌이 하나를 중심으로 맴돌면서 그 속으로 옹글게 서로 버무려져 있다.

새가 전선 위에 앉아 있다
한 마리가 외롭고 움직임이 없다
어두워지고 있다 샘물이
들판에서 하늘로 검은 샘물이
흘러들어가고 있다
논에 못물이 들어가듯 흘러들어가
차고 어두운 물이

미지근하고 환한 물을 밀어내고 있다
물이 물을
섞이면서 아주 더디게 밀고 있다
더 어두워지고 있다
환하고 어두운 것
차고 미지근한 것
그 경계는 바깥보다 안에 있어
뒤섞이고 허물어지고
밀고 밀렸다는 것은
한참 후에나 알 수 있다 그러나
기다릴 수 없도록 너무
늦지는 않아 벌써
새가 붉다
(문태준, '붉다', 2005년)

장면 하나가 요소들의 경계를 더디게 그러나 똑 부러지게 깨뜨려 버린다. 심지어는 바깥과 안, 환하고 어두운 것, 차고 미지근한 것과 같이 양분되어 서로 겨돌하는 거북스런 것들 조차도. 나와 인물과 역사와 사물과 사건과 시공간과 느낌이 하나로 토해내는 이미지의 힘은 강력하다. 존재자들은 나의 감성 줄기 하나를 가운데 놓고 나선형으로 맴돌면서 맷돌 빻듯이 그 이미지 속으로 녹아 들어간다. 녹아 들어가면서 팝콘이 옹차게 터지듯이 삶의 의미가 하나 탄생한다. 의미는 나의 인식구조, 기억체계 속으로 저장되면서 장면과 하나가 된다. 말하자면 삶은 여러 장면들이 듬성듬성 혹은 때에 따라서는 빼곡히 정렬된 벽면이라고나 할까.

사실 삶의 풍경으로 변질되기 전까지 하나의 상황에는 이 같은 융화의 깊이가 없다. 의식이 세계의 어떤 선별된 부분과 부딪치는 경험적 사건은 있을지언정 그 속에 감동의 느낌은 아직 없다. 이것이 해석이나 전회와 같은 사람의 미묘한 의식작용을 거쳐 감동의 체험으로 격상하면 상황은 삶으로 버무려진다. 그러면서 그 세계와 사건은 삶의 진실된 소재가 된다. 그리하여 자의식, 세계, 경험, 의미, 소재는 삶의 풍경 속에서 모두 하나의 생애사건으로 조직된다. 만약 주말에 가족이나 친구와 함께 식사하며 즐거운 시간을 보내는 상황이 당신 삶의 장면이 되면 그 속에는 틀림없이 삶의 정념적 관념 그리고 그것을 담은 실체소재들이 있을 것이다. 이 상황 속 행동은 소중한 것임으로 그것은 당신의 우선행동이다. 소중한 생애의미와 연관된 행동들, 이 행동들을 담은 상황이 이를테면 당신의 우선상황인데, 이것이 곧 장면이다.

군대나 정치권력, 언론기관이나 병원과 같이 이 시대 관료적 형식이 상황을 지배하는 조직에서는 종종 "상황 끝!"을 외친다. 그리고는 다른 맥락의 다른 상황으로 옮겨간다. 하지만 자아가 경험의 네트를 펼쳐둔 채 세계와 공존하고 있는 하나의 삶 안에서의 상황은 이와 다르다. 하나의 사건은 세계와 자아 사이에 나타나는 하나의 관계성인데, 그것은 독립되어 있지 않고 오히려 다른 관계성들에 의해 결정되고 있다. 하나의 장면은 묘한 매트릭스 안에서 다른 장면들과 엮여있다. 그리고 유학을 떠나거나 결혼하거나 가족 중 한 사람이 죽는 일처럼 어떤 돌발적 상황에 의해 삶이 돌연 급박한 전환의 국면으로 돌진하듯이, 삶 전체는 항상 어떤 돌연 상황에 노출되어 있으며 그 전환의 영향에 유약하다.

이 형식은 마치 수많은 슬라이드가 일렬로 돌아가며 만들어내는 영화 한 편과 다르지 않다. 인간은 이것의 전체 중 하나의 존재자이지만 그의 선택과 의지는 슬라이드의 내용과 순서에 영향을 준다. 슬라이드의 짜임과 전환의 큰 물결 전체에는 인간적 자율성이 있다. 그리하여 우린 한 장면을 뽑아 그 슬라이드 하나만으로도 감성의 탄복에 대해 말할 수 있다. 그리고 동시에 슬라이드들로 채워진 벽처럼, 장면의 편린들이 모여 만든 큰 짜임 전체가 덩어리로 전하는 감성의 탄복에 대해서도 말할 수 있다. 슬라이드 하나하나는 물론 삶의 부분이다. 후자는 생애이며 동시에 그 풍경들의 엮임이다. 후자를 우린 라이프 프로그램 혹은 생활세계라고 말하고 있다 (생활세계는 실재적 뜻을 강조한 말이며 라이프 프로그램은 실천적 뜻을 강조한 말이다).

라이프 프로그램

어느 한 때의 삶은 좋거나 나쁘거나 아니면 무덤덤하다. 누가 바람직한 삶에 관해 말할 수 있다면 원하지 않는 삶, 바람직하지 않은 것에 관해서도 말할 수 있다. 행복이나 안락이란 뜻은 고난이나 역경이라는 것들과 대조된다. 어쩌면 생애는 이런 양각과 음각이 서로 상대하며 짜맞추는 큰 그림일지 모른다. 그리하여 한 생애를 쭉 풀어놓고 한눈에 보면 작은 사건들이 옹기종기 모여 큰 줄기 하나를 만들어가는 모습이 보인다. 삶은 장면들이 각자의 색을 섞어 큰 통일 색을 만드는 채색과정이다. 삶이 있는 어디에나 양각과 음각 그리고 여러 색들의 합성이 보인다.

그러므로 만약 우리가 흘러가는 생애 물줄기를 작은 결들로 잘라 볼 수 있다면, 결은 틀림없이 각자 생애가 하나마다의 체험이라고 내보이는 장면 장면들일 것이다. 우린 이것을 자아, 세계, 경험의 각 대표선수들이 작은 화살표들을 그리며 충돌을 거듭하면서 좀더 큰 화살표 방향으로 묶여 마무리되는 과정이라고 말할 수 있다. 그리고 그 큰 방향은 각자 실존의 물줄기이다. 여기서 장면은 이것을 이루는 결이다. 작은 화살표 입자들의 버무림이다. 사람의 마음 안팎에서 이 입자들이 촘촘한 분자운동을 거치며 장면이라는 삶의 풍경을 만든다.

다시 말하지만 입자라 함은 자아, 세계, 경험을 대표하는 선수들이다. 동기, 꿈, 의지 같은 자의식적 관념들, 인물, 역사, 사물, 시공간, 사건 같은 세계의 것들, 그리고 감각, 지각, 인지, 행동, 해석 같은 경험의 단계들을 말한다. 이들이 한데 모여 툭 하고 손바닥에 올려진 것이 사건이다. 살면서 우린 여러 사건을 거치는데, 강의를 듣고 회의에 몰두하고 또 좋은 사람과 만나거나 헤어진다. 아이들은 밖에서 소리를 만들며 놀고, 가족은 그것을 보며 하나가 된다. 가을 붉은 가지 사이를 걷는 산책, 흐르는 물과 바람이 나와 하나 되는 상황.

입자들은 이런 것 하나하나로 모이며 '언제 어디서 누구와 무엇을 어떻게' 같은 현실의 매듭을 만든다. 현실은 매섭거나 냉정하거나 바람직하지 않거나 한데, 이 결의 매듭에 마음의 느낌이 없으면 이건 차가운 결이다. 삶의 의미에서 멀어진다. 그러다가 이것이 사람 마음에 느낌표 하나를 찍으면 드디어 의미가 된다. 삶의 경험 중 몇몇이 진정 느낌의 이야기를 이루는 뜻 깊고 가슴 벅찬 감동일 때, 그것은 물감 묻어

나는 결이 된다. 이를테면 이것은 의미의 구두점이 찍힌 하나의 의미론적 마무리이다.

삶에는 행복한 장면들이 있으면 지워버리고 싶은 상황들, 자연스럽게 잊혀지는 것들이 있다. 우리 일상은 좋은 삶을 향해 가는 도중에 어떻게든 불행을 피해가려는 노력들로 차있다. 스스로 정한 범위 안에서 잊을 것은 쉽게 잊으며, 다만 좋고 건강한 페이지들로 이야기를 만들려 한다. 우리가 존재의 이유, 삶의 목적에 대해 끊임없이 스스로 질문을 던지는 까닭이 여기에 있다. 이것이 우리가 꿈과 소망을 버리지 않은 채 자신에게 이루어지기를 바라는 무언가를 끝없이 탐색하는 이유이다. 그러므로 진정 우리가 한 생애를 풀어놓고 한눈에 본다면, 아이들과 뛰노는 시간, 화초를 가꾸는 시간, 자기 일에 몰두하는 시간처럼 깊이 있는 색깔로 칠해진 부분들 그리고 자신도 모르는 어떤 감동의 눈물로 말할 수 있는 부분들은 필시 우리 삶을 가슴 저미는 행복, 사랑과 열정의 의미로 채울 것이다. 반면에 힘겨운 규범, 신념의 지배, 적개적인 이웃, 흉물스런 도시, 무지한 문화적 정의, 예술적 자아를 저버린 이성적 자아 같은 것들에 부딪쳐 어쩔 수 없이 빈손으로 돌아와 고개를 모로 저으며 얼굴 찡그려 말하는 부분들은 필시 삶을 무덤덤한 것으로, 허전하고 허탈한 것으로 혹은 우울하고 어두운 것으로 만들 것이다.

라이프 프로그램. 삶의 이야기가 좋은 장면들만 모인 풍성한 것이었으면 좋겠다. 무의미하거나 영혼을 힘들게 하는 것들은 말고, 행복과 기쁨, 자유와 신뢰, 사랑과 정성, 충만과 열정, 성장과 건강 같은 감동적이며 긍정적인 단어만 있었으면 좋겠다. 삶은 나의 것이며 나는 또 끊임없이 자문하고 있음으로, 삶은 사는 이유에 대한 질문마다에 스스로의 응답을 제안하는 일이다. 내가 만들어가는 것이며, '라이프를 프로그램 하는 것' 이다. 내 삶은 어떤 장면들의 프로그램인가?

라이프 프로그램이란 말 속에는 현실의 행동과 결단이 내뿜는 적극성의 뜻이 함의되어 있다. 의미가 절로 떨어지기를 기다리지 않는 그리고 자기 경험의 진로를 스스로 정하는 자발적 창의성이 있다. 상황은 끊임없이 명멸하며, 내가 선택하는 방식에 의해 내 삶으로 다가온다. 라이프 프로그램은 이 사건들의 성격을 결정하고 또 서로 꿰어가는 작업이다. 상황들 사이를 선택이란 말을 타고 달려나가 선택된 것들마다 탄복과 감동의 색을 칠하는 일이다. 이를테면 우린 언제 어디서 누구와 무엇을 어떻게 경험할 것인가를 생각한다. 이 일이 곧 삶의 진행이며 거주의 요체이다. 어떤 강의를 들을 것인가, 오늘 회의에선 무엇을 다룰 것인가, 누구를 만나고 헤어지는가, 겨울에도 산책은 있는가, 아이들은 뛰어 놀 것인가, 물과 바람은 어떻게 흐를까? 우리가 무엇을 어떻게 결정하든 그것은 좋은 것, 아름다운 것을 위한 선택이어야 한다. 장면으로의 선택을 말한다.

이것은 마치 벽의 선반에 책들을 어떻게 정렬할 것인지를 정하는 것과 같다. 일상의 장면들을 배열하여 큰 의미흐름을 정하는 일이다. 이것은 나 자신이나 내 삶의 의미뿐 아니라 나와 공존하고 있는 내 주위 세계의 구조를 정하는 일이다. 왜냐하면 장면을 배열한다는 말은 장면을 구성하는 작은 입자들을 배열한다는 말과 같기 때문이다. 예컨대 내 삶을 에워싼 사람들, 세계의 대상들, 도시공간이나 건축장치들, 그 속의 시간들을 조직하는 것과 같다.

우리가 지금 복잡하게 말하는 이 라이프 프로그램이 도시건축의 일상적 전문작업과 얼마나 닮아있는지 알면 놀랄 것이다. 마치 토지이용계획이나 도시설계나 건물공간계획에서 스페이스와 사람과 기능이나 용도나 시설을 프로그램 하는 것처럼, 라이프 프로그램이란 삶의 입자들을 골라 사건을 만들고 그 위에 은밀하거나 화려한 의미의 색을 입혀 큰 그림으로 편입시키는 작업이다. 그러므로 라이프 프로그램은 장면들의 짜임이다. 장면은 사건에 의미와 소재가 얹혀진 것이다. 사건은 사람, 세계, 경험의 덩어리이다. 모든 일은 거주를 이루는 다섯 가지 부문들에서 다시 출발한다. 자아(동기, 의지), 세계(대상, 장치, 자원), 경험(감각, 지각, 표상, 인지, 행동, 해석), 의미(거주이유, 존재목적, 삶의 가치에 관한 정념), 소재(자아, 대상과 장치와 자원, 행동, 상황) 등이 제공하는 낱개들의 버무림으로부터.

이렇게 해서 몇 가지 장면들이 만들어졌다고 하자. 장면들을 벽면에 깔끔하게 정렬했다고 치자. 만약 내 삶이 장면들로 인해 진정 유의미해졌다면, 이는 틀림없이 이들이 각각 가장 의미 있는 것, 삶의 이유와 직결되는 것, 중요하고 절실한 것, 내가 하려 하며 나만이 할 수 있는 것, 숙명과도 같은 것, 자아의 신화에 관한 것, 이것이 다름아닌 나이며 나의 존재이유를 증명하는 것 중 어느 하나이거나 모두이기 때문일 것이다. 라이프 프로그램 안에는 우주, 생활, 사상, 행동, 감각 전부가 있다. 이것이 생활세계를 이룬다. 이성과 감정, 지식과 마음, 물체와 영혼의 융합의 인벤토리를 만든다. 우린 이 안에서 거주의미의 모든 증거들을 볼 수 있다. 현실이 한 사람의 실재가 된 흔적, 세계가 의미소재로 변한 모습, 모든 우선적인 것들, 그리고 장면과 장소들. 라이프 프로그램은 이들의 정연한 조직이며 이들의 꿈틀거림에 의해 진화한다.

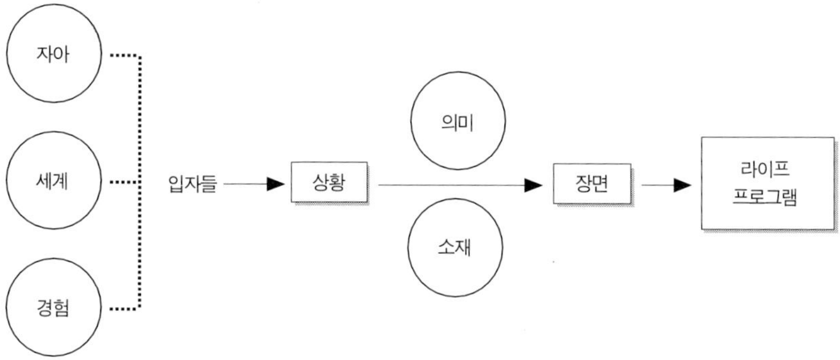

자아(동기, 의지), 세계(대상, 장치, 자원), 경험(감각, 지각, 표상, 인지, 행동, 해석)의 입자들이 하나의 경험상황을 이룬다. 상황에 의미연관이 얹혀지면 장면이 된다. 장면은 의미의 기호들(자아, 행동, 대상/장치/자원, 상황 등)로 가득하다. 이런 생애 장면들이 엮여 라이프 프로그램을 이룬다.

5.3. 의미의 형상적 소재

이제 우리를 둘러싼 세계에 대해 말해보자. 다른 이들의 세상을 본 후엔 나의 것이 더 잘 보인다. 부부나 애인의 것이어도 좋다. 예컨대 부부의 추억 같으면 할 이야기가 좀 있다. 우린 먼저 이들 부부의 추억이 세계와 대단히 밀접하다는 점에 놀라게 된다. 추억이 말해주는 세계와의 의미관계, 추억 하나하나는 세계의 물상과 부부가 형성한 의식의 끈이라고 말할 수 있다.

우린 지금까지 거주를 이루는 다섯 가지 축에 대해 말하였다. 자아란 자신이 꾸미고 싶은 삶에 대한 동기와 의지를 뜻한다. 세계란 인간을 둘러싼 존재자들, 사람들, 각가지 물상, 사회적 지시, 문화적 신호,

동시대의 수많은 유행과 관념적 패션들, 모호한 미소와 무관심한 얼굴들, 역사에 관한 교육적 독트린들이다. 경험이란 세계의 감각, 지각과 표상, 인지와 이해, 세계에서의 행동, 그리고 해석을 통한 세계 존재자들과의 관계 맺기를 이른다. 의미란 이 경험이 팽이처럼 한번씩 핑핑 돌 때마다 세계가 내게 현출해대는 자유롭고도 독특한 삶의 진리를 뜻한다. 그리고 소재란 내 거주의 영역 곳곳에서 이 진리의 조각 하나씩을 품고 있는 기호적 물상을 말한다.

이 다섯 가지에 관해 다양한 논의가 가능하다. 우선 우린 이들의 작용순서나 상호관계에 주목할 수 있다. 예컨대 순서로 말하자면 세계가 있어야 경험이 있고 경험이 있어야 의미가 생성될 것이며 또 그 후에야 소재가 정해질 것이다. 무엇보다도 이 다섯 가지는 모두 어떤 공통 방향을 향해 움직이는 하나의 컨베이어벨트 위에서 작용한다. 이들이 모두 모여 제대로 작용해야만 온전한 매듭 하나가 완성된다. 장면은 이들의 복합체이다. 그 안에는 자의식의 흔적, 세계의 영향, 실행적 참여, 삶의 의미, 실체적 소재가 모두 살아 꿈틀대고 있다. 어떤 한 가지라도 사라지면 장면이 성립되지 않는다. 사람의 라이프 프로그램도, 거주의 생활세계도 형성되지 않는다.

이제 부부의 추억으로 돌아가 그들의 장면들을 가정해보자. 아무리 뒤져봐도 간간히 몇 개 추억만 떠오르는 부부가 있을 테고, 반대로 여러 풍요로운 장면들을 향유하고 있는 부부도 있을 터이다 (우린 물론 후자에게 더 많은 축하의 박수를 보낸다). 예컨대 그들이 처음 만난 장면, 최초 추억의 데이트, 자주 찾던 찻집, 직장을 먼저 끝낸 사람이 기다리던 장소, 비 오는 가로등, 손 잡고 걷던 길, 길을 걸으며 함께 만든 미래의 꿈, 행복하다는 생각이 들 때마다 둘이 찾던 작은 레스토랑, 첫 아이의 임신, 냉면 집이나 초밥 집, 영화관 그리고 그 옆의 아케이드, 남편의 예배당, 첫 아이가 태어난 병원, 동네 빵집, 일요일 늦은 아침 거실 바닥에 떨어지는 햇빛. 이들이 부부의 삶을 아름답게 만드는 장면들이 될 수 있다.

누구는 부정적 색조를 띈 장면에 대해서도 그것이 연민의 의미로 삶에 기여한다고 주장할 수 있다. 예컨대 젊은 부부의 눈 밑에 어리는 미래에 대한 불안, 사회적 성과와 실수들, 늙어가는 부모에 대한 걱정, 직장과 집을 잇는 매일의 만원 지하철 같은 것들. 세상은 참으로 진실된 의미로 넘칠 수도 있고 또 대개 덤덤한 타성이 될 수도 있다. 하지만 우린 이런 장면 각각이 우리가 살아간다는 사실에 관한 어떤 뜻으로 단단히 응결되어 있음을 알 수 있다. 각자의 삶은 어느 측면에서든 모두 의미로운 것인데, 그것은 정도의 차이에도 불구하고 우리 각자가 근본적으로 자유로운 존재이기 때문이다. 그러므로 각자는 의미로운 존재가 될 권리가 있고 또 실제로 각각의 삶은, 겉으로 보이는 것과는 달리, 본질적 측면에서는 있는 그대로 대단히 의미로운 삶이다.

거주의 도시건축적 장치

우리가 지금까지 논의한 거주의 복합체적 증상 즉 장면이나 라이프 프로그램 같은 것들은 여러 다른 시각으로 분석될 수 있다. 몇 가지만 예시해보자.

첫째는 장면의 내용적 시각이다. 존재이유나 삶의 목적, 이를테면

'당신은 그때 무엇을 꿈꾸었는가, 어떤 것을 향해 달려갔던가' 하며 생각하는 것들이 모두 장면의 내용이다. 더 나아가 '그랬었구나, 그건 결국 이런 의미였었구나' 하고 나중에 명석하게 알아차리는 어떤 결과에 대한 자각적 깨달음도 역시 내용이다. 이렇듯 내용을 보는 눈은 대개 삶의 동기와 목적, 사람들의 꿈, 경험의 결과나 의미에 관한 해석을 강조하게 된다. 이것은 장면을 이루는 다섯 가지 중에서 특히 인간론과 의미론에 치중한 관점이다 (물론 약간의 소재론적 관점도 함유되어 있다). 그만큼 거주의미를 다루는 우리 논의에서 중요하게 여겨지는 차원임에 분명하다. 하지만 이 논의는 관념적이거나 추상적일 수 있다. 개인의 의식에 침범하여 사사로운 부분들을 건드려야 한다.

둘째는 과정적 차원이다. 의미는, 그 내용이 무엇이든 간에, 반드시 일정한 과정을 통해 생성된다. 세부적으로는 미세한 차이가 있을지언정 장면의 형성과정은 크게 보면 몇몇 단계의 과정적 절차로 정리된다. 실천적 관점에서 보면 이는 의미를 얻기 위한 수단적, 기능적 차원이다. 우린 이에 관해 지금까지 경험론 혹은 인식론의 축에서 주로 다루어왔다 (물론 이 관점 역시 약간의 소재론적 축도 공유하고 있다). 과정에 익숙해져야 우린 제대로 된 삶을 사는 일에 좀더 가까이 다가갈 수 있을 것이다. 방법을 모르고서야 의미 있는 생애를 기대하긴 어렵다. 하지만 여기서 과정이란 개개인이 자기 고유의 삶에서 각자의 의미를 터득하는 길을 일컫는다. 다른 사람을 위해 일하는 도시건축 실무자들에게는 다소 모호하고 곤혹스런 논점이다. 인간들을 향해 그들로 하여금 어떻게 살라고 방법을 일러줄 입장은 아니기 때문이다.

셋째는 장면을 관계의 차원에서 보는 관점이다. 실제로 하나의 장면에는 다양한 관계의 끈들이 있다. 특히 우린 지금까지 다섯 가지 축들의 상호관계에 주목해왔다. 예컨대 인간과 세계, 세계와 경험, 경험과 의미, 의미와 소재 사이에는 역동적인 관계역학이 작용한다. 사람들이 한가로이 걷는 도시의 길에서 나는 다른 사람들과 어떤 관계인가, 길 위의 나무는 달리는 차량과 어떤 관계인가, 그 길의 경험은 주위 건물과 어떤 관계인가, 그리고 나는 길 옆 그 상점과 또 어떤 관계인가? 실제로 의미가 생성되는 곳은 나와 세계 존재자 각각의 사이에서 물리적 경계가 무너지고 의식적 소통이 이루어지는 그 관계의 처소일 것이다. 우리가 체험이라고 말하는 일련의 사건도 실상은 그 존재자와 어떤 특별한 관계를 맺기 위한 작용일 것이다.

넷째로 이제 이쯤 해서 내용, 과정, 관계의 시각에 더해 삶의 장면을 바라보는 또 하나의 관점을 추가해보자. 이것은 장치의 차원에서 보는 관점이다. 우린 앞에서 세계의 구성요소에 대해 논하며 세계는 크게 대상과 장치로 이루어져 있다고 말하였다. 그리고 이 두 가지는 인간의 세계 경험 특히 실행적 행동경험에 대해 자원으로 활용될 가능성을 잠재하고 있다 하였다. 우리가 말해왔던 장치는 시공간적 배경과 사회문화적 배경을 포함하는 개념이다. 인간거주의 장치를 광의로 해석하면 그것은 삶의 시공간적, 사회문화적 배경을 아우르는 인간환경적 개념이다. 그리고 우린 앞에서 이 광의의 환경적 개념을 장소라는 용어로 대신 부를 수 있다고 주장하였다. 사람의 삶의 장면에는 예외 없이 시간적, 공간적 배경이나 사회문화적 맥락이 존재한다. 그러므로 어느 것이든 하나의 장면에는 하나의 장소가 있다.

장소: 장면의 시공간

우린 흔히 이런저런 물리적 배경을 대개 장소라고 잘못 부른다. 한 번도 가보지 않은 곳, 동네의 맛없는 빵집, 허드레 공간들도 다 장소라고 알고 있다. 하지만 상식을 떠나 엄격한 이론으로 분간하면 우리가 자칫 장소라고 부르는 것들은 모두 장치이다. 사실인즉 이런 물리적 장치를 뺀 채 사람의 삶을 논하기 힘든데, 우리가 굳이 장치와 장소를 분간하는 이유는 의미론적 관점에서 볼 때 이 둘의 본질이 크게 다르기 때문이다. 돌려 말하면 장치는 세계에 존재하는 모든 딱딱한 그릇을 말하고 장소는 그릇과 그 안의 내용물을 함께 부르는 말이다. 장치는 객관적 원형으로서의 시간과 공간, 환경과 배경 같은 실체적 세계이다. 반면에 장소는 이것이 사람의 의식으로 걸러져 주관적 의미를 함유하게 된 세계이다.

이것은 장소로의 진화라고 볼 수 있다. 그리고 장치가 장소로 진화하는 중간에는 지금까지 우리가 논의한 인간의 세계 경험과 의식화 과정이 필요하다. 이를테면 저 세계의 여러 장치들 중 일부는 인간에 의해 인간의 장소로 장소화된다. 내 공간, 삶의 시간이며 실재의 공간, 내 의식세계의 장치로 진화한다는 말이다. 그러므로 장소는 장면의 처소이며 라이프 프로그램의 무대를 뜻한다. 장소는 자체가 의미의 소재인 동시에, 인간 의미를 몸으로 품어 안고 있는 각가지 소재들이 거하고 있는 장치이다. 우리가 뜻 깊은 추억을 회상할 때 반드시 찻집이나 공원, 가로등 밑, 동네언덕, 골목길 등을 떠올리는 이치와 같다. 삶의 소중함, 뜻, 의미, 추억이나 기억, 자아 등을 말하지 않고서는 장소를 파악할 수 없다. 막연한 시간, 객관적 공간, 용도나 기능의 배열만 가지고

서도 결코 인간의 장소를 이해할 수 없다.

우리가 장면을 바라보는 시각으로 추가한 이 관점을 장소론적 관점이라고 하자. 이 시각은 근원적이며 동시에 결과론적이다. 이것을 근원적이라고 말하는 이유는 인간 실존과 모든 존재론적 작용이 반드시 하나 이상의 시공간적 배경을 가지고 있다는데 있다. 감각, 지각, 표상, 인지, 행동, 해석과 같은 경험의 과정 일체에서 그리고 모든 존재현상에서 우린 '언제?' 그리고 '어디서?'에 대해 물을 수 있다. 또 우리가 이것을 결과론적 관점이라고도 말하는 이유는 장소 자체가 의미가 전회되는 실체적 소재라는데 있다. 하나의 경험이 삶의 소중한 의미로 귀결될 때 그 경험을 떠받치고 있는 장소는 그 의미를 상징하는 소재적 기호가 된다. 찻집, 공원, 가로등 밑, 옛 동네 같은 장소는 자기 자신만 가지고도 사람들 의미에 관한 가슴 속 이야기를 줄줄 잘도 풀어낸다.

따라서 장소를 보면 여러 가지가 연상된다. 장소에는 그것의 주인이 되는 자아가 있다. 물론 그 안에는 사람, 사물, 사건, 역사, 제도, 체제와 같은 세계도 있다. 또 감각, 표상, 행동, 인식과 같은 경험이 있으며, 주인의 삶에 관한 마음과 느낌의 기분 그 정념적 관념이 연상된다. 그리고 이 관념을 실체적 기호로 대신 말해주는 소재들을 볼 수 있다. 장소는 이처럼 거주의 다섯 가지 축으로 간편하게 정의된다.

(1) 인간론: 드넓은 세계에서 한 사람의 존재의식, 동기(요구, 목표, 기대, 예감, 꿈, 소망), 의지(열정, 갈망, 긍정적 태도, 의도와 전략), 그리고 자아 회복에 연관되어 선택된 시공간. '나' 혹은 '우리'의 정체성을 대변하는 환경적 실체.

(2) 세계론: 주체와 의미연관을 맺고 있는 대상(사람, 사물, 사건,

시스템 등) 혹은 주체로 하여금 자신을 타자유비적으로 이해하여 어떤 의미를 현출하게 하는 세계요소들의 처소. 세계의 특별한 부분.

(3) 경험론: 한 사람의 특별 체험, 의미의 우선행동이 일어나는 무대 혹은 이런 체험에 관한 기억이 서려있는 환경. 이 체험이 실현되는 데 쓰여지는 대상적, 장치적 자원이 제공되는 곳. 우리가 행하는 수많은 감각, 지각, 인지, 행동들 중에서 특히 동기, 의지, 삶의 이유나 가치, 행복과 기쁨이나 사랑, 자유, 충만, 성장 등에 강하게 연결된 것들이 일어나는 곳.

(4) 의미론: 한 사람의 뜻 깊은 삶의 의미가 생성된 곳 혹은 그 의미로 휩싸인 시공간. 삶에 관한 정념적 관념이 서려있는 곳. 삶의 감정들을 직접 건드리는 곳 (그러므로 매우 기능적이거나 자주 이용되는 곳이라도 일정한 정념이나 기분, 형용사적 관념이 연상되지 않는 곳은 장소가 아니다).

(5) 소재론: 한 사람의 의미가 전회된 소재적 실체 예컨대 의미로 가득 찬 자아, 의미를 담은 행동이나 사건, 의미로운 대상이나 장치, 상황 등 상징적 소재기호들이 위치한 곳. 자기 혼자서도 나와 내 주변의 삶에 관한 진실된 부분들을 절로 말해주는 곳.

앞서의 부부가 가지고 있는 삶의 장면에도 이 다섯 가지 정의로 점철된 의미의 장소들은 생생하게 살아있다. 일생의 사랑을 처음 만난 장면, 기다리는 장면, 비 오는 거리, 첫 아이의 탄생, 아침 거실 바닥에 떨어지는 햇빛의 한 때. 각각은 의미의 장면인데, 필시 어떤 장소와 연관되어 있다. 처음 만난 곳, 기다리던 곳, 거리, 손 잡고 걷던 길, 병원, 거실. 이들이 장소이다. 장소 각각에는 꿈과 열정, 감각과 표상, 행동, 실체와 부품들, 의미소재, 장치맥락들이 똘똘 뭉친 채 모여 있다. 장소는 이것들이 부부의 어떤 감정이나 기분이나 정념의 상태와 혼합하여 그들 삶의 소중한 조각 하나에 대해 말하고 있는 모습을 보여준다. 어느 누가 이 부부와 대화를 나눈다면 부부의 잔잔한 삶의 이야기 속에서 이 장소들이 툭툭 모습을 드러낼 것이 자명하다.

참으로 흥미롭게도 장소라는 실체가 인간 삶과 뜻과 사상에 관한 오묘하고도 매혹적인 복합현상을 대단히 간편하게 대신 설명하고 있다. 이를테면 '우리가 처음 만난 그 때 그 찻집' 하면 구구절절 다섯 가지를 꼽을 필요도 없이 턱 하니 결말이 나버린다. 그 상황에 연루된 한 때의 동기, 열정, 사람들, 사물들, 나의 감각과 생각의 세밀한 부분들이 따라서 상기된다. 디테일은 다 잊혀졌어도, 그때 그 장소의 기억만은 좀처럼 생생함을 잃지 않는다. 오히려 장소의 기억, 비 오던 거리, 햇빛 떨어지는 흙마당, 찻집 창문에 반사되는 사랑이라는 것의 쓸쓸함, 초원을 쓸고 가던 바람 같은 것들이, 잊혀졌던 삶의 세세한 것들을 되살린다. 장소는 진정 강력하다. 틀림없이 장소는 다른 무엇보다 더 강하게 우리 의식과 인식구조를 붙잡고 있는 것이다.

그러므로 우리가 인간 삶에 대해 말할 때 삶은 장소 언어만 가지고도 큰 무리 없이 읽혀진다. 삶의 부분들을 계획이나 설계와 같은 실천 양식으로 풀어내려 할 때에도 장소를 유용하게 도입할 수 있다. 예컨대 라이프 프로그래밍은 본래 라이프 상황들의 구성이지만 장소를 가지고도 충분히 그것을 프로그래밍할 수 있다. 한 사람의 생활세계, 그 실재의 관념세계 역시 그 사람의 마음 속 장소들로 대신 풀어낼 수 있다. 이 말은 이론과 실천 모두의 측면에서 중요하다. 사실 이것도 발견이라면 하나의 중요한 발견인데, 장소는 동기와 경험, 의미와 소재 그리고 세계에 대한 정보를 한꺼번에 제공한다는 것이다. 이 세 종류의 정보는 한 장소 안에서 서로 결속된 채 동시발생적으로 나타난다. 그러므로 다행히도 우린, 의미의 다른 실체적 소재들이 그러했듯이, 장소만을 가지고도 인간의 거주나 실존, 의식, 정념, 감정 같은 손에 잡히지 않는 관념적 콘텐트를 실체적이며 실천적 언어로 번역할 수 있다.

장소는 모든 의미소재의 대표주자이다. 의미론에 관한 지금까지의 긴 논의를 통해 우린 인간 거주의 대표적 의미기호로서 장소의 본질과 역할을 설명하기 위해 애써왔던 것이다. 삶에 관한 자아의 끝없는 동기, 한 사람의 주위를 둘러싼 세계, 행동이 중심이 된 경험, 거주의 목적과 삶의 이유로서의 의미에 대한 깨달음, 소재적 기호들로의 전회. 장면으로의 전환, 장면들이 엮인 사람 각각의 라이프 프로그램, 그리고 장소로의 번역. 이제 비로소 우린 정당하게 인간 거주의미의 실천에 대해 말할 수 있을 것같다. 인간행동, 자원, 장소, 장면, 라이프 프로그램 같은 실천언어들로, 인간 삶을 황홀한 의미의 지경으로까지 새롭게 변모시킬 수도 있을 것 같다.

3부 거주의미의 실천을 향하여

6. 의미의 인간거주, 의미의 도시건축

내가 율법이나 선지자를 폐하러 온 줄로 생각지 말라. 폐하러 온 것이 아니요 완전케 하려 함이로다. (마태복음 5장 17절)

6.1. 도시건축을 위한 실천적 전제

집이 좋으면 삶도 좋을까? 여러 작은 사건과 생활들이 옹기종기 꼬리를 물고 진행하는 것이 우리 삶이다. 삶은 이루고자 하는 소망과 계획하는 일들, 일상과 경험들, 가슴 저미는 기억들로 요약된다. 삶의 어느 한 쪽을 들추면 다른 쪽에서 잠자고 있던 소망과 일상과 기억의 알갱이들이 함께 딸려온다. 작은 알갱이들은 삶 속에서 단단히 서로 팔짱을 끼고 있다. 이 일상적 사건들과 생활의 단편들은 마치 자기 둥지를 가지고 있는 것처럼 각자 환경의 번지수를 가지고 있다. 그리고 기차가 철길 따라 진행하듯 사건이 하나 움직이면 그것의 번지수도 따라 움직인다. 이 번지들도 서로 팔짱을 끼고 있는 것이다. 그러므로 우린 인간 거주의 작은 움직임마다 그것이 언제 어디서 벌어지는지 물을 수 있다. 삶은 무대와 늘 함께 흐른다.

따라서 삶을 들추면 송이송이 다발로 묶여있는 무대들, 그 시간적,

공간적 형상들이 함께 딸려온다. 삶은 소망과 일상과 기억의 결속으로도 요약되겠지만 이들을 하나하나 떠받쳐주는 시공간적 장치들의 요약으로도 말할 수 있다. 그렇다면 좋은 집에는 좋은 삶이 있을까? 그렇다. 삶은 장치 속의 행사들이다. 장치가 좋으면 소망, 일상, 기억과 같은 거주의 행사들이 풍성하게 솟아날 것이다. 과연, 집이 좋으면 삶도 좋아질 것이다.

실무의 의미론적 정의

거주의 정의에 관한 리뷰 — 집이란 거주의 여러 장치를 넓게 끌어안는 큰 개념이다. 거주의 장치란 현실세계의 각가지 무대 모두를 말한다. 시공간과 사회문화적인 것을 합친 실체적 환경 전부이며 존재의 배경으로서의 세계이다. 생애를 통틀어 이 무대는 꽤나 넓을 것이다. 우리가 특별히 인간 거주의 장치라고 말하는 부분은 거대하고 모호한 바깥 세계 전체 중에서 각자의 일상적 거주가 안착한 경험영역을 뜻한다. 그것은 개인의 일상 행사가 직접 맞닥뜨리는 세계 존재자들의 합집합이다. 어떤 이에게는 아파트와 직장과 좋아하는 여행지와 아이들의 놀이동산을 크게 잇는 동그라미 속의 모든 것이 될 것이다. 또 다른 이에게는 교외 단독주택과 작업실과 헬스센터 그리고 자주 찾는 도서관과 영화관과 레스토랑을 잇는 경계 안의 모든 것이 될 것이다. 이들은 이를테면 하이데거가 말한 한 사람의 현존재의 세계이다. 쿠르트 루빈이 말한 생애공간도 이와 비슷하고, 해롤드 가핑클이나 에이모스 라파포트가 말한 인간 존재의 문화풍경 혹은 다니엘 스토콜스의 1차, 2

차, 3차 영역과도 흡사하다. 이 시간적, 공간적, 사회문화적 영역 안에는 나 말고도 여러 존재자들, 이를테면 타인, 사물, 행위와 사건, 제도와 이념, 시간과 역사, 공간과 위치, 사회적 체제, 문화적 신호가 공존하고 있다.

우린 여태까지 이 장치를 인간 거주와 하나로 묶어야만 설명이 명확해진다는 점을 여러 차례 강조하였다. 굳이 선을 긋자면 도시건축 실무는 둘 중에서 물론 장치에 책임을 지고 있는 작업이다. 하지만 장치 만들기에 성급한 나머지 여기에 인간 거주에 대한 사유를 제대로 묶지는 못했다. 실무는 절뚝발이와 같았다. 앞서의 논의에서 우린 사람이 거주한다 함을 구조적으로도 그리고 현상학적으로도 정의할 수 있다 하였다. 사실 이 두 가지는 인간이 거주한다는 것이 자기 삶의 목적이나 존재의 이유와 연결된 어떤 소중한 깨달음을 좇는 일이라는 큰 명제 하나로 합류한다.

첫째, 우린 앞서 거주를 인간, 세계, 경험, 의미, 소재의 구조적 형상으로 파악한 바 있다. 거주의 구조적 논의는 이 다섯 가지 차원의 상호관계에 주목한다. (1) 요구나 목표, 꿈과 소망, 기대와 예감, 열정과 의지 같은 자의식으로 가득 찬 인간, (2) 이 동기와 의지를 실현하기 위해 인간이 도달하는 현실세계, (3) 인간과 세계 사이의 일상적 조우와 폭발과 합일, 즉 우리가 흔히 둘 사이 관계의 역학이라고 알고 있는 경험, (4) 경험으로부터 팝콘처럼 터지거나 이슬방울처럼 맺혀 가슴에 담겨지는 인간 존재가치에 관한 정념과 삶의 의미에 대한 진리, (5) 이 소중한 진리와 지식을 외적 세계의 실체적 소재로 전환시키는 의미의 전회. 우린 인간이 거주한다는 것을 되돌아갈 수 없는 징검다리를 건너듯이 다섯 가지를 하나씩 밟아나가는 일이라고 본다. 어느 도시든 어느 아파트든, 도시건축이 관여하는 인간의 장치 모두에 이 말은 적용된다.

둘째, 우린 또 거주를 인간과 세계 존재자 사이의 실존적 의미연관에 관한 현상학적 관점에서 정의한 바 있다. 이를테면 나는 세계 내 존재이다. 나는 나와 함께 존재하는 세계의 모든 것들, 사람과 사물과 사태와 이념 같은 것들과 자유롭고 완전한 상호이해의 관계로 열려있다. 있는 그대로 자신을 개방하는 각가지 대상에 대해 나는 나를 그것에 투입하고 그것을 타자 유비적으로 이해한다. 이건 대상을 지향하는 순수 의식작용이다. 이 작용을 통해 그것이 내게 현출하는, 그리고 내가 같은 방식으로 그것에게 현출하는, 존재의 의미를 획득한다. 그것과 나는 의미연관을 맺는다. 의미는 여기서 두 가지 속성을 지닌다. 하나, 저 대상은 세계 내 존재로서 생존하고자 애쓰는 나에게 실용적이며 기능적인 속성을 보여준다. 의식적이거나 심리적으로 혹은 현실적으로 그것은 나에게 나의 어떤 부족함을 채워줄 것인지를 말해준다. 둘, 그럼에도 불구하고 의미는 이성이나 인식작용의 결과로 그치지 않고 느낌, 감정, 통일적 기분으로 정제되는, 이를테면 마음의 정념적 관념으로 귀결된다. 세계의 대상들과 관계하면서 손바닥에 푸른 물 들듯 나는 끊임없이 내 마음이 어떤 색조로 물들어가는 것을 깨닫는다.

잠깐 지적했던 대로 이 두 가지 정의는 거주의 본질 하나를 약간 다르게 정리한 것에 불과하다. 거주를 정의하면서 우린 동기를 지닌 인간의 세계 경험을 바라보며, 인간의 실리적 행동을 중시하고, 또 이를 통해 자기 예술적 자아를 일깨우는 인간의 감정적 의식작용을 강조한다.

본질적으로 거주는 실존의 한 방식이다. 그저 살아간다거나 편리하게 살거나 막연히 잘 사는 것이 아니라, 거주는 자기 존재의 이유를 스스로 묻고 그 해답을 찾는 일이다. 자신으로의 탐구와 순례의 여행이다. 일상으로 보는 아파트에 이 묘한 정의를 대입하는 게 어쩐지 어색하다. 하지만 명백히 거주는 기능적으로 잘 살거나 효율적으로 정확하게 사는 일로 그치지 않는다. 그것은 중간중간마다 삶의 목적과 자기 존재가치에 관한 깨달음을 수확하는 일, 혼자 가만히 고개 끄덕이는 일이다. 자기 삶의 행복, 사랑, 자유, 충만, 성장과 같은 것에 관해 '그랬구나, 이것 때문이었구나' 하고 마음으로 인정하는 것이다. 목적의 삶, 가치 있는 존재를 가능케 하는 정념의 열매, 살아있음을 향한 동기와 의지의 충족. 이것은 삶의 의미인데, 거주는 의미를 좇는 과정이다.

휴머니즘의 의미론 — '왜 거주하는가? 의미를 위해 거주한다.' 이 말은 묘하고 강력한 뉘앙스를 전한다. 도시건축 실무는 삶이 기대는 실체적 무대, 거주가 머무르는 물상적 장치에 손발 벗고 관여하는 작업이다. 삶과 존재의 바탕인 이 장치를 매일같이 만들고 고치고 계획한다. 그러므로 인간 삶의 안위 중 큰 부분을 자기 품 안에 두고 있다.

어떤 때 우린 실무를 하찮게 여기기도 한다. 흔히 그것을 도시건축을 계획하고 실행하는 절차라고 좀 공식적으로 말한다. 잘 말하는 사람들조차 실무란 모든 도시건축적 의사결정, 정책, 행정, 계획설계, 연구, 개발, 건설을 뜻하는 것으로 여긴다. 혹여 마음이 좀 급한 사람은 도시건축의 형상을 결정하는 일이라고 단정하기도 한다. 그리고는 시설의 용도와 크기와 높이와 간격과 구성 등으로 결정되는 물상적 결과에 주목한다. 이런 기성관념으로 이미 흐려진 눈에는 인간이나 거주나 의미라는 신선한 개념들이 잘 들어오지 않는다. 실무가 거주라는 인간 실존의 방식에 결정적인 영향력을 휘두른다는 사실이 안중에 없다. 그것에서 철학적 고결함이나 예술적 자아나 문학적 깊이를 찾지 못한다.

삶의 최종 목표로 향해 있는 우리 휴머니즘적 시각에서 보면 실무의 정의는 형상을 만들고 정책을 결정하는 일 자체가 아니라 이 작업의 최종 가치에 맞닿아 있다. 여기서 최종 가치란 인간성에 관한 것, 궁극적으로 인간적인 모든 것이다. 인간이 여기 있다는 점, 인간이 거주하고 있다는 사실, 그리고 거주가 존재에 관한 것이며 존재가 추구하는 목적과 이유로 향해 있다는 점과 관련되어 있다. 실무가 도달하고자 하는 최종 가치란 인간이 왜 거주하는가라는 근원적 질의에 대한 대답의 한 가닥과도 같다. 이건 인간 거주의 궁극적인 상태를 말하는데, 실무는 정확히 그 가운데를 조준하고 있다. 실무를 단지 집을 만들거나 사람을 향해 있는 것으로 말하는 것은 부족하다. 실무는 그 삶 자체를 만드는 일, 즉 사람을 만드는 일이다.

그러므로 우리가 지금 말하려는 휴머니즘 실무란 인간과 그들의 의미에 관한 설계이다. 도시건축 형상에 관한 정책을 세우고 제도를 다듬고 재원을 투입하고 시공간을 계획하는 일은 인간 각자가 삶이라는 탐구의 길에서 기댈 수 있는 최적 조건에 집중된다. 실무가 관여하는 이 장치는 끊임없이 사람의 향(向)의미적, 향(向)자아적 행로를 결정한다. 그 장치적 결과에 따라 사람들은 존재하기도 하고 존재하지 않기도 한다. 인간의 의미로운 존재를 이룩하는 일, 사람들이 진정 이루기 원하는 것을 이루도록 하는 일. 이 일은 도시건축 실무에게 주어진 숙명과도 같다. 그러므로 실무에 있어서 휴머니즘은 의미의 성취를 뜻한다.

진정한 휴머니즘 도시건축의 실현, 이것은 의미의 실무이다. 그러므로 우린 인간의 의미라는 단어를 테이블 위에 놓고, 이것을 우리 본업인 장치 만들기와 한데 합치는 일에 골몰해야 한다.

실무의 인간적 조건

당연히 도시건축 실무는 사람들이 끊임없이 찾기를 갈구하는 것에 대한 공감이 있어야 한다. 사람들의 일상을 이해하는 것도 중요하며, 더 나아가 그들 삶이 추구하는 의미를 볼 줄 알아야 한다. 사람들의 갈구가 힘없이 튕겨나가는 장치를 만들어서야 되겠는가! 사람들에게 '너의 삶은 이 정도면 되었어' 라고 말하는 강요적이며 저항적인 실무도 곤란하다. 거주가 의미를 향한 절차라는 사실에 대한 경외 그리고 인간 심성작용과의 무한대 공명, 실무는 인간적이어야 한다. 하지만 역시 인간적 실무라는 말은 모호하다. 인간적 공감이라든가 의미와의 공명이란 말도 아직 추상적이다. 손에 잡히는 방법이 제시되지 않으면 '인간 위함' 이라든가 '의미 성취' 라는 명제는 역시 크고 흐릿한 형이상학이다.

그래서 그런지 주변에는 인간적임을 자처하는 주장들이 즐비하다. 이들은 예컨대 일조량이 부족하다고 여겨지는 아파트, 가려진 도시 조망, 사람들 사이 서로 튕기며 외톨이가 되는 삶, 집들의 비슷비슷한 외관 같은 것을 비인간적이라고 말한다. 그리고 이 하나하나를 해결하는 자신이 대개 인간적 사명에 동참하는 것이라고 여긴다. 그리하여 '도시를 절제 있게 치장하고 모양을 다채롭게 변화시키는 것이 인간적이다',

'아파트 건물의 너비는 6세대 이하여야 한다', '다양한 형식의 집들을 섞어 짓자', '못 사는 사람들과 잘 사는 사람들을 혼합시키는 계획이야말로 인간적이다', '건물과 건물 사이는 몇 미터 이상 떨어져야 한다', '아파트는 15층 이하여야 한다', '대지 바닥에는 투수성 재료를 쓰자', '아파트 분양원가는 공개되어야 한다' 고 주장한다.

사실이나 방법에 대한 모호함은 사람을 고집스럽게 만들고, 사람의 고집은 비인간성을 낳는다. 견해가 불투명하면 어느 한 가지 원칙을 강하게 밀어 부치려 한다. 겉으로는 인간을 위한다고 하면서도 속으로는 눈을 가늘게 뜨고 자신의 입장에 은밀한 의심을 가진다. 인간적임의 진정한 뜻이 모호해지면 실무는 보수적이거나 비타협적이거나 획일적이 된다. 그러면서 오히려 대체로 비인간적인 원리와 해법을 만드는데 치중하게 된다. 고집, 보수적임, 비타협성, 획일성 등은 정확히 인간적임과는 반대되는 개념이다. 실무의 비인간적 신념이 만들어내는 타성적 규범들, 그 전문적 고집이 이 시대에 부과한 권위적 세계, 자본이데올로기와 기술공식으로 주조된 수많은 무색 장치들. 이런 것들로는 인간적 실무가 될 수 없다.

인간적 세계를 만드는 데는 두 가지 전제가 있는데, 우린 우선 그 첫 번째에 모두 동의해야 한다. 그것은 삶의 주체, 거주의 자아, 실무의 고객으로서 인간을 정확히 이해하는 일이다. 사람들이 삶을 통해 추구하는 실존적 동기와 인간적 목표를 이해해야 한다. 인간적이라 함은 진정 무엇을 뜻하는가? 다시 말하지만 그것은 요구와 목표, 기대와 꿈, 소망과 갈망, 열정과 의지, 삶에서 진정 무언가 이루기를 바라는 상태, 그 '의미 있음' 을 향한 갈구를 이해하고 설명하는 능력을 뜻한다.

이렇듯 인간적임을 전제한 후 우린 이제 인간적 실무의 두 번째 전제, 즉 실천방법과 구체적 지략을 찾아야 한다. 실무가 만지는 도시건축의 실체 장치가 어떻게 인간의 실존적 의미에 기여할 수 있을까? 이제 관념과 사상을 손에 잡히는 도구로 번역해야 한다. 이 도구가 있다면 우린 진정 좋은 장치를 만들어볼 수 있을 것이다. 사람들의 소망과 일상과 기억이 좇는 저 꿈과 뜻의 의미를 실현해볼 수 있을 것이다.

이 실천적 도구에 관한 전제에는 두 가지 사전작업이 필요하다. 하나는 삶의 '의미 있음'이란 것이 정확히 무엇인지를 새기는 일이다. 이 의미란 것을 낱낱이 파헤친 후 의미를 위해 도시건축이 무엇을 할 수 있는지 예측하여 그것을 실무행위의 목표로 삼아야 한다. 또 하나는 인간이 어떻게 이 '의미 있음'을 이루는지 정확히 간파하는 일이다. 사람들에겐 꽤 유용한 수단과 도구가 있을 텐데, 인간의 방법을 잘 정리하면 도시건축의 방법이 절로 만들어질 것이다. 의미의 정의든 의미의 방법이든 우린 대답을 인간으로부터 찾는다. 사실 우린 이 두 가지, 의미에 대한 인간의 정의와 방법을 알기 위해 지금까지 길고 긴 논의를 펼쳐왔던 것이다.

6.2. 인간 거주의 테제

'의미 있음'의 의미

예술적 자아의 감정적 체험, 정념 — 도시건축 세계와 인간 사이의 의미를 보는 시각 중에는 사람의 주관적 가치와 능력을 배제하고 세계의 자연법칙을 중시하는 시각이 있을 수 있다. 예컨대 흄 이후의 경험주의 그리고 콩트와 실증주의자들은 세계의 크고 작은 현상들이 만드는 자연적 관계나 사물의 객관적 진리를 포착하려 했다. 이 유물론적 묘사나 보편적 해명의 필두에서 개개 인간의 고유성을 인정하기란 쉽지 않다. 세계는 인간 의식과 별도로 움직이는 엄격한 나름대로의 기제를 가지고 있다고 믿기 때문이다. 구구절절 개인의 체험을 지워버리면 세계의 일과 체험의 일이 한 덩어리로 뭉쳐져 자연주의나 실증주의 혹은 역사주의와 같은 일반해로 정리된다. 인간은 객관적이고 기계적인 세계의 한 부분이며, 개인 고유의 가치는 일반해를 위해 희생되어야 할 성가신 통제대상이다.

이 자연주의 시각의 다른 쪽 끝에는 반대로 인간을 사물의 중심으로 보는 시각이 있을 수 있다. 유아론(唯我論) 내지는 독아론(獨我論)이라고까지 말할 수 있는 이 관점은 세계가 인간을 중심으로 완전히 재편성된다고 믿는다. 세계의 형상은 사람의 정신작용, 이성적 주관화에 의해 내재의식 안에서 관념의 형이상학으로 재편된다. 서양의 전통 형이상학이나 유아론적 동양사상이 제시하는 진리에 관한 잠언이 사람들에게 때마다 설득력을 얻는 이유는 거대한 세계적 현상과 맞닿은 개인의 무겁고 두려운 입장이 세계는 이성 안에 있다는 공리(公理)에 의해 쉽게 고무된다고 믿어지기 때문이다.

이 두 가지 시각은 각각 보편성과 개인성, 일반해와 고유해, 실증주의와 이성주의에 치우쳐 있는데, 인간 삶의 '의미 있음'이 무엇인지를 정의하려는 우리로서는 이 중 어느 하나를 택하기가 쉽지 않다. 전자는 의미가 사람의 개별적 선택과 결정 그리고 개인 고유가치의 문제임을 배제하고 있으며, 후자는 의미를 이성적 작용의 결과로 간주하는 대신 의식의 예술적, 감정적 작동을 배제한다. 의미를 논하는 시각에는 이 양극을 중재하는 제3의 관점이 필요하다고 믿는데, 그 이유는 도시 건축의 체험과 감동에서 인간의 파토스적 열정이나 탐미주의적 갈망에 대한 경이가 엄연히 살아있어야 하기 때문이다. 이를테면 열정과 아름다움을 향한 인간 가치를 경계하는 과학 그리고 인간 존재의 감성적 고귀함을 떠난 이성적 관념화, 이 어느 것에도 휴머니즘의 궤멸을 예비하는 위험이 도사리고 있다. 아마도 이 위험을 극복하는 중재안은 세계와 과학과 역사와 사회를 인간의 열정과 갈망으로 함께 엮어 조망하는 따뜻한 감성적 시선에서 찾을 수 있을 것이다.

이 논점은 마르크스와 프로이드의 견고한 관념체계를 비판하고 역사주의의 운명론을 부정하는 동시에 종국에는 휴머니스트로서 자기 입장을 선언한 포퍼의 여정에도 살아있다. 그가 지적했듯이, 이성은 인간의 자연적 본성도 아니고 또 누구에게나 언제나 적용되는 본연의 혜택도 아니다. 대신에 이성을 사용할 것인가, 언제 어떻게 적용할 것인가는 인간이 선택할 수 있는 문제이다. 따라서 이성적 금지로는 인간을 통제할 수 없다. 인간은 얼마든지 감정적이고 비이성적인 방법을 자유롭게 사용할 수 있다. 심지어 어느 한쪽에서 보면 이성은 감정의 노예가 될 수도 있다! 예컨대 에리히 프롬이 말한 소극적 자유에 대한 유혹, 즉 사람이 권력이나 폭력, 죽음, 전쟁, 적개적 상황, 경제적 불편, 실직에 대한 불안, 정보통제와 획일적 가치관의 압제 등에 스스로 포기하고 자신을 일치시키는 자기비하적 증상은 인간의 선험적 능력이나 이성적 작용과는 거리가 있다. 이건 지극히 인간적인 현상인 것이다. 프롬은 이성이 그렇듯이 감정도 인간적 문제이며 인간의 자연적 본성이라는 점을 지적하고 있다. 예컨대 감정에 의해 혹은 특정 감정 때문에 이성이 발동하는 경우는 다반사이다.

그러므로 거주의 체험이 낳는 의미, 이에 대한 우리 정의는 데카르트의 정념론과 가깝다. 정념은 감정, 기분, 느낌 등 마음의 작용이 병행하는 사유를 말한다. 예술적 파토스에 사로잡힌 정사 즉 마음의 정으로 귀결되는 사색을 뜻한다. 정(情)과 사(思)가 함께 작용한다는 말과도 같다. 스토아학파가 인간의 이상이라고 말했던 감성에 흔들리지 않는 초연한 마음의 경지 즉 아파테이아apatheia조차도 인간 마음과 생각에 관한 상태 즉 정념의 뜻에 속하는 것임을 관측할 수 있다. 세계 속 거주에서 이성과 감정은 분간이 어려울 만큼 섞여 작용한다. 거주의 의미는 두 가지 의식의 혼합과 일체화에 의해 나타난다. 삶과 일상경험이 세계와 자아, 의식과 육체, 영혼과 물체의 협연을 꾀하는 작용인 것처럼, 그것으로부터 나오는 의미 또한 예술과 정신, 감정과 이성의 조화에 의해 형성되는 제3의 관념 즉 정념인 것이다.

데카르트를 넘어 후설의 현상학에 이르면 이 부분에 대한 정확한 대답을 얻을 수 있다. 후설의 감정의 현상학, 하이데거의 기분의 해석학은 인간이 세계의 대상과 맺는 실존적 사건이 근원적으로는 인간의 감정에 관한 것임을 밝히고 있다. 더 나아가 감정이 다른 지평으로 연장되어 좀더 넓은 지평에 대한 통일적 감정 즉 기분을 형성한다고 말하고 있다. 예컨대 기쁨과 연관된 어떤 중요한 감정적 사건이 삶 전체를 기쁘고 즐거운 기분의 존재의식으로 요약하는 것과 같다. 또 어떤 쾌활함의 감정이 한 사람으로 하여금 자신의 거주 전반을 쾌활함의 통일적 기분으로 조망하게 하는 것과 같다. 이렇게 형성된 기분의 색조는 사람 내면의 의식류 이른바 이성적 관념과 감정적 관념의 통합적 상태인 정념으로 모아진다. 그리고 정념은 한 사람의 과거, 현재, 미래의 거주 전체에 대해 감정적 영향력을 미친다. 의미는 이처럼 정념의 양식을 띠고 있다. 그리고 정념은, 마치 종교로부터 얻은 확신이 삶 전체에 관한 확신으로 퍼지는 것처럼 혹은 아파트 거주의 권태가 생활 전체의 권태로 느껴지는 것처럼, 생애경험의 전반의 의미론적 양상을 지배한다.

인본정신은 인간의 가슴과 통하는 섬세한 감상적 연민의 언어로 표현된다. 존재, 삶, 거주, 일상에 관한 테제들은 정신이나 이성, 지성이나 지력(悟性)에 앞서 인간의 마음과 정에 관련되어 있다. 자연과학적 명제를 향한 귀납주의 그리고 지성적 가공으로 무장한 관념주의, 양자가 드러내는 인간의 감정적 자유에 관한 결핍증상은 세계 내 존재로서 인간이 자신의 예술적 자아를 발견함으로써 치유된다. 우리가 의미를 인간학의 문제로 보려는 의도도 이점에 있다. 거주는 진리를 탐구하는 이성적 논증으로 풀리지 않는 문제들로 가득하다. 거주의 의미에 있어서 진리가 하나라는 생각은 유효하지 않다. 보편적이라는 말도 옳지 않다. 진리는 자기 안에 투영된 실재 속에 있으며, 감정과 편견과 왜곡에 약하다. 타인의 생각에 의해 편향되는 속성도 있다. 진리는 개인의 예술적 변화가 주는 사유의 유연함에 따라 변한다. 더욱이 하이데거가 지적했듯이, 예술은 아름다움을 주는 것이로되 진리를 낳으려 하지는 않는다. 어쩌면 사람이 거주한다는 것은 감정으로 사유하여 기분을 다스리는 일이라고 말할 수 있을 것 같다.

감성과 실용과 정신의 성취를 위한 체험 — 그렇다면 어떤 감정,

어떤 기분을 말하는가? 의미의 속 내용을 알기 위해선 인간이 도시건축에서 거주하며 무엇을 기대하고 예감하는지, 무엇을 부족하다고 생각하고 또 무엇을 필요로 하는지, 무엇을 위해 도시건축 세계를 경험하는지를 먼저 알아야 한다.

거주를 통해 무언가 가치를 찾는 일은 인간의 조건인 동시에 누구나 가지고 있는 본능적 욕망이다. 이건 살아있다, 존재한다는 뜻과 같은 말이다. 사는 것과 존재하는 것, 그로부터 체험적 가치를 찾는 것. 이 일은 한 생명 앞에 툭 떨어져 도저히 달리 어찌 해볼 도리 없는 숙명과도 같은 개인적 사업이다.

이 가치를 위해 인간이 최초로 수행하는 작업은 자신의 내성을 기르는 일이다. 세계가 어떻게 주어졌든 사람들은 거주를 통해 내면의 자유를 행사하려 한다. 의식의 건강함, 삶의 자주정신, 관념적 안정 같은 것을 추구한다. 이를 위해 자기 거주의 방식을 결정하고 자신의 삶을 통솔할 뿐 아니라 주변세계도 통솔한다. 그럼으로써 외적 지배세력이나 시대적 이념들로부터 자신의 정서와 행동과 정신을 자유롭게 만든다. 이건 인간이 자신을 어떤 정서적, 실용적, 정신적 동기의식으로 무장함으로써 가능한 일이다. 어떤 도시건축에서든 인간은 삶을 막연히 지나치지도 않고 그저 가만히 있는 것에 만족하지도 않으며, 끊임없이 모자라는 부분에 대해 질문을 던진다. 감성적이거나 현실적이거나 정신적인 요구, 목표 혹은 이상에 관한 것, 이들이 성취될 것에 대한 기대와 예감, 진정으로 자신에게 이루어지기를 바라는 소망, 그리고 이들의 실현을 향한 열정과 의지. 이것들은 사람이 거주의 행로를 걷고 있는 한, 가장 기본적인 일상에서조차도 강력풀 같은 견고하고 고집스런 동기의식으로 작용한다. 그리하여 눈 앞에 보이듯 '나는 이것을 위해 산다'고 말할 수 있는 것이다.

그러므로 의미란 우리가 인간임을 자처하며 인간적 삶을 살면서 스스로 얻고자 하는 크고 작은 이상이다. 자신의 이상적 상태를 찾아가는 미완성의 과정 자체가 생애라고 말할 수 있다. 몸바쳐 얻고자 하는 이상적 생애가치는 사람마다 조금씩 다르겠지만 삶 전체를 통틀어 우린 행복이나 즐거움, 사랑이나 헌신, 자유와 평화, 충만과 기쁨, 성장과 발전 같은 궁극적 가치를 추구한다.

예컨대 어떤 이에겐 종교적 신념이 기쁨이나 사랑 또는 충만의 궁극을 이루는 길이 될 수 있다. 가족의 안위와 평화가 지고의 의미가 되는 경우도 있다. 자기 집단이나 이웃을 사랑하는 일, 자기 생애에 주어졌다고 믿는 일을 행하는 것, 직업적 성취, 자부심과 자긍심도 행복, 사랑, 자유, 충만, 성장과 같은 가치를 안겨줄 수 있다. 가고 싶었던 곳으로의 여행, 자신이 바라고 있던 취업, 유학, 원하는 집을 사는 일, 자녀의 성공을 지켜보는 일 같은 삶의 작은 일들도 역시 우리에게 행복을 준다. 또 유물론적 성장이나 물질적 충만이 행복과 자유를 향한 방법이라 믿는 사람들은 재물, 명예, 지식, 기술, 권력 같은 것을 삶의 성공이라 말할지 모르겠다. 넓게 보면 도시건축이라는 커다란 장치 안에서 자신이 보는 것, 듣는 것, 만지는 것, 느끼는 것, 아는 것, 행동하는 것 모두가 이 같은 삶의 궁극적 가치와 연결되어 있다. 이 도시건축 세계의 경험적 사건들이 인간이 삶을 통해 지향하는 감성적, 실용적, 정신적 업그레이드, 예컨대 요구와 목표와 기대, 꿈과 소망, 자기 존재의 이유와 가치와 이상, 삶에 관한 열정과 의지 등에 어느 한쪽이라도 걸쳐있다면 이들은 모두 인간 거주의 의미에 속한다.

이제 도시건축 실무를 위해 지금까지 말했던 '의미 있음'의 정의를 정리해보자. 의미 있음이란 도시건축적 장치 안에서 벌어지는 각가지 경험적 사건들이 행복, 사랑, 자유, 충만, 성장과 같은 생애가치를 추구하는 인간 동기를 충족하는 때를 말한다. 그 사건들이 사람들로 하여금 자신이 필요로 하거나 바라고 있는 감성적, 실용적, 정신적 상태에 도달하게 할 때 우린 그 삶이 의미 있는 것이라고 말할 수 있다. 사람들 모두는 삶의 중도나 막바지에 이르러 나름대로 의미 있는 삶을 살았노라고 스스로에게 말하고 싶어할 것이다. 이 삶의 동기는 정서적 성취나 실용적 성취 혹은 정신적 성취에 조준되어 있다. 거주라는 피치 못할 여로를 지탱하는 사람의 경험 역시 감성적 체험, 행동적 체험, 정신적 체험에 관한 것이며, 사람이 도시건축에서 얻고자 하는 것도 감성적 감동, 행동적 감동, 정신적 감동에 관한 것이다. 그러므로 도시건축의 경험이 이 세 종류의 긍정적 감정을 유발할 때 우린 그것이 사람들 마음 속 체험의 열매가 되어 그들의 희망, 존재의문, 자아 불충족, 삶에서 이루어지길 바라는 간절한 무엇에 대한 해답을 주었다고 말할 수 있다.

'의미 있음'을 이루는 방법

사람들은 어떻게 각자 삶의 이상에 도달하는 것일까? 어떤 방법을 통해 감성적 요구, 실용적 소망, 정신적 목표를 해소하는 것일까? 앞서 말한 대로 사람들의 방법을 잘 이해하면 이상적 삶을 지원할 도시건축적 실천방법을 찾아낼 수 있을 것이다.

앞에서 우린 종교적 귀의, 가족, 이웃사랑 같은 것을 의미로의 길이라고 하였다. 자기 생에 주어졌다고 믿는 일을 행하는 것, 자신이 원하는 과제의 실행, 직업적 성취, 기쁨 주는 일을 하는 것 등도 감성과 실용과 정신의 충만을 이루는 방법이다. 사람에 따라서는 여행, 취업, 유학, 집을 사는 일, 자녀의 성공, 재물, 명예, 지식, 권력도 삶의 가치에 도달하는 길이 될 수 있다. 넓게 보면 인간은 보는 일과 만지는 일에서부터 지각, 인지, 행동, 상황까지 도시건축 세계 안에서 벌어지는 각가지 경험적 사건들을 자신의 요구와 희망과 기대에 부합시킴으로써 자신의 의미를 성취한다. 우린 여기서 경험이 우리가 찾고자 하는 실천적 방법의 키워드임을 알 수 있는데, 이 방법을 제대로 이해하려면 경험을 세계, 경험, 전회의 큰 순환 속에서 살펴보아야 한다.

(1) 인간은 세계로부터 자원을 이용한다 — 삶은 자연스럽고 귀하지만 고단하며, 그 노상에서 이어지는 사건들은 어느 것 하나 무던한 것이 없다. 사람이 이 험난한 행로를 마다하지 않는 이유는 자신을 둘러싼 세계가 결국은 자신이 이루기를 소망했던 것들을 가져다 주리라는 예감 때문이다. 딱딱하고 고집스럽던 세계가 결국 자기 안에서 소화되고 걸러져 그 결과로 삶을 알찬 의미의 열매로 채울 수 있다는 기대가 있기 때문이다.

살아가는 이유에 대한 질문은 사람의 내면으로부터 나오지만 그 대답은 외적 세계로부터 나온다. 사는 일에 대해 머리 속에서 잔뜩 그림만 그려놓고 실제 움직이지 않는 사람에게 그 대답은 주어지지 않는다. 곡괭이를 어깨에 멘 채 산을 오르고 강을 건너는 사람에게만 대답은 자기 모습을 드러낸다. 대답을 얻기 위해 사람은 세계로 돌진한다. 자기 안의 모든 것을 세계로 투사한다. 세계와의 대면, 고단한 현실여행. 이것으로부터 스스로에게 던졌던 이유와 가치에 대한 수수께끼가 풀리기 시작한다.

세계는 이 같은 자기 근원으로의 탐구여행이 필요로 하는 경비와 재료를 제공해준다. 이 탐구여행에서 사람은 세계와의 충돌과 조우를 경험하고 공명과 조화를 탐색한다. 세계 탐색 그리고 세계와 자신과의 조정이 성공하면 삶은 의미로운 것이 될 것이며, 여기서 실패하면 삶은 메마르고 쇠잔한 것이 될 것이다. 탐색과 조정의 과정에서 벌어지는 각가지 사건에는 원료와 도구와 장비가 필요하다. 이들이 여행에 동력을 부여하는데, 이 중 일부는 사람의 능력 예컨대 열정과 의지, 자발성과 창의성, 육체적 구사, 지식 잠재력 등에서 나오지만 나머지 일부는 사람을 둘러싼 세계 예컨대 햇빛, 바람, 땅, 의자, 나무, 도로, 건물, 도시 등에서 나온다. 자신이 가지고 있는 동기와 능력이 중요하지만 이것만으론 결코 여행의 성공을 장담하지 못한다. 성공은 세계로부터 얼마나 또 어떻게 유용한 재료를 취득하는가에 달려있다. 이것 때문에 인간이면 누구나 세계와 만나기를 자처하고 세계를 이용하며 세계와 화합하려 애쓴다.

주변 세계는 각가지 기능적 용처와 도구적 자원들로 가득 차있다. 당초 관념적이었던 세계와 사람 사이의 관계는 일상의 순간순간마다 합목적적인 것으로 탈바꿈한다. 사람은 본능적으로 세계를 순간순간마다 도구로서 실용적 용처로서 탐색한다. 주변 여기저기서 자기 목적에 합당한 쓰임새를 탐지한다. 그리고 그것을 활용한다. 꿈을 실현하려 애쓰는 사람마다에게 세계는 그가 필요로 하는 자원을 제공한다. 세계는 이를테면 자원의 밭이다.

인간이 이 밭을 일궈 열매를 얻고자 하는 주체라면, 도시건축 실무는 밭의 원형을 형성하는 주체이다. 이런 점에서 세계는 인간의 영역이며 동시에 실무의 영역이다. 이 영역은 대단히 복합적인 요소들로 이루어져 있으며 또 복합적인 역할을 담당한다. 사람들 각자의 독특한 이유와 기대치를 만족시켜야 하고 또 사람마다 자신을 각기 다른 용처로 인식하는 그 예측 못할 표상의 변화에도 부응해야 한다. 세계는 자신이 보유하고 있는 무수한 요소들로 이에 대응한다. 여러 종류의 사람들, 무수한 사물들, 각가지 행위와 사건들, 제도와 이념들, 다양한 시대적 이슈들, 문화적 신호들, 역사와 시간에 관한 것, 공간과 위치에 관한 것, 여러 사회체제와 문화집단들을 지닌 채 사람들과 만난다. 이 요소들 각각은 자신에게 달려드는 인간에게 대상 혹은 장치로서 자신을 헌납한다. 사람은 친구, 이웃, 대화의 상대로, 사물은 도구로, 행위는 선망이나 비판의 대상으로, 시간과 공간 그리고 체제와 집단은 무대로서 사람들에게 기여한다. 이들이 모두 인간의, 인간에 의한, 인간을 위한 자원인데, 도시건축 실무는 이런 인간의 자원을 다루는 작업이다.

세계가 대상으로서의 자원 그리고 장치로서의 자원으로 이루어졌다고 하였는데, 여기서 대상은 의미의 출처 그리고 사람마다 찾아 헤매는 대답의 근원으로 이용된다. 세계를 구성하는 요소 각각이 사람의 경험대상이 되기 위해 '나 여기 있소' 하며 스스로를 열어놓고 자기를 인식할 주인을 기다리고 있다. 모든 대상 예컨대 타인, 땅, 나무, 하늘, 가족, 학교나 병원, 사상이나 이념 등이 사람에게 '사는 것은 대개 이런 것이야' 라고 신호를 던질 채비를 갖추고 있다. 하물며 주위의 이름 모를 사람들, 새벽, 안개, 강물, 골목길, 돌 하나까지도 누군가에게 의미를 줄 수 있다. 여기서 또 장치는 사람과 대상이 의미를 교류하는 각가지 생애상황의 실체적 무대, 환경적 배경으로 이용된다. 시간적, 공간적, 사회문화적 장치로 나누어 볼 수 있으며, 또 각각이 길거나 짧고, 크거나 작고, 또 단순하거나 복잡하다. 각 장치는 나를 비롯하여 하나 혹은 다수의 대상을 함유하고 있다. 예컨대 강에는 나와 흐르는 강물 그리고 돌과 나무와 하늘이 있고, 초원에는 나와 바람과 풀과 사랑했던 사람 그리고 그와 나누었던 대화가 머물러 있다.

그러므로 여기저기 흩어져 있던 대상과 장치가 한 사람의 생애 속으로 편입되었을 때 우린 이것을 자원이라 부른다. 예컨대 수많은 사람들 중 내가 사랑하는 그 사람, 도시의 길들 중 바로 이 길, 아파트의 여러 공간들 중 바로 그 공간과 같이, 무명의 대상과 장치 중에서 아련하거나 쓰라리거나 감동적인 체험으로 혹은 삶의 광맥을 찾아 곡괭이를 휘두르는 그 행동으로 혹은 각가지 의미로운 사건으로 편입되는 것들을 자원이라 한다. 결국 인간이 채택하는 의미의 방법은 주위 세계로부터 이 같은 소중한 자원을 취득하는데 있다. 바꿔 말하면, 도시건축이 인간에게 의미로운 것이 되기 위한 방법은 자신이 만드는 세계의 대상과 장치가 인간의, 인간에 의한, 인간을 위한 저 소중한 자원이 되도록 궁리하는데 있다.

(2) 인간은 행동한다 — 세계와 만나는 일, 그 대상과 장치를 자원으로 이용하는 일이 다름아닌 경험이다. 물론 경험이란 감각, 지각, 인지의 형식을 빌어 세계와 만나는 일체의 내적 작용을 포함한다. 또 세

계를 이용하고 그 안에서 행동하는 과정을 포함하여, 그로부터 의미를 해석하고 그것을 소재로 전회하는 일까지를 넓게 아우르는 작업이다. 앞서 이론적 논의에서는 이를 표상화, 실행화, 의식화의 순환으로 정리하였다.

표상이란 자신의 동기가 가리키는 곳과 현실의 실제 여건이 화합하는 지점을 가늠하는 의식적, 심리적 작용이다. 표상은 세계를 어떻게 이용하고 또 그 안에서 무슨 행동을 어떻게 실행해야 자기 동기를 충족할 것인지를 생각하는 의식적, 심리적 작용이다. 행동의 최적 수행에 필요하다고 생각되는 최적 조건을 머리 속에서 그려보고 그것을 자신이 속한 세계의 실제조건 위에 겹쳐 판단하는 일이다. 이를 위해 사람은 세계를 감각하고 지각하며 인지한다. 이렇게 보면 표상도 역시 합목적적 작용이다.

인간의 세계 경험은 표상을 넘어 행동으로 이어진다. 경험의 핵심은 행동에 있으며 동기의 실행을 뜻한다. 세계로의 참여를 넘어 세계의 합목적적 이용을 일컫는다. 동기 실현을 향한 의지의 인간들에게 명상이나 공상은 도움이 되지 않는다. 행동 없는 내적 방황이나 표상으로는 부족하다. 뜻한 바 의미를 향한 여행에서 고단한 실행의 고난을 요리조리 비켜가는 요령 따위로는 어림없다. 경험은 험한 저 세계와 조우하고 그 속으로 몰입하여 자원을 얻는, 그리하여 운동과 움직임을 통해 동기와 의지를 실행하는 고단한 육체적 행사이다.

세계와의 이 육체적 충돌이 끝난 후 사람은 자기 의식의 고요 속으로 되돌아간다. 표상의 의식에서 현실 행동으로 그리고 다시 의식으로의 회귀이다. 실행이 끝났는데 그 결과가 과연 동기에 대한 답인지, 자신에게 의미를 주는 것인지를 평가하고 추론하고 해석한다. 인간의 세계 내 행동은 항상 무언가를 대상으로 지향하며 어떤 장치에 기대어 나타난다. 세계 속에서 끊임없이 자원을 탐색하고 그것을 이용한다. 이건 모두가 합목적적 행상임으로 그로부터 사람은 자신의 가장 순수한 뜻, 사물이 자신에게 던지는 의미를 체로 쳐서 걸러낼 수 있다. 이것이 노에시스라고 말하는 인간 본연의 의식작용이다.

여기서 도시건축 실무는 인간이 행하는 동기 실현을 위한 현실적 노력, 세계 내 행동에 주목할 필요가 있다. 왜냐하면 감각, 지각, 인지, 표상만으로 끝나는 경험은 온전한 체험으로 완성되었다고 볼 수 없으며, 더욱이 의미 해석이나 소재 전회와 같은 의식화 작용은 실행이 있어야 나타나는 사후 작용이기 때문이다. 감각, 지각, 해석, 전회와 같은 내적 작용도 중요하지만 이들은 모두 인간행동의 부수적 단계에 불과하다. 자신이 기대하는 의미에 도달하기 위해 인간은 실행의 절차를 피해갈 수 없다. 삶에서 나타나길 원하는 뜻을 이루기 위해 사람은 반드시 세계 내 행동을 치른다. 이것이 인간의 방법이다. 의식작용은 눈에 띄지 않지만 행동은 현실적이고 가견적인 증상이다. 행동을 통해 우린 '아, 저렇게 경험하는구나' 하며 인간 세계경험의 과정과 방식과 결과를 가늠할 수 있다. 만약 도시건축 실무가 인간의 방법으로부터 자신의 방법을 찾기 원한다면 자신이 만드는 세계 안에서 인간의 의미를 향한 행동절차가 자유롭게 실행되는 그런 세계를 계획해야 한다.

(3) 인간은 의미를 소재로 전회한다 — 인간이 삶에서 의미를 이루는 나머지 한 가지 방법은 전회이다. 전회란 사람이 세계 속 자원을 이용하여 또 세계 내 행동을 통해 얻은 소중한 의미의 열매를 세계의

그 자원, 행위와 사건, 그리고 장소나 장면과 같은 실체적 기호에 담아 상징화하는 의식작용이다. 자원, 행동, 장소, 장면으로의 전회를 통해 의미의 원형적 콘텐트를 기억으로 보관하게 되고 또 타인과 의미에 대해 소통하게 된다. 실체를 통해야 인간은 비로소 의미를 소유할 수 있다! 전회란 이처럼 관념의 추상성을 현실화하는 조작적 정의이며 무형을 유형으로 도치하는 일인데, 이 일이 도시건축에게 중요한 이유는 그것이 도시건축 실무가 다루는 세계의 유형적 실체를 기호로 이용한다는데 있다.

의미는 감정적 결과를 낳는다. 예컨대 내게 기쁨을 주는 일을 하고 싶다는 동기 혹은 그것을 해야 한다는 의지를 현실에서 실행함으로써 삶은 진실한 기쁨의 의미를 제공한다. 그것이 놀이동산에 가는 것이거나 공부를 열심히 하는 것이거나 배우 혹은 의사가 되는 것이거나 간에, 의미는 이성과 지성을 넘어 기쁨의 감동, 삶의 충만감, 인생의 아름다움과 같은 감정적 현상으로 존재하게 된다. 인간이 세계 내 행동을 통해 얻는 자기 거주에 대한 대답은 이처럼 마음의 상태, 느낌이나 기분을 형용하는 관념으로 탈바꿈한다. 전회의 결과로 우린 의미 본래의 형용사적 언어 대신에 세계의 명사적 이미지 혹은 행위의 동사적 이미지로 의미에 대해 말할 수 있게 된다.

인간 의미를 실체기호로 말할 수 있다는 것은 실무에게 있어서 대단히 효과적인 일이 아닐 수 없다. 경험은 사라져도 기호는 남아, 우리가 사람들의 의미를 떠올릴 때마다 의미는 기호를 통해 그들 삶의 명료한 흔적으로 되살아난다. 만약 이 감정의 본질이 훼손되지 않은 채 기호 속으로 고스란히 전회된다면 그것은 사람이 부를 때면 언제든지 자신을 타전해줄 것이다. 이 실체적 흔적들이 모여 삶을 이루는데 이렇게 모인 것이 곧 의미의 실재, 한 사람의 생활세계로 완성된다. 이 실체적, 기호적 흔적들이 한 사람의 진리이며 참의 세계, 실재적 세계를 만드는 것이다. 그리고 여기에 도시건축 실무는 사람들이 기호로 사용할 수 있는 실체들을 넓게 펼쳐 보임으로써 그들의 전회를 배양하게 된다. 이것이 인간의 방법으로부터 자신의 방법을 찾는 도시건축 실무의 마지막 길인데, 그것은 자신이 만드는 작은 것들과 큰 것들 하나하나가 사람들 의미와 기억을 담는 소재적 기호로 이용될 수 있도록 하는 일이다.

6.3. 실천을 향하여

무덤덤한 삶, 현혹된 생애, 기계적이거나 권위적인 모든 것, 의미 없이 살아가는 사람들 영혼의 초라함. 하지만 이를 극복하여 도달하는 순수 자아, 순수인간으로서의 행복, 자유, 사랑, 충만, 성장과 같은 실존에 관한 것. 다른 어느 누구의 것도 아닌 자신의 실재. 작은 혁명이라고까지 할 인간 자유의 행사. 인간과 세계의 충돌, 그리고 영혼과 물질, 정신과 육체, 관념과 실체의 융합. 눈물방울 같은 삶의 진리에 대한 인식 그리고 다시 세계로의 전회. 그런 후에도 인간 실재는 진화하며, 나는 여전히 스스로에게 묻는다. 삶의 더 나은 가치는 어디에 있는가?

이제 도시건축은 무엇을 어떻게 해야 하는가? 실무는 수많은 인간들의 의미로운 삶을 위해 어떤 실무를 생각해야 하는가? 도시건축 형상이 인간과 그들 삶의 본질적인 것에 어떻게 관여할 수 있을까?

누군가는 자신이 지극히 현실적인 사람이며, 인간이나 삶의 본질 따위의 사고는 과대망상 내지는 관념적 유희에 불과하다 할지 모르겠다. 하지만 여러 사람들이 여러 분야에서 이런 종류의 망상적 사색을 끊임없이 행하고 있다. 예컨대 경영, 경제, 로봇기계학, 유전공학과 생명공학, 반도체와 IT기술산업 모두는 어떻게 하면 인간의 고매한 존재동기와 삶의 목표를 좀더 반듯하게 만들 것인지를 생각하고 있다 (어쩐지 도시건축에서만 이런 사색에 궁색해 왔던 것같다). 특히 철학, 사회학, 문학 등이 형상과 인간존재에 관한 깊이 있는 전례들을 여럿 보여준다. 이를테면 베버나 하버마스의 비판사상, 후설로부터 슈츠로 이어진 현상학, 하이데거의 실존주의 해석학, 제임스의 실용철학 등은 인간존재의 본질적 문제서부터 인간성 실천까지의 한 줄기 사유에 대해 나름대로의 입장을 각각 보여준다. 여기에 사회학 인지론자들이나 기든스 등의 사회학이론, 인간존재와 인간의 기본적 요구에 관한 심리학자들의 주장, 바커와 깁슨 그리고 마그누손이나 라파포트가 제시하는 환경심리학적 주장 등이 더 있다. 이들은 인간과 세계에 대한 사유가 특정 분야로 옮겨지면서 어떻게 새로운 이론적 옷을 입고 실천적 지략으로 변모하는지를 실증한다.

이런 종류의 사유를 토대로 삼아 우린 지금까지 도시건축에서의 인간 그리고 그들의 거주를 심도 있게 논하였다. 특히 우린 이 논의의 중심이 의미론에 있어야 한다고 믿는데, 그 이유는 도시건축과 인간은 본래 서로 떼어놓을 수 없는 관계이며, 도시건축 속에서 인간은 결국 나름대로의 의미를 향해 거주하는 것이며, 또 이 의미를 얻기 위해 인간은 굳이 도시건축으로의 돌진을 멈추지 않는 것이기 때문이다. 그러므로 만약 인간 거주에 있어서 의미가 무엇이며 사람들은 이것을 어떻게 만들며 이를 위해 도시건축이 무엇을 할 수 있는지를 깨닫는다면 이것이 곧 인간적 도시건축이요 진정 인간을 위한 실무라고 스스로에게 말할 수 있다.

실무의 의미론적 기제

지금까지 우린 인간 거주에 대해 논하였으며 또 이를 의미론적 관점으로 설명하였다. 사람이 거주한다는 일에 대해 인간, 세계, 경험, 의미, 소재의 다섯 가지 축으로 풀어 말하였다. 의미가 무엇인지 정의하였고, 우리가 의미를 말해야 하는 이유가 무엇인지 제시하였다. 덧붙여 경험에 대해 세세히 말하면서 인간의 세계 경험이 의미를 얻는 유일한 방도임을 명시하였다. 그리고 경험을 통해 얻은 의미가 다시 세계로 전회되어 상징체계를 만들고, 종국에는 관념과 실체, 의미와 도시건축이 하나가 된 실재reality 즉 생활세계가 완성된다고 주장하였다.

이처럼 거주란 삶의 목적에 관계된 커다란 순환이다. 삶에 관한 동기적 자의식으로 가득 찬 인간, 대상과 장치로 이루어진 세계, 표상과 행동과 해석으로 진행되는 경험, 그리하여 도달하는 생의 의미들, 그리고 행동, 자원, 장소, 장면, 라이프 프로그램 등으로 정착하는 의미의 실체적 소재. 우린 당연히 사람들의 이 커다란 실존적 회전운동에 전착하여 이 운동이 풍요로운 의미로 넘쳐나도록 도와야 한다. 삶이 나가는 길에 형형색색의 수를 놓아야 한다.

현상학과 실존주의, 사회학과 심리학, 그리고 인간, 세계, 경험, 의미, 소재의 축은 인간학과 의미론의 이론적 배경을 제공하는 동시에 도시건축 실무에 대해서는 꿈의 거주를 지향하는 큰 실천적 테제들을 제공한다. 인간의 요구, 소망, 의지와 같은 동기의식을 도시건축 세계와 함께 속 깊이 들여다 보면 휴머니즘의 거주, 인간적 실무의 실천지략, 손에 잡히는 실무도식의 가능성이 꽤 명철하게 드러난다. 지금까지 긴 시간을 할애하여 논의된 인간학과 의미론의 대안적 사유방식은 우리로 하여금 세계의 자원, 경험의 행동학적 관점, 그리고 장소, 장면, 라이프 프로그램과 같은 전회적 실체에 관심을 갖게 한다. 세계자원, 인간행동, 장소, 장면, 라이프 프로그램이 도시건축의 실천적 수단이며 지략이라는 것이다.

(1) 인간 거주의 의미가 우리의 목적이다.

도시건축의 목표는 인간 거주의 본질에서 찾아야 한다. 지금까지 열성적으로 논의한 거주의 본질에 대한 이론적 해설 안에서 도시건축이 담당해야 할 큰 숙제가 보인다. 근본이 튼튼해야 실천이 똑바르듯, 도시건축 실무에게도 튼튼한 이론적 바탕이 필요하다. 앞뒤 몽롱한 상태에서 우린 얼마나 쉽게 실천에 급급했는지! 무언가 만들어내야 한다는 강박관념을 버리고, 성급히 실천으로 덤벼들기 전에, 먼저 인간을 주의 깊게 관찰하고 그들의 삶의 목적에 대한 세심한 사유를 가져야 할 시간이다.

거주란 각자가 자기 삶의 의미를 찾는 여정이다. 이 여정은 수많은 경험적 사건의 연속인데, 하나하나의 경험은 도시건축 속에서 나름대로 삶의 이유를 탐구하여 삶을 자기 것으로 만들고자 하는 개개인의 동기의식을 원동력으로 삼는다. 이를테면 각자는 존재에 관한 의문, 새로운 요구, 더 나은 뜻을 향한 꿈, 그리고 꿈의 실현에 모아진 열정과 의지 등을 가지고 도시건축 세계와 만난다. 이 경험의 끝에서 꿈을 이루고 또 자신에게 던졌던 의문의 대답을 얻는데, 이 열매 일체를 우린 의미라고 부른다. 그러므로 도시건축 세계는 경험의 대상이고 장치이며, 동시에 의미의 원천이다.

우리 의미론적 이론의 첫 번째 기제는 도시건축의 목표가 거주의 본질 즉 사람들이 추구하는 의미에 모아져야 한다는 것이다. 사람은 세계 경험을 통해 삶의 진리를 추구한다. 이 일에 깊이 관여하고 있는 도시건축 실무는 자신의 최우선 목표를 거주의 의미를 향한 공헌에 두어야 한다. 사람들이 지향하는 가치, 거주를 통해 이루어지길 바라는 삶의 상태에 관심을 모아야 한다. 이것은 도시건축이 인간적이라는 뜻과 같다. 진정 인간적인 것이 되기 위해 도시건축은 인간이 자기 삶의 목적을 찾는 이 거주라는 탐구의 여정에 적극 동참해야 한다.

진실로 모든 사람은 각자의 의미를 위해 살아간다. 삶에 관한 소망과 신념으로 그려진 의식의 그림 위에 현실세계를 얹어놓고 어떻게든 두 개를 하나의 그림으로 맞춰나간다. 그러면서 의미로운 삶을 향한 지도 한 장을 열심히 그려간다. 우리가 어디에서 어떤 일을 하든, 무엇에 관심을 가지며 어떤 소망을 가지고 살든, 각자의 권리는 이처럼 인간다운 세계 안에서 인간적으로 살아가는데 있다. 여기서 도시건축은 두 가지 경우 중 하나의 역할을 갖는다. 그것은 이 인간적 권리를 지원하는 우호적인 것이거나 아니면 이 권리를 향한 거주행로 곳곳에 장애와 해악을 은폐하는 부정적인 것 중 하나이다.

대개의 도시건축 실무자는 이 인간적 목표에 본능적인 관심을 가지고 있다. 사람들의 요구와 소망이 실현되는 도시건축이 중요함을 알고 있으며, 실무의 궁극적인 목표가 희망의 가치를 향해 행진하는 사람들의 거주일상에 튼튼한 물길을 제공하는 것임을 인식하고 있다. 도시건축 세계 속에서 사람들마다 보석 같은 의미들을 캐내도록 도와주어야 한다는 사명감도 가지고 있다. 도시건축의 전문적인 의사결정마다 '이것이 진정으로 사람들에게 의미를 주는 것인가', '삶의 질에 중요하거나 절실하거나 가치 있는 것인가' 라는 자문이 늘 따라야 한다고 믿고 있다. 하지만 우린 여기서 도시건축이 흔히 범하는 인간적 의미에 대한 세 가지 오류를 지적하지 않을 수 없다.

첫째는 인간의 진정한 동기와는 무관한 내용을 지레 중요한 것으로 간주하는 경우이다. 사람들에게는 진정 진리도 아니고 중요하거나 절실하거나 명백하지 아닌 것을 실무가 혼자서 이것이 인간적 의미이며 삶의 질에 결정적인 것이라고 주장하고 있다. 자신의 전문적 추론을 과신하거나 자신이 해야 할 일에 조급해지는 것이 이 오류의 이유일지 모른다.

둘째는 실무의 추론이 타당한 것으로 나타나 그것이 사람들이 추구하는 진정한 의미에 해당하기는 하지만 그것에 도달하는 실천적 방법을 정확하게 모르는 경우이다. 실무가 인간에게 무엇을 주어야 하는지에 대한 자신의 인식과는 엇나가는, 비핵심적인 방법 혹은 뒤틀린 실천방법에 몰두한다는 것이 문제이다.

셋째는 실무의 작업이 사람들 의미의 테두리에 들기는 하지만 중요도나 절실함에 있어서 아래 순위에 겨우 걸쳐있는 의미에 대해 지나치게 미련을 갖는 경우이다. 사람들은 자신의 높고 절실하며 간절한 꿈을 향해 있는데 실무는 현실의 밑바닥에 있는 작은 부스러기 의미들에 연연하고 있다.

다소 복잡한데, 예를 하나 들어보자. 공동체의식은 이 시대를 살아가는 우리에게 어떤 의미일까? 공동체의식은 종종 이웃교류, 사회적 친화, 동질의식이나 소속감 등과 동일시되고 있다. 그리고 우린 이것을 이웃과의 안면이나 친숙함의 정도, 서로 인사를 나누는 횟수, 우연한 대화의 여부, 이웃에 관한 해박한 정보, 필요한 물건을 나눠 쓰는 정도, 고유 사회영역의 혼합 같은 지표로 판단한다. 세 가지 오해 중 첫째, 공동체의식이 무엇이든 그것은 내 삶에 의미가 없을뿐더러 내 일상적 존재이유나 소망이 되지 않는다. 오해의 경우 둘째, 이웃과의 일상적 인사, 이웃에 관한 정보, 사회적 혼합 같은 지표는 내가 이 소중한 공동체의식을 얻고 유지하는 진정한 방법과 무관하다. '난 이웃과 인사도 하고 필요하면 간단한 대화도 나눌 수 있어. 하지만 그런 건 내 공동체의식에 중요치 않아' 라고 말한다면? 나는 공동체의식의 가치를 나름대로 다른 루트를 통해 찾는 것이다. 오해의 경우 셋째, 공동체의식이 내 삶에 조금은 영향을 미치지만 그것이 그렇게 중대하다고는 볼 수 없다. 나는 이보다 중요한 다른 가치들을 갈망한다. 예컨대 자연환경의 온화함, 거주의 정숙함이나 예측 가능함, 편리함이나 효율성, 그윽한 안식이나 프라이버시 같은 것을.

세 가지 중 어느 경우든 만약 실무가 어설픈 공동체적 목표를 정하고 이를 빗나간 계획지표로 성사시키고자 한다면 그것은 인간적임의 참된 뜻과 무관할뿐더러 사람들의 의미로운 삶에 크게 도움이 되지 못할 것이다. 목표의 정확성, 중요성과 무관하게 만들어진 계획기준은 오히려 악영향을 미칠 수 있다. 만약 공동체의식을 도시건축의 목표로 삼는다면 우린 그것이 사람들에게 어떤 의미를 주는 것인지, 그 가치가 진정 중요한 것인지에 대해 확신을 가져야 한다. 그리고 그 계획지표를 찾아야 한다. 만일 거주자들이 살면서 필요하다고 여기는 공동생활, 공동의 행동과 장소들, 이를 위한 환경적 재료, 예컨대 자녀의 교육과 성장에 관련된 일상 장면들이 참된 공동체의식을 향한 길이라면 우린 과거 지표들을 과감히 버리고 새롭게 시작할 준비를 해야 할 것이다.

이런 경우가 어찌 공동체의식뿐이랴! 잘 사는 집단과 못 사는 집단이 한 단지 혹은 한 건물 안에 함께 살게 만드는 현재의 사회적 혼합의 방법이 과연 사람들의 진실된 삶의 요구이며 진정한 가치인지, 이처럼 물리적 거리를 근접시키는 방법으로 과연 가치관이나 생활방식의 근원적 괴리가 메워지고 두 집단이 사회적 공생을 이룰 수 있을지, 우린 심각하게 자문해보아야 한다. 모래나 나무 칩이 본래 아이들의 선호재료이며 유연한 성형력을 가진 창의적인 놀이도구임에도 불구하고 놀이터 바닥을 고무매트로 바꿔 까는 일이 우리 어린 아이들에게 과연 의미 있는 실무인지도 다시 생각해보아야 한다 (이 유연하고 창의적인 재료가 가능케 했던 여러 행동과 의미들을 더 이상 찾아볼 수 없게 될 것임으로). 얼마나 더 길게 말해야 할까? 이 시대 실무에서 인간 거주의 의미를 오인하는 사례들은 너무 많다. 사람들 마음 속에서 피어나는 생태와 지구자원에 관한 자발적 의식은 보듬어주지 못한 채, 파괴된 자연위에 엉성하게 유사 자연을 설치하는 우리 도시건축. 존재와 일상을 담은 장치들이 거주자들에게는 어떤 체험적 의미로 다가가는지 무심한 채, 스카이라인의 넓고 긴 선의 미학, 표면과 입체의 의장과 같은 장식적 경관에 심취해 있는 실무. 도시 가로가 마음의 공간 그리고 삶의 장면들이 일어나는 의미의 장소가 되어야 함을 잊은 채, 사람들의 걷기라는 기능성에 몰두하는 가로계획('살고 싶은 거리'는 어떨까? 걷지만 말고 거기에서 살면서 극적인 삶의 가치와 감동을 얻을 수 있는 가로는?).

쉬—, 조용히 하자. 여럿이 계속 말하면 이런 오해의 원리도 자칫 진리가 되기 쉽다. 모자란 율법은 건강한 진화를 제한한다. 아직까지는 인간 의미를 향한 우리 영혼 그리고 이 시대 실천강령과 율법 사이에 우리가 극복해야 할 큰 산이 가로놓여 있다. 성급히 실천을 추구하다 보면 사람들 마음결을 보살필 여력이 없다. 효율을 위해 보편화나 규범화 내지는 지침화에 몰두하게 되면, 본의는 아닐지라도 사람들 마음의 정념조차 제도화된 시각으로 보게 된다. 제도적 매트릭스가 조직화되어 견고해질수록 그 안에서 인본정신이 실현될 여지는 없어진다. 마음과 의미의 도시건축이 들어설 땅이 없어진다.

인간이 각자 생애의 고귀한 의미와 가치를 위해 거주한다는 저 내면적 동기의식에 관한 명제는 우리 도시건축 실무 모두에게 중요한 목표를 던진다. 실무의 숙제는 인간 거주의 고귀한 가치, 사람들이 필요로 하는 것과 삶에서 이루기를 바라는 것을 그 사람들과 함께 탐구해나가는 일이다. 만약 지금의 도시건축이 사람들 의미의 세계 밖에 머물러 있다면 지금까지의 방법으로 어떻게든 문제를 해결하려는 타성을 버려야 할 것이다. 우린 사람들의 영혼과 마음에 화살처럼 꽂히는 감성과 정서, 실용과 충만, 정신과 관념의 체험에 관한 실무를 생각해야 한다.

일상 거주를 통해 끊임없이 추구하는 사람들의 감성적, 실용적, 정신적 감동에 절실하고 간절한 해답이 되는 도시건축에 대해 생각해야 한다. 실무는 인간 거주의 의미에 관한 논의에서 시작되어야 한다. 실무에게 이보다 더 중요한 목표는 없다.

(2) 세계는 실무가 인간과 만나는 회선이다

인간 거주세계의 형상이 도시건축의 전문적 거간에 의해 결정된다는 점은 예사롭지 않다. 사람들은 더 이상 자기 주위의 물리적 세계를 스스로 만들지 않는다. 세계는 도시건축의 전문작업에 의해 정해진다. 실무는 이 작업에 자신의 전문적 수단을 적용한다. 빛과 어둠, 선과 면, 볼륨과 표면, 공간적인 것과 시설물들, 보는 것과 보이는 것 그리고 여러 지각적인 것, 움직임과 시간, 벽과 판, 제도와 규정, 각가지 재료, 길, 마당, 공원, 건물들, 대지, 자연, 의도적으로 남겨진 것들, 그리고 이들의 패턴과 조합의 원리. 이 전문적 언어로 준비된 세계가 자기 동기의식으로 준비된 인간을 맞이한다. 실무에 의해 결정된 세계가 인간의 의식과 충돌하고, 경험을 좌우하며, 의미를 결정할 것이다. 실무는 이렇게 자신이 만든 세계를 통해 인간과 소통한다. 세계는 인간-실무가 교통하는 회선이다. 그렇다. 실무는 세계를 짓지만 결국은 인간 삶을 짓는 것이다.

인간으로서는 그 세계가 자신이 추구하는 의미의 근원이다. 자신이 지각, 인지, 이용해야 할 자원의 원천이고, 자신의 거주와 존재를 지탱해야 할 장치이다. 사실 세계와 공존하는 현존재로서 인간은 세계 이외에 자기 존재의 무대를 달리 얻을 데가 없다. 다행히도 인간과 만나는 세계는 딱딱하고 거친 객관적 실체로 남아있지 않고 사람의 마음 속 실재로 진화한다. 그것이 누군가의 의미실재가 되는 순간 그것은 객관적 현실인 동시에 주관적 의식이 된다. 딱딱한 물질언어가 인간의 감정적 영혼이 서린 기호로 이관되는 것이다. 여기서 인간은 물질과 정신의 융합을 체험한다. 의미실재로 변모한 세계는 의식과 실체의 합이다. 이렇게 되면 의식은 홀로 떠다니지 않고 각각의 실체와 짝을 이룬다. 의식과 실체는 의미의 끈을 통해 하나로 결속된다. 따라서 세계는 실체의 질서인 동시에 의미의 질서가 된다.

이런 세계는 인간과 실무의 완전한 접점을 이룬다. 이건 실무를 위해 다행스런 일이다. 이 세계를 이루는 언어들, 빛, 면, 공간, 제도, 재료, 대지, 건물 각각이 인간에게 감성과 실용과 정신의 감동에 관한 의미론적 메시지를 전달하는 것이다. 또 사람들의 소중한 의식과 기억을 담는 용기가 되는 것이다.

둘러보면, 사람이 세계를 바라보는 시각에 객관적인 것이 하나도 없다. 우린 주변 사람들을 외모만으로 판단하지 않는다. 외모는 그것이 사람 됨됨이를 상징하거나 그 사람의 성품과 비교될 때 비로소 흥미롭게 여겨진다. 외모는 잘해야 상징매체에 불과하다. 예컨대 예배당을 짓는 실무가 실제로 지어야 하는 것은 교회의 건물이나 물질적 형상이 아니다. 그것은 빛과 벽과 바닥과 콘크리트가 인간에게 소통하는 영혼의 충만이라든가 존재의 안식, 기쁨이나 감동적 체험과 같은 이념이 되어야 한다. 이렇게 되면 이 체험과 의미의 장면들이 건물의 실체적 언어들과 겹쳐진다. 이 합이 곧 인간과 실무가 만나는 세계이다. 도시의 두 대형할인점을 비교할 때도 우리가 건물의 외관을 비교하며 왈가왈부하는 경우는 드물다. 대신에 우린 그 속의 물건, 값, 서비스 같은 소프트웨어를 생각한다. 그리고 이 소프트웨어와 내 생활 사이에 몇 가지 선을 긋는다. 이것은 관계의 선인데, 물론 의식의 차원에서 만들어지는 끈이다. 할인점의 소프트웨어는 이 관계의 선을 통해 의미를 전달한다. 아파트, 학교, 거리, 공원 등도 모두 마찬가지이다. 각각은 도시건축적 실체가 사람들의 체험, 감동, 의미와 겹쳐지는 현장이다. 도시건축이 이런 의미연관을 이해한다면 좋은 세계뿐만 아니라 좋은 삶도 지을 수 있다.

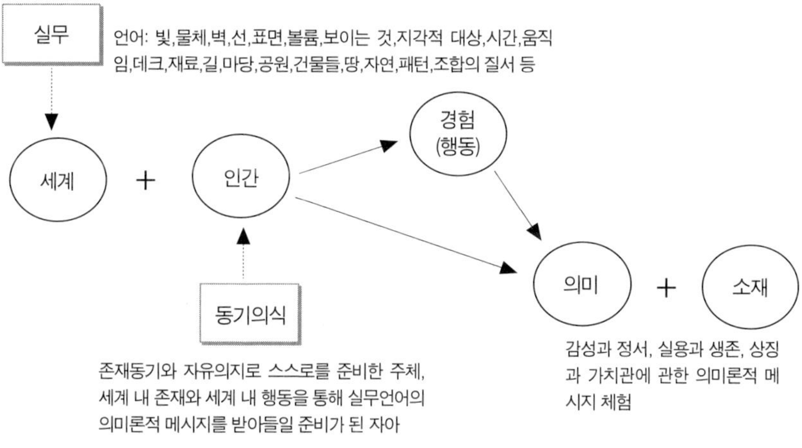

도시건축 실무는 세계를 통해 인간과 교통한다. 전문적 실체언어로 조성된 도시건축 세계를 통해 동기의식으로 준비된 인간과 만난다. 인간은 그 세계의 일부로 존재하며 세계 속에서 행동함으로써 실무가 전문언어를 통해 제시하는 의미론적 메시지를 체험한다. 이처럼 준비된 실무와 준비된 인간은 세계를 통해 소통한다.

이렇듯 도시건축의 작은 장치 하나하나는 인간 거주의 근본문제들이 화살처럼 꽂히는 무대인 것이다. 실무란 세계를 조정하는 일이고 그럼으로써 인간 의식을 형성하는 일이다. 실체를 지으며 동시에 삶을 짓는다. 인간의 삶과 생존과 체험과 역사를 생각하는 휴머니즘으로서의 실무는 자신의 언어로 인간의 가장 예민하고 섬세하며 관념적인 부분 즉 삶의 의미와 존재의식에 관한 부분을 결정한다. 실무는 빛, 벽, 길, 건물과 같이 자신이 일상적으로 다루는 언어를 이용하여 사람들의 삶과 존재에 기여한다. 이처럼 세계는 도시건축 실무가 인간과 만나는 채널이다.

반대로 우린 이 막중한 책무를 도외시하는 실무를 자주 본다. 무의식적이건 의도적이건, 여태까지 실무에겐 자신이 만드는 세계의 본질이 인간에 향해있다는 숙명을 외면하는 버릇이 있다. 자신의 전문언어가 인간 영혼의 체험이나 마음의 감동과 무관하다는 입장이 흔하다. 다른 한편으론 섣불리 인간을 단정한 채 도시건축 세계가 인간을 결정지을 수 있다는 으스스한 사회공학적 신념을 비치기도 한다. 이런 실무는 삶의 가치를 향한 인간의 돌진에 저항하든가, 이렇게 저렇게 경험의 향방을 강요하며 조종하든가, 아니면 체험의 한계를 임의로 정해놓고 '여기까지 끝!' 하며 인간이 향유할 거주의 황홀한 이상향을 지우개로 지워버리는 것이다. 인간과 교통하지 못하는 이런 세계에 사람은 자연적으로 길들여지게 된다. 자기 앞에 닥친 세계가 자신에게 주어진 의미의 끝이며 자신이 향유할 수 있는 이상의 한계임을 받아들이고, 급기야는 스스로를 이 한계에 반복해서 길들이게 되는 극한의 불우한 상태가 된다. 예컨대 몇 십 년간의 우리 아파트와 신도시가 이런 부류에 속할 것이라는 생각이 든다.

도시건축 실무는 자신의 다루는 세계가 삶의 의미를 추구하는 인간의 열정과 직접 맞닿아있는 회선임을 인지해야 한다. 하지만 세계를 통해 삶을 제어하거나 강요하거나 제한해서는 안 된다. 더욱이 실무가 인간의 의미 자체를 정의하거나 창조해주지는 못한다. 그것은 인간 체험의 몫이다. 삶의 의미로 넘쳐나는 곳, 인간의 뜻이 이루어지는 장치를 만들기 위해 의미나 뜻을 직접 다룰 필요는 없다. 사람들의 아름답고 가슴 벅찬 의미실재를 위해 실무가 의미실재 속으로 들어갈 필요도 없다. 대신 실무는 자신의 작업과 인간의 의미 사이를 연결하는 채널로서 세계에 주목하면 된다. 구체적이고 가견적인 것들 이를테면 세계 그리고 그 대상이나 장치의 구체적 현실을 계획한 후 어느 정도 확신을

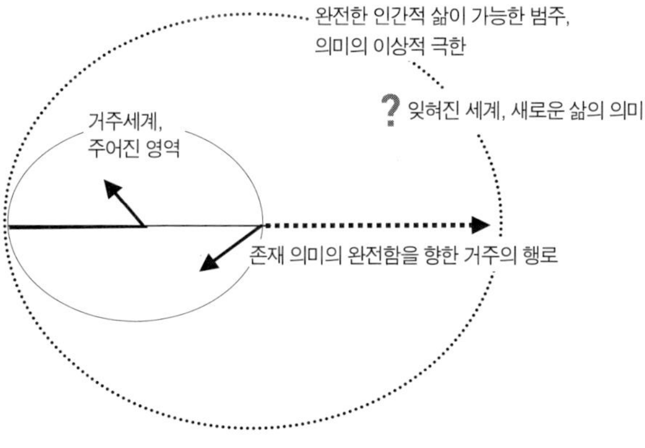

도시건축 실무는 사람의 소중하고 완전한 꿈을 향한 자아 탐구의 행로에 (1) 장애를 잔뜩 늘어놓는 저항적인 것이 되거나 (인간은 적응해야 하고), (2) 미셸 푸코가 말한 '규율권력 disciplinary power' 편이 되어 인간을 획일화, 대중화, 수평화하는 강제적인 것이 되거나 (인간은 길들여지게 되고), (3) 도달 가능한 완전 의미를 스스로 포기 망각하게 만드는 제한적인 것이 되기 쉽다 (인간은 현재에 만족하며 스스로를 통제되는 것, 길들여지는 것으로 인정함으로써 권력상황에 편입해야 한다). 이 세 가지로부터의 탈피가 사람을 향한 실무가 되기 위한 조건이다.

가지고 그 속에서 사람들의 의미체험이 진화할 것을 기대할 수 있다. 사람들이 현실 속의 생생한 장치들 안에서 대상을 지향하고 재료를 먹이처럼 소비하며 각자 거주의 해답을 캐내도록 충분히 도와줄 수 있다. 그렇다. 실무는 세계를 계획하며 동시에 인간의 행동과 체험을 계획할 수 있다. 행동의 대상과 장치 그리고 경험의 자원을 계획함으로써 삶의 동기와 체험과 의미의 감동을 제공할 수 있다.

(3) 인간행동, 세계이용이 중심이다

왜 인간행동인가? ― 우린 위에서 '세계는 실무가 인간과 만나는 회선' 임을 지적하였다. 그렇다면 어떻게 이런 세계를 만들 수 있을까? 세계가 실무를 인간과 잇는 채널이며 둘이 화합하는 만남의 장이라면, 경험은 둘이 공유하는 공통적 실천수단이다. 사람의 거주는 세계 경험으로 이루어져 있다. 마찬가지로 실무는 인간의 세계 경험을 이용하여 자신이 이루고자 하는 세계를 만들 수 있다. 경험이 인간과 실무의 공통적 방법이라는 이 기제는 도시건축적 실천에 있어서 대단히 중요한 첫걸음이다. 이는 다시 말해서 세계 속 인간행동 즉 세계의 합목적적 이용이 실천의 중심이라는 것이다. 왜 인간행동이 실무의 중심기제인가?

첫째, 인간은 행동을 통해 삶의 의미를 실현한다. 행동은 경험의 핵심적 양식으로서 인간에게 있어서는 자신의 요구와 소망을 해결하고 뜻한 바 삶의 가치를 터득하는 유일하고도 효과적인 방법이다. 여기서 인간은 반드시 실무에 의해 조성된 이 세계의 어느 대상 혹은 장치를 자원으로 이용하게 된다. 바꿔 말하면 실무는 세계의 여건을 조정함으로써 행동을 유도 혹은 저해할 수 있고 또 삶의 의미를 향한 사람들의 행로를 열거나 막을 수 있다.

둘째, 세계는 실무가 다루는 형상적 결과물이다. 인간행동 역시 현세적이고 가견적인 현상이다. 실무는 사람의 동기의식이나 의미 혹은 실재를 직접 다룰 수 없다. 이들은 물론 인간행동의 원천이고 세계 체험의 궁극적 결과이며, 따라서 실무의 목표가 되어야 마땅하다. 하지만 이들은 사람의 의식 안에서 작동하는 추상적 작용이다. 반면에 행동은 이 목표를 향한 경험양식으로서 관찰 가능하고 조정 가능하다. 당연히 실무가 행하는 계획방식 즉 디자인 프로세스가 될 수 있다.

거주란 사람의 자주적인 행사이다. 삶의 질과 삶의 방식은 외부에서 강제되는 것이 아니다. 남이 대신 살아주는 삶도 없다. 사람이 삶을 통해 얻는 의미는 자기 생애에 대한 성찰, 자아 불충족에 대한 인식의 순환과 같은 동기의식에 의해 조타된다. 그리고 이 자기 안의 빈 것은 세계 경험을 통해 스스로 채워야 한다. 세계 이용과 행동에 의해 충족되어야 한다. 행동의 실현 그리고 의미의 성취는 크게 두 가지에 의해 영향을 받는다. 그것은 동기의 절실함, 삶에서 이루어지길 바라는 것의 간절함과 같은 인식적 강도에 비례하며, 동시에 거주세계가 부여하는 자원의 호응에 비례한다. 인간과 세계, 동기와 자원이 하나로 일치할 때 행동이 완성되고 의미가 열매를 맺는다. 동기의존적이며 환경의존적인 거주생활에서 사람의 자주적 행동에 긍정적이며 관대한 세계는 그 사람의 의미체험을 풍요롭게 할 것이다. 메마른 환경의 거센 도전에 끊임없이 시달리는 거주에선 인간행동과 세계이용이 나타나지 않는다. 의미 체험도 없다.

다양성 vs. 정확성(중요성) — 행동이 의미를 성취하는 길이라면 도시건축은 어떤 세계를 만들어야 인간행동에 관대해질 수 있는 것일까? 우린 흔히 실무가 여러 장치와 대상을 다양하게 만들면 인간의 행동이 늘어나고 또 그들의 성취욕구도 해소될 것으로 믿는다. 하지만 우리 의미론의 기제는 이점에 대해 명확하다. 인간행동, 체험의미는 세계의 너비 보다는 인간 의식의 깊이에 달려있다.

도시건축, 정보통신, 교통기술과 같이 인간 경험세계를 다루는 실무가 사람이 경험할 수 있는 영역을 넓고 다양하게 제공하면 사람의 의식은 이로부터 오히려 부담을 안게 되고 실제 경험은 점점 선택적이 된다. 구매할 물건의 옵션이 많을 때 구매행위가 선택적으로 변하는 이치와 같다. 이 경우 구매욕구와 정확히 일치하는 옵션이 선택될 가능성이 높아지고 나머지 옵션들은 자연 도태될 것이다. 도시건축 세계에서 실무가 제공하는 다양성도 이와 마찬가지이다. 풍부한 옵션 앞에서 사람은 요구와 동기를 정제하면서 자신의 실천의지를 이 축소된 동기가 가리키는 방향에 집중한다. 이에 따라 경험할 세계가 보다 세심하게 선택되며, 행동양식에도 치밀하고 엄격한 기준이 적용된다. 물론 여러 옵션들을 탐색 시도해보기는 하겠지만 결국 사람의 경험과 의미는 한두 가지 선택된 옵션에 모아진다. 이건 아파트 아이들이 단지의 여러 놀이터들을 골고루 이용되는 대신 특정 놀이터에 모이는 경우를 보면 알 수 있다.

이 논리는 세계의 다양성이 도움은 될지언정 해답은 아니라는 점을 말한다. 자기 앞에 놓인 도시건축이 넓고 다양할수록 사람들은 동기의 위계, 세계의 선택, 행동의 우선순위, 의미의 순서 등을 분별하는데 더 많은 노력을 기한다. 사람은 '어느 것부터인가?' 라고 스스로에게 계속 말하게 된다. 이 같은 위계질서 내지는 절실함의 순위에 대한 의식은 거주의 모든 단계에서 작용한다. 먼저 사람은 한 시점에서 자신이 가지고 있는 여러 동기들의 우선순위를 분별한다. 예컨대 육체적 갈증의 해소, 정신적 공백의 채움, 자신이 가장 하고 싶었던 일을 해보는 것, 다른 사람에 대한 희생적 사랑, 가족의 평안과 번영 등에서 현재 당신 삶의 우선동기는 무엇인가 (아니면 다섯 가지 정도는 동일 우선순위로 함께 성취할 수 있다고 자신하는가)? 만약 이 중 어느 한두 가지가 삶의 목적이나 이유의 우선조건이라 한다면, 당신은 틀림없이 이 우선동기를 실현할 수 있는 경험세계를 제일 먼저 탐색하려 할 것이다. 다른 것들에 앞서 이 우선동기의 실현에 필요하다고 믿는 자원을 먼저 탐색할 것이다. 그리고 다른 의욕들에 앞서 이 우선동기의 실현을 위한 일련의 행동에 착수할 것이다.

세계에 널려있는 수많은 잠재적 재료들 중에서 사람이 자신의 우선동기에 필요하다고 표상하고 선택하여 사용하는 재료는 우선재료이다. 우린 이를 자원이라는 용어로 부르고 있다. 자원이 채택되어 행동으로 이어진 것들, 이들은 한 사람이 일상적으로 행하는 수많은 행동들 중에서도 그 사람의 동기 충족, 체험 만족, 의미 충족에 특히 직접적으로 연결되는 우선행동이다. 우선행동의 결과로 나타나는 의미의 감동은 다른 행동들이 혹시 줄지도 모르는 다른 의미들에 비해 훨씬 더 의미롭다.

긴 삶에서 세계를 통해 얻는 체험의 감동은 얼마나 광범위한가! 우린 행복, 사랑, 자유, 충만, 성장과 같은 의미 모두를 한꺼번에 얻지 못한다. 감성, 실용, 정신적 정념들 모두가 한차례 경험에 전부 쏟아지지 않는다. 거주의 한 시점에서 각자는 어떤 한두 가지에 집중한다. 우린 이것을 우선동기, 우선재료(자원), 우선행동, 우선의미의 연결로 선별할 수 있다. 도시건축 실무는 인간에게 삶의 의미와 체험과 감동을 주기 위해 일한다. 사람들이 진정 간절하고 절실하다고 믿는 삶의 신념들을 생각하며, 우선재료(자원)를 고안하고, 우선행동을 유도하여, 우선의미를 제공하려 하는 일이 우리 실무이다.

따라서 인간 의미체험을 위해 실무가 주목해야 할 것은 사람들의 세계이용, 인간행동이며, 그 중에서도 특히 그들의 우선행동이다. 수많은 인간행동들 중에서도 인간들 삶의 동기와 가치에 가장 근접한 것들, 가장 소중하며 감동적인 의미체험을 제공하는 우선행동들. 사람들은 실무가 계획하는 장치 안에서 그들의 우선행동들을 통해 실무가 목표로 삼은 거주생활의 진정한 의미와 소재를 취득하게 될 것이다. 그러므로 실무는 인간 우선행동에 주목하자. 어떤 거주행동이 요구 충족, 동기 충만에 가장 가까운 것인지, 어떤 행동들이 사람들의 거주의미에 가장 중요한 것인지, 그리고 이를 어떻게 유도하고 지원해야 하는지를 생각해야 한다. 사람들이 우선적으로 또 절실하게 필요로 하는 행동을 나열해보자. 평화로운 휴식이나 한가한 모임, 자연스런 만남과 교류, 즐거운 행사, 다채로운 운동 기회, 안전한 보행, 공원 산책, 그곳에 가면 늘 만날 수 있는 친구집단 그리고 그들과의 놀이 등. 그 목록이 길고 지루하게 느껴질지 모르지만 이런 의미의 우선행동들이야말로 사람들이 삶의 의미를 취득하는 결정적 수단이다.

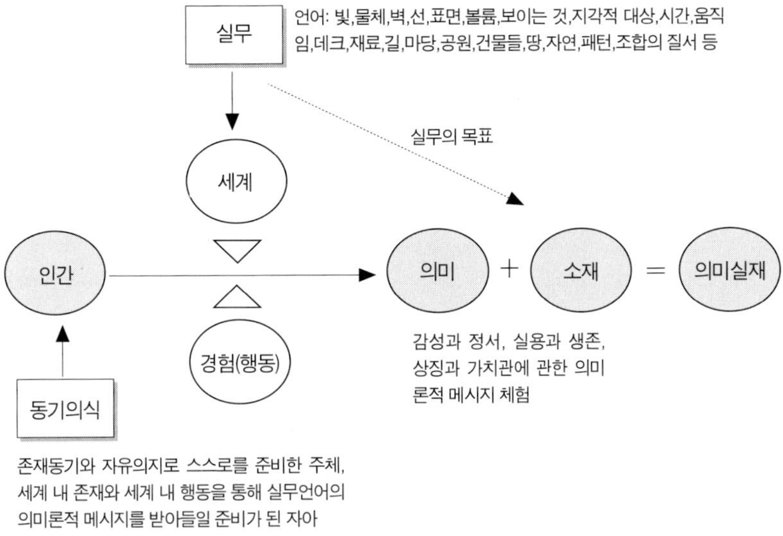

거주의 5개 축 사이 관계를 다시 보면 인간의 동기 자의식이 '세계 내 경험'을 거쳐 의미와 소재, 정념적 관념과 소재적 실체가 융합된 거주의 의미론적 실재로 진화하는 이 같은 도식을 그려볼 수 있다. 여기서 세계는 인간에게는 경험의 대상이고 실무에게는 실무의 결과이다. 세계에서 인간과 실무가 만난다. 한편 여기서 경험 그리고 경험을 이루는 인간행동, 세계이용은 인간에게도 수단이고 실무에게도 수단이다. 공통의 방도이다. 경험의 과정인 동시에 우리 실무의 계획 프로세스이다.

(4) 자원, 장소, 장면, 라이프 프로그램

실무는 어떻게 이 우선행동들을 미리 알아차리고 이에 부응하는 도시건축을 계획할 수 있을까? 연구라면 몰라도, 또 연구들이 타당하고 풍성한 자료를 제공하면 몰라도, 실무가 우선행동을 정확하게 정의하여 이에 적합한 계획을 구상하는 일은 정말이지 쉽지 않다. 실무로서는 깊은 성찰과 통찰 그리고 대단한 추론능력과 자신감이 요구되는 일이다.

자기 고객의 우선행동을 찾는 일의 실마리는 역시 우리가 지금까지 논의한 거주의 다섯 가지 축에서 발견할 수 있다. 먼저 이 축의 중심에 있는 경험 즉 인간행동을 도시건축 실무 프로세스의 중심에 놓아보자. 그리고 이를 인간, 세계, 경험, 의미, 소재의 진행과 함께 생각해보자. 그러면 우린 앞으로 우리가 해야 할 인간적 실무에 관해 대단히 유용한 네 가지 실천적 도구 즉 자원, 장소, 장면, 라이프 프로그램과 같은 실천개념들을 얻게 된다. 이들은 우리 실무의 계획프로세스에 이용될 키워드인데, 사실을 말하자면 이들은 인간 → 세계 → 경험 → 의미 → 소재 → 의미실재로 이어지는 인간 거주의 절차로부터 파생된 거주세계의 경험적 증상들이다.

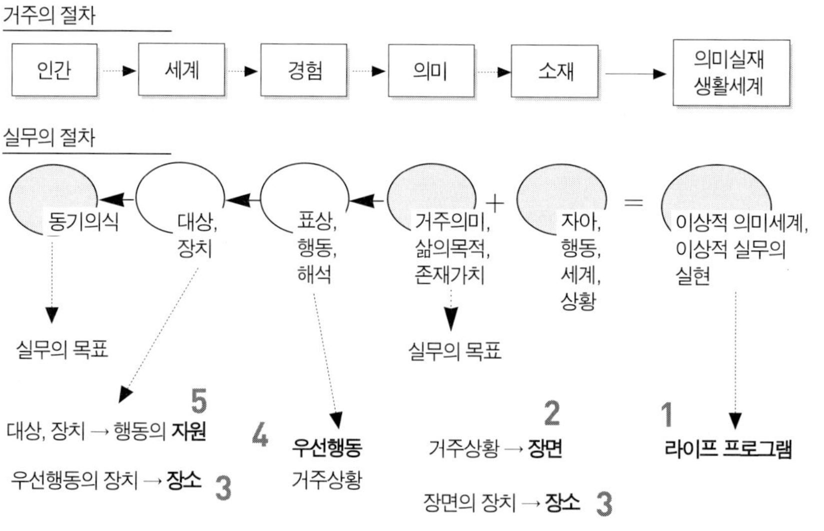

거주의 다섯 가지 축은 거주의 궁극 목표 즉 의미실재, 생활세계로 향해 진행한다. 실무는 이 방향을 역으로 진행한다. 인간의 의미체험과 의미소재들로 가득한 이상적 세계를 상정하고, 이로부터 경험(인간의 감각/지각/표상, 행동, 인지/해석/추론)과 세계(대상, 장치, 자원)를 계획한다. 그럼으로써 인간의 내면적 동기의식, 삶에 관한 동기와 의지를 충족한다. 여기서 실무는 물론 세계의 창조에 관여하는 일이다.

경험을 거주의 5단계 절차 그 가운데에 놓으면, 절차는 크게 인간과 세계 그리고 의미와 소재와 의미실재로 양분된다. 경험은 인간과 세계의 결합을 위한 수단이며, 동시에 이 결합을 의미와 소재의 의식세계로 넘겨 전환시키는 중간 다리이기도 하다. 경험은 물론 우선행동을 핵심으로 삼아 진행한다. 절실하고 중요한 인간행동들이 동기와 세계를 의미와 소재로 전환시킨다. 이렇게 보면 거주절차의 다섯 가지 단계는 자원, 장소, 장면, 라이프 프로그램 같은 실무개념과 그대로 대응한다. 의미실재는 라이프 프로그램으로 번역될 수 있고, 소재는 장면과 장소로 표현될 수 있으며, 우선행동이 일어나는 시공간 맥락은 장소로, 그리고 인간이 만나 행동하고 이용하는 세계는 자원으로 각각 계획될 수 있다. 이들이 각각 무엇이며 어떻게 실무 프로세스에 도움이 되는지 살펴보자.

자원 — 사람은 누구나 자기 삶에 관한 동기를 가지고 있고 또 이를 성취하기 위해 거주한다. 얼핏 개중에는 동기의식이 없이 세계 경험을 외면한 채 사는 사람들도 있을 것 같지만, 사실 죽은 자 외에 그런 인간은 없다. 산다는 것, 거주한다는 것은 주위의 현실세계를 자신의 의미실재로 전환하는 일이다. 거주에 있어서 세계는 이처럼 절대적이다. 여기에 도시건축 실무의 사명이 있다. 실무는 궁극적으로 하나의 구체적 세계를 만들어 인간에게 건네주어야 한다.

문제는 도시건축 세계가 이에 부응하는가 하는 것이다. 의미를 좇는 사람에게 있어서 특정 세계는 우호적 아니면 적대적이다. 우호적이라 함은 그 세계로부터 사람이 자기 동기의 실행을 위한 조건을 포착했을 때를 말한다. 반대로 적대적인 경우는 인간이 하려 하는 행동에 대해 세계요소들이 적대적으로 작용하여 세계 어느 부분도 삶이 바라는 의미나 감동을 주지 못할 때이다.

앞서 밝힌 대로 우호와 적대에 관한 판단은 경험의 최초 단계인 표상 단계에서 행해진다. 표상은 자아가 바라는 환경조건과 실제 세계가 부여하는 현실여건 사이의 대조와 평가에 관한 심리적 작용이다. 세계로부터 향후 동기 실행과 현실행동에 필요한 재료를 가늠하는 내면작업이라고 볼 수 있다. 여기에서 어떤 재료가 실행에 쓰여질 자원이 될 수 있는지를 분간한다. 자원은 물론 동기의 실현을 위한 인간의 운동력에 활용되는 세계의 각종 대상과 장치를 말한다.

도시건축 실무의 입장에서 보면 대상과 장치란 결국 실무가 세계를 만드는데 적용하는 여러 실체요소이다 (빛, 벽, 공간, 시설, 제도 등). 여기서 자원이라 함은 이 요소들 중에서 특히 사람의 우선행동을 가능케 하는 요소를 뜻한다. 실무는 궁극적으로 인간에게 우호적인 세계를 조성해야 하는데, 이 과제의 핵심은 실무가 우선행동에 이용될 자원을 얼마나 풍부하게 제공하는가에 있다. 예컨대 가족산책이라는 우선행동이 실현되려면 어떤 조건을 만들어야 하는지, 방과 후 아이들의 사회적 놀이를 위해 제공되어야 할 계획언어는 무엇인지를 살펴야 한다. 이외에도 바람이 통하는 대지, 조망 좋은 창, 햇볕 가득한 뜰, 활기찬 가로, 친절한 이웃들, 넓고 풍족한 방, 집 앞의 포치나 테라스, 바람소리와 새소리, 싱그러운 바람 등이 모두 자원이다. 세계는 인간에게 우호적인가 아니면 적대적인가? 이 판단의 기준은 결국 인간이 의미를 위해 행동하는 과정에 이용되는 세계의 자원에 달려있다.

물론 세계는 자원의 밭도 될 수 있고 폐허도 될 수 있다. 앞서 말했듯이 이 판단은 사람들의 의식과 능력에도 달려있고 또 세계를 만드는 도시건축 실무에도 달려있다. 예컨대 아이들 성장, 가족 일상, 이웃관계, 외부활동 등을 향한 거주 운동력에 비해 아파트 장치의 운동력이 현저히 뒤질 때 양자 사이에 갈등이 생긴다. 세계에는 사람들이 필요로 하는 자원이 없다.

이런 세계는 대개 견고하고 둔감하며 고집스럽다. 따라서 사람은 끊임없이 부딪치고 좌절하며 적응해간다. 자기 동기의 일부를 삭제하거나, 자의식을 무감하게 만든다. 또 자신이 바라는 현실여건의 수준을 급격히 낮춰 표상하거나, 행동 운동력의 강도와 양식을 소극적으로 만든다. 현실여건을 바꾸려 애쓰다가 결국 포기한다. 둔감한 세계에서 자신이 바라는 자원을 발굴하는 일은 힘겹고 고단한 노동이다. 그것이 불가능하거나 감수하지 못할 만큼 힘든 노동이라고 판단할 때 사람은 자신이 바라던 꿈과 해답을 스스로 소멸시킨다. 한 때 가능하다고 믿었던 이상과 의미를 포기하고, 자신을 세계에 길들인다.

행동과 자원에 관한 설명을 마치며 우린 도시건축 실무가 주시해야 할 한 가지 요점을 재차 강조하고자 한다. 사람은 자신이 행하고 있거나 행할 수 있다고 믿는 여러 행동들 중에서 특히 몇 가지 행동에 주목한다. 여러 요구와 목표와 소망과 의지 중에서 특히 거주의 의미와 최상의 감동 그리고 생의 이상과 목적에 직결된 것들의 실행에 주목하고 있다. 예컨대 안정, 운동, 아이들과 함께 하는 시간, 배우자를 위한 행동들, 직장 프로젝트의 성공적 수행, 새로운 사업 구상, 좋은 소설이나 시를 많이 읽겠다는 소망, 불우한 이웃과 청소년을 위한 봉사, 성실한 종교생활 등은 나름대로 중요함과 절실함의 순위를 가지고 인간의 라이프 프로그램 안에 포진해있다. 사람은 이 순위의 상위에 있는 것들을 우선적으로 수행하려 할 것이다. 그리고 그 행동의 수행에 필요한 자원을 먼저 찾으려 할 것이다. 다른 것들에 아까운 생애를 투입하는 것보다 우선적인 것들에 집중하는 것이 삶의 의미에 도움이 될 터이다. 도시건축 실무가 우선행동에 쓰여질 자원을 계획하는 일에 주력해야 하는 이유는 그것이 실무의 효율을 현저히 증대시키기 때문이다. 사람들의 우선적인 것을 찾으면 실무는 가장 빠른 길로 그들의 의미에 도달할 수 있다.

장소 — 인간 거주를 지탱하는 수많은 시공간적 무대들 역시 이와 같은 위계적 프로파일로 정리된다. 세상은 넓다. 가정에서 도시 그리고 여행지까지 또 과거와 현재의 공간에서 미래에 접할 공간들까지, 한 사람의 거주가 걸쳐있는 시공간적 장치는 드넓고 다양하다. 이 세계적 장치 대부분의 형상과 속성이 도시건축 실무에 의해 결정된다. 실무는 인간에게 수많은 장치를 선사한다. 만약 실무가 자신이 만드는 수많은 장치들 모두 인간의 삶에 결정적인 역할을 할 것이라고 기대한다면 이건 이루어질 수 없는 꿈이며 오산이다. 사람마다 자신에게 주어진 시공간적 장치들을 자발적으로 또 명쾌하게 자신만의 중요도 내지는 우선순위로 분별할 것이기 때문이다. 우린 이 작업을 시간적 혹은 지리적 프로파일링이라고 말할 수 있는데, 만약 이 작업이 없었다면 사람들 삶의 질서는 무너지고 행동의 한계는 폭발할 것이며 거주세계는 혼돈스럽게 뒤죽박죽 될 것이다.

오직 선별된 시공간만이 한 사람의 진정한 삶의 의미를 전해줄 수 있다. 오직 중요한 시공간, 성실하게 봉사하는 장치들만이 한 사람의 생애실재 속으로 편입된다. 이들이 나의 생활세계이며 내 삶의 핵심을 요약해준다. 나머지는 없어져도 크게 아쉽지 않다. 잉여의 시공간들은 삶에서 그다지 중요하지 않다. 더욱이 세계에는 이런 잉여분을 채워줄 대안들이 무수히 많다.

예컨대 자신이 스스로 삶의 질이라고 믿는 직장이나 가정의 지위는 다른 공간들의 지위보다 높다. 추억이 물감처럼 번져있는 고향동네는 내 삶에서 특별한 가치를 가지고 있다. 내가 사랑하는 동네의 가로는 다른 수많은 가로들과 차별된다. 반대로 이 도시는 낯설고 어설프다. 광장과 도로들은 황폐하고 메마르다. 놀이터는 모두 텅텅 비어있다. 매일 걷는 이 출근길은 도무지 정감이 가지 않는다. 하지만 내가 아직도 이 세계에 기대어 어떤 뜻과 이상과 꿈을 잃지 않고 있는 이유는 이 세계의 시간적, 지리적, 사회문화적 어느 부분이 그래도 내 의미의 행동과 삶의 가치를 끝끝내 지탱해줄 것이기 때문이다.

이런 부분들을 장소라고 부른다. 장소란 수많은 잉여적 공간, 대안적 환경 중에서 내 삶을 떠받치는 나의 동기와 행동과 자원과 의미가 절실하게 의존하는 소중한 장치를 일컫는 말이다. 이것은 나도 의미 있는 삶을 찾겠다는 나의 동기와 의지가 충족되는 환경이다. 나의 의미 있는 우선행동이 행해지는 공간이며, 이를 가능케 하는 세계의 자원들이 적절히 제공되는 환경이다. 그리하여 종국에는 삶의 의미가 생성되고 또 그것이 소중하게 보관되는 장치이다.

사실이 이렇다면 도시건축은 무엇을 해야 하는가? 안이한 실무는 잉여적공간이나 대안적 환경을 드넓게 제공하는데 그칠 것이다. 반대로 가치 있는 실무는 자신이 계획하는 세계의 어느 부분이 어떤 체험과 자원과 의미를 가능하게 할 것인지를 곰곰 생각할 것이다. 장소의 형성 여부는 사실 실무가 결정했다고 끝날 일이 아니다. 장소는 인간이 자기 동기와 삶의 의지를 가지고 주어진 여러 장치들을 탐색하는 거주의 자연스런 과정 안에서 형성된다. 하지만 어떤 종류든 하나의 장소는 몇 가지 명백한 증상을 보여준다. 이 장소적 증상들은 하나의 장소가 인간의 동기(요구), 우선행동, 자원, 의미소재와 연결되어 있다는 사실에서 비롯되는데, 이들이 틀림없이 도시건축 실무가 해야 할 일을 말해줄 수 있을 것이다.

첫째, 주변 공간들과는 달리 장소에서는 사람들의 정규적인 행동을 관찰할 수 있다. 장소에서 사람들은 자신이 필요하다고 믿는 절실한 행동들을 구사한다. 우연한 행위, 돌발적인 행동이 아니라 목적이 보이는 행동, 반복되는 정규적 행동이 보인다. 이로부터 사람들이 뜻 깊은 체험을 터득한다. 따라서 사람들의 행위나 표정이나 제스처 혹은 소리 등을 보면 이 감동을 담은 유의미적 체험의 행태적 증상들을 함께 관찰할 수 있다.

둘째, 장소에서는 이런 유의미의 정규 행동에 쓰여지는 핵심적인 자원이 존재한다. 사람들은 장소에서 독창적이고 특이한 방법으로 자원을 탐색한다. 그들이 어떤 환경적 요소를 어떤 방식으로 이용하는가를 관찰하는 일은 대단히 흥미롭다. 때때로 주어진 조건을 나름대로 변형하여 이용하는 창의적 이용, 특이한 행위들을 볼 수도 있다.

셋째, 장소는 사람들이 가지고 있는 삶의 어떤 결핍증세를 해결하는 공간이다. 간절한 요구를 충족할 뿐 아니라, 이로부터 얻은 체험의 이야기를 장소의 어느 부분에 담아, 장소를 의미소재로 삼아, 보관한다. 따라서 소재 내지는 의미의 상징매체로서 장소에는 사람들의 흔적이 자주 관찰된다. 반복적 행위나 창의적 행동들의 흔적 뿐만 아니라 남겨놓은 사물들, 자원 이용과 환경 변형의 자취, 영역성을 주장하는 기호, 공간 개인화personalization의 증상들이 보인다.

마지막으로 장소에 대해 사람들은 강한 점유의식 내지는 소유의식의 증상을 나타낸다. 외부 영향력에 의해 자신의 장소가 변형되거나 소멸되려 할 때 혹은 그것의 속성이 심하게 손상되었을 때 사람들은 대단히 예민하고도 강력하게 대응한다. 장소의 본질이 변했을 때 자신이 입게 될 심리적, 행위적 피해가 그만큼 큰 것이다. 마땅한 대안을 발견할 수 없을 때 사람들의 반응은 더욱 날카로워질 것이다.

장면 — 사실 도시건축 실무는 장치의 형상과 물성을 결정할 뿐이다. 다만 실무는 이 과정에서 인간의 의미, 우선행동, 자원, 장소에 대해 세심한 정성을 기울여야 한다. 그리하여 어떤 체험을 위해 그리고 어떤 유의미의 행동을 위해, 어떤 실무언어들(자원)을, 어떤 시공간 장치로 엮을 것인지를 결정해야 한다.

사람들의 절실한 생활과 가슴 벅찬 체험을 위해 실무는 낱낱의 요소보다는 한 덩어리의 복합적 사태, 종합적인 체험을 고려할 필요가 있다. 이렇게 해야 할 이유는 명백한데, 그것은 지금까지 논의한 인간의 동기, 우선행동, 자원, 장소가 각각 흩어져 작용하는 개체가 아니라 명확한 인과관계로 이어진 일련의 연결작용이라는데 있다. 말하자면 동기의 실현은 우선행동에 의존하고, 우선행동은 자원에 의존한다. 또 이들 모두는 한 장소의 탄생에 기여한다. 인간, 행동, 자원, 장소 등 네 가지의 융합적 사태를 우린 장면 혹은 삶의 풍경이라고 부른다.

장면은 어느 한 가지 사건 내지는 거주상황을 통째로 보여준다. 그리고 장면은 여느 평범한 사건이 아니라 삶의 의미를 결정짓는 사건이다. 한 사람의 생애와 일상의 존립가치를 결정짓는 것들이다. 감동적인 영화가 몇몇 핵심적인 장면들로 엮여 있듯이, 사람의 감동적인 삶도 몇몇 의미로운 거주장면들로 구성되어 있다. 이를테면 장면은 가슴 속에 담아두고 싶은 포토제닉한 이미지인데, 이 안에서 우린 거주의 주체, 동반자, 삶의 목적과 희열, 대상과 사물, 체험과 행위, 장치와 장소, 그리고 시간이 완전히 하나로 융합된 모습을 보게 된다. 인간의 체험과 의미와 기억이 각각의 요소 속에 완벽하게 물들어 있는 양상을 볼 수 있다.

그러므로 도시건축의 목적은 자신이 펼쳐놓은 세계 안에서 이 같은 삶의 절실한 풍경들이 덩어리로 뭉텅뭉텅 솟아나도록 하는데 있다. 요구, 자원, 행동, 장소를 개별적으로 다루려다 보면 실무가 대단히 비효율적이 될 뿐만 아니라 이 궁극적인 목적을 이루기도 어려워질 것이다. 바꿔 말해서 실무는 절실한 마음의 생활장면들을 멋지게 연출해야 한다. 이건 도시나 주거지를 배경으로 한 영화나 연극의 디렉터와 다를 게 없다. 아파트 아이들이 단지 도로의 어느 부분에 항상 모여 뛰노는 모습, 아파트 건물 앞 작은 마당에서 보여지는 주부들과 아이들의 일상, 마당 옆 큰 나무 밑 오순도순 쉬고 있는 여름날 오후의 사람들 풍경, 가족의 산책이나 배드민턴, 여러 아이들로 웅성대는 놀이터, 청소년들이 학원가는 시간 틈새에 상가 뒤 공터에 모여 인라인 묘기를 자랑하는 모습, 아파트 단지 농구장의 어느 한 때, 어릴 적 골목길 같은 보행로. 아마 창의력과 상상력에 넘치는 실무자는 이보다 훨씬 많은 감동적 장면들을 그려낼 수 있을 것이다.

이처럼 장면은 실무에게 있어서 인간 거주의 의미를 대변할 수 있는 대단히 유용한 조작적 정의이다. 계획프로세스를 위한 실천적 언어이다. 실무는 이를 이용하여 인간 거주의 소중한 경험적 단편들, 절실한 의미체험과 연관된 삶의 단위사건들을 비교적 구체적으로 다루어볼 수 있다. 이들은 의미를 향한 바람직한 생활양상들이다. 실무가 목표로 삼는 일상 거주생활의 이상적 단편들이다. 실무가 진정한 인간적 세계를 위해 마련해야 할 '인간이 포함된 계획상황' 이며 '의미체험이 살아있는 계획단위' 이다.

라이프 프로그램 — 하지만 실무는 어느 장면 하나만을 구상하는 일로 그치지 않는다. 인간의 삶 역시 어느 한두 장면으로 끝나는 것이 없다. 삶이란 사람이 주어진 세계 안에서 여러 장면들을 연출하여 이들을 하나의 맥락으로 구성하는 작업이다. 여기서 장면들은 사람마다의 시계열을 따라 하나로 연결된다. 도시와 건축을 짓는 실무는 사람의 장면들을 대신 연출하고 또 이들을 대신 연결해주어야 한다. 말하자면 실무는 장면의 연합적 구조를 결정함으로써 자원과 장소들이 적절하게 엮어진 하나의 도시건축 세계를 완성하게 된다.

의미를 담은 바람직한 생활양상들, 생활의 이상적 단편들을 하나의 연속적 흐름과 일정한 패턴과 지리적 구조로 엮으면 한 사람 혹은 한 거주집단의 라이프 프로그램이 된다. 라이프 프로그램은 실무가 상정한 인간 생활장면들의 네트워크인 동시에, 유의미한 인간행동들의 연결이고, 핵심 자원들의 조직이며, 소중한 장소들의 웹이다. 이것이 인간의 의미실재 내지는 생활세계이며 거주의 종착점이다. 도시건축 실무가 행하는 작업의 최종 결과이기도 한다.

라이프 프로그램 역시 실무에게는 유용한 방법론이 된다. 이것은 도시건축 실무가 늘 익숙하게 접하는 도시건축 프로그램과 흡사하다. 이것이 장소들의 웹임으로 이 작업은 이를테면 공간프로그램을 다루듯이 수행할 수 있다. 학교나 실무에서 수없이 행하고 있는 공간프로그래밍처럼, 우린 인간의 소중한 장소들을 '프로그램' 할 수 있다. 이건 또 자원들의 조직이다. 따라서 실무의 시설프로그램과 같다. 또 라이프 프로그램이 우선행동들의 구성이라면 이건 우리가 익히 알고 있는 행위프로그래밍이나 기능프로그래밍과 유사하다. 라이프 프로그램은 자체가 단지계획이 되기도 하고 토지이용계획이 될 수도 있다. 다만 여기에 인간적임의 뜻, 즉 사람들의 자원과 우선행동과 장소와 장면을 덧붙인 것에 불과하다.

다시 말하지만, 라이프 프로그램은 자원, 행동, 장소, 장면의 계획적 구성이다. 이건 이를테면 인간의 의미로운 생활장면들을 도시건축의 대지 위에 넓게 펼친 후 하나의 체계로 조직하는 일이다. 그리하여 인간 거주의 큰 구도 하나를 완성하는 일이다. 라이프 프로그램은 이처럼 지리적 체계 위에 인간적 체계를 겹쳐 조합하는 작업이다. 실무가 진정한 인간적 의미실재를 계획하는데 있어 라이프 프로그램에 주목하는 이유는 이것이 인간이 이루지 못한 이상들 그러나 앞으로는 이루어야 할 생활들의 구도를 제시하기 때문이다. 라이프 프로그램으로부터 실무는 거주의 동기나 의미와 같은 인간의 의식적 부문을 추론할 수 있다. 더 나아가 인간이 아직 이루지 못한 꿈들, 잊혀졌던 희망들을 계획도면 위에서 재현해낼 수 있다.

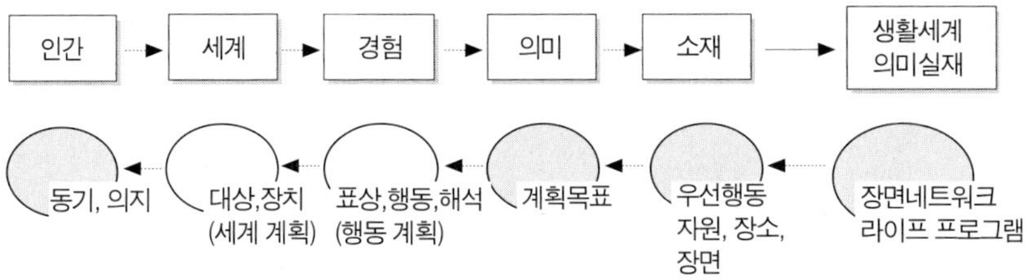

우린 거주를 다섯 개 키워드의 작용으로 설명하였다. 거주의 결과로 사람은 자기 실존세계 즉 의미 실재, 생활세계를 얻는다. 실무는 여기서 현상적, 형상적 의미소재에 주목한다. 소재란 우선행동, 자원, 장소, 장면, 라이프 프로그램을 말한다. 이들은 실무가 다룰 수 있는 실체이며, 형상이며 세계현상이다. 실무는 이 실체적 소재를 가지고 의미의 인간 거주를 실현할 수 있다.

(5) 실무는 거주의 역순이다

실무는 소재로 의미를 계획한다 — 자원, 우선행동, 장소, 장면, 라이프 프로그램은 본질적으로 의미가 생성된 후 그것이 전회된 상징적 기호들이다. 이 다섯 가지는 각각 혹은 한 덩어리로 인간이 의미 있는 삶을 살고 있음을 말해준다. 예컨대 한 사람이 학업, 유학, 운동과 같은 여러 우선행동을 행하고 있다는 것은 그가 바라는 일, 하고자 하는 행위를 하면서 삶을 충실히 영위하고 있음을 표출한다. 또 과거와 현재의 여러 유의미 장소들을 마음에 담고 있다는 것은 그만큼 그의 삶이 의미로 채워져 있다는 것을 뜻한다. 앞서 말한 대로 이들은 도시건축 실무에게 대단히 유용한 실천수단으로 이용된다.

이 다섯 가지는 의미가 전회된 소재이면서 동시에 인간 거주의 절차와 끊을 수 없는 관계를 맺고 있다. 여기서 이들을 거주의 절차 즉 의미의 생성 과정과 빗대어 살펴보는 것도 유익한 일이다. 이건 실무를 인간 거주와 직접 비교하는 일인데, 우린 이 작업으로부터 두 절차가 정확히 일치하며 다만 순서가 반대일 뿐이라는 사실을 깨닫게 된다. 즉

'실무는 거주의 역순' 임을 알게 된다. 예컨대 거주는 세계를 경험하여 의미를 체험하는 절차이다. 실무는 인간이 자기 의미를 위해 체험할 세계를 짓는다. 또 거주는 의미를 소재로 전회하는 일이다. 따라서 '실무는 소재로 의미를 계획한다'.

우린 지금까지 동기, 세계, 경험, 의미, 소재, 의미실재(생활세계)로 이어지는 거주절차를 논의해왔다. 거주의 절차에선 이 다섯 단계가 의미실재라는 궁극을 향해 진행한다. 앞서 우린 각각을 쉽게 풀어 논의한 바 있다. 인간은 의미를 추구하는 동기와 의지의 주체로 정의하였고, 세계는 대상과 장치와 자원으로, 또 경험은 표상과 행동과 해석의 순환으로 정의하였다. 그리고 소재는 행동소재, 자원소재, 장소소재, 장면소재로 이루어진다 하였다. 이 소재를 설명하기 위해 우린 전회라는 의식작용을 제시하였다. 전회는 사람이 의미를 의식화 내지는 상징화하는 작용으로서, 세계 경험을 통해 얻은 의미를 세계 실체로 되돌려 그 현상적, 형상적 소재에 담아 보관하는 일이다. 말하자면 사람이 의미라는 관념과 소재라는 실체를 하나로 묶는 일이다. 전회에 주목하여 우린 우선행동, 자원, 장소, 장면, 라이프 프로그램과 같은 개념을 도출하였으며, 이들을 일컬어 도시건축계획에서 쉽게 다룰 수 있는 수단이라 하였다.

잘 살펴보면 인간 거주의 절차는 이 소재들과 적절히 대응하고 있다. 말하자면 인간은 거주의 절차를 거치면서 하나를 다른 하나로 변화시킨다. 세계를 라이프 프로그램으로, 상황을 장면으로, 시공간 환경을 장소로, 경험을 우선행동으로, 그리고 세계의 대상과 장치를 자원으로 소재화한다. 이를 다시 간략히 요약해보자.

(1) 현실세계 → 라이프 프로그램: 나와 관계없었던 것들 혹은 현실의 냉정한 외적 세계는 거주를 통해 떨리는 감성, 마음 속 울림, 깊은 성찰이 아니고서는 달리 묘사할 수 없는 의미실재로 변화한다. 도시건축의 물리적, 자연적, 실증적 현실도 이처럼 한 사람의 존재의 세계, 주관적 생활세계로 변모한다. 이 의미의 실재에서 세계와 진리와 존재에 관한 의식이 꿈틀거리며 작동한다. 하지만 실재는 관념만으로는 존립 불가능하다. 이것은 관념과 실체가 공존하는 영역이다. 의미와 소재, 의식과 물체가 합일한 세계이다.

실재 안에는 의미와 소재가 합치된 단위들이 존재한다. 이 단위가 곧 장면이다. 그리고 이 단위들의 구조적 양상이 라이프 프로그램이다. 라이프 프로그램을 읽으면 인간의 의미실재를 읽을 수 있다. 그러므로 우린 실무에서 의미실재를 직접 다룰 필요가 없다. 그 현상적, 형상적 소재로서 라이프 프로그램을 다루어도 실무는 가장 인간적이라 할 수 있는 도시건축 세계를 구상할 수 있다.

(2) 상황 → 장면: 하나의 장면은 한두 가지 중요 의미 그리고 그 현상적, 형상적 소재들이 하나로 융합된 단위현상이다. 장면은 내가 경험하는 각가지 거주상황 중에서 특별히 내게 소중한 의미를 주는 상황이며 그 의미가 전회된 소재상황이다. 상황은 자아, 세계, 경험 등 세 가지 절차의 통합단위로서, 인간의 동기의식, 세계의 대상과 장치, 그리고 경험적 운동력이 한데 어우러진 개별 거주사건을 말한다.

이것이 자아에게 의미를 주고 또 주체가 의미를 상황에 전회할 때 하나의 장면이 탄생한다. 말하자면 장면은 인간의 경험적 전회작용의 결과이다. 따라서 한 장면 안에서 우린 한 사람 혹은 집단, 이들의 우선행동, 그 자원, 그리고 장소를 모두 볼 수 있다. 실무는 앞서의 라이프 프로그램과 연관 지어 각가지 인간 거주생활의 장면들, 자신이 도시건축 세계 안에서 실현시키고자 하는 인간의 바람직한 생활양상들을 생각해볼 수 있다.

(3) 시공간 → 장소: 장소는 사람들이 삶의 의미와 기억에 있어서 의미 있다고 생각하는 시공간이다. 사실 거주의 모든 절차, 모든 경험 하나하나는 하나의 시공간 위에 위치해 있다. 모든 상황, 모든 장면도 어떤 한 가지 장치 안에서 행해진다. 장치는 물론 세계의 한 부분이며, 경험의 무대인 동시에 그 자체가 의미가 전회된 소재적 실체이다. 하나의 거주상황 속에 얼떨결에 포함되었던 공간, 위치, 시간의 3차원적 장치가 인간 의식의 전회작용을 거쳐 의미가 함유된 4차원적 장치로 변모했을 때 장소가 된다. 한 사람의 소중한 꿈과 열정 그리고 삶에 대한 대답이 담긴 곳으로서 장소는 소중한 기억과 생활장면의 배경이며 그 사람의 우선행동과 행동자원이 어려있는 무대이다. 사실을 말하자면, 실무가 라이프 프로그램과 장면을 구상했던 이유는 이들로부터 장소를 찾아내어 도시건축 세계를 장소들로 꾸미기 위한 의도가 있었기 때문이다. 그 세계를 인간들이 삶의 의미들로 전회할 수 있는 의미의 시공간으로 만들기 위함이다.

(4) 경험 → 우선행동: 장면과 장소 안에는 사람들의 여러 일상적 경험 중에서 자신에게 가장 절실하고 중요한 행동이 존재한다. 이건 특별한 행동이며 또 소중한 의미를 전해주는 행동이다. 수많은 일상행동 중에서 간절히 바랐던 것, 진정한 자기 존재이유와 연관된 선택된 행동을 말한다. 이 우선행동이 일상적 거주상황을 하나하나 의미의 장면으

로 만든다. 또 객관적이며 형체적 시공간을 마음과 의식의 장소로 만든다. 이것은 의미를 만드는 수단인 동시에 의미가 담기는 소재가 되기도 한다. 우선행동을 정의해야 장소, 장면, 라이프 프로그램을 계획할 수 있다. 우리가 장소, 장면, 라이프 프로그램을 구상했던 이유도 우선행동들을 정의하기 위해서이다. 우선행동은 도시건축 실무의 핵심적인 실천전략이다. 사실 우린 라이프 프로그램을 우선행동들로 구성할 수도 있다. 과거와 현재와 미래의 바람직한 행동상황들로 라이프 프로그램을 만들어 이를 인간적 도시건축 실무의 목적지표로 삼을 수 있다. 우선행동들의 공간적 네트워킹을 통해 스페이스 프로그램 즉 장소 프로그램을 계획할 수도 있다.

(5) 대상과 장치 → 자원: 위에서 밝힌 대로 한 사람의 의미실재, 라이프 프로그램, 장면, 장소에는 의미에 관한 관념뿐 아니라 세계 실체들이 공존하고 있다. 이 실체들은 원래 현실세계에 속해 있던 대상과 장치들이다. 세계 내 자아로서 이들과 공존하고 있는 인간은 이들을 합목적적으로 이용함으로써 자신의 경험을 완성한다. 이처럼 세계의 대상과 장치 중 일부는 사람이 경험을 완성하고 의미를 생산하기 위한 자원으로 쓰여진다. 그러므로 자원이란 사람의 우선행동에 이용되는 세계요소들을 일컫는다. 한 행동이 고귀한 의미를 가져다 주는 것으로 판정될 때 그 행동에 이용된 실체가 자원이다. 따라서 자원은 의미가 전회된 소재가 되기도 한다. 세계의 그 어떤 것도 자원으로 이용될 수 있다. 물론 도시건축 실무가 사용하는 각종 도시건축적 요소, 계획적 언어도 인간의 자원이 될 수 있다. 사실 계획에 의해 제시된 세계요소들 중 되도록 많은 것들이 사람들의 행동자원으로 이용되어야 할 것이다.

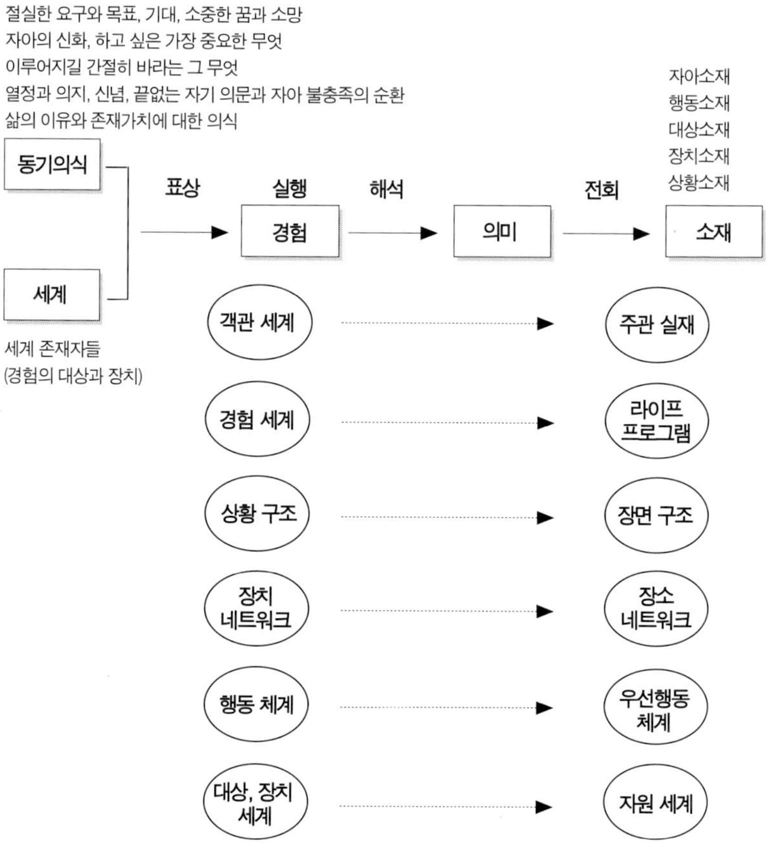

의미의 생산과 전회에 의해 나타나는 결과론적 증상들 즉 라이프 프로그램, 장면, 장소, 우선행동, 자원 등의 실체적, 가시적 증상들로부터 도시건축 실무가 시작되어야 한다. 실무는 이런 현상적, 형상적 실체소재들을 이용하여 의미의 도시건축 세계를 계획해볼 수 있다.

말하자면 실무는 자신이 구사하는 계획언어들 중 되도록 많은 부분이 자원화되도록, 그럼으로써 풍부한 우선행동, 장소, 장면, 라이프 프로그램들이 생성되도록 하는 일에 집중해야 한다.

실무는 거주의 역순이다 — 실무가 사람들의 소망과 삶의 열정을 실현하는 작업임을 스스로 인정한다면 실무는 이미 진정한 인간적 도시건축을 향해 큰 발걸음을 내디딘 것과 진배없다. 자신이 만든 세계 안에서 사람들이 소중한 뜻과 목적을 향해 정진한다는 사실을 인정한 것과 같다. 꿈의 집이든 흔한 아파트든, 사람들은 그것을 자신의 꿈과 의미로 채운다. 그것을 자신의 실재로 바꾼다. 실무는 인간 누구나 가지고 있는 이 본능적 역량을 지원하는 일이다. 사람들과 함께 그들의 의미실재로서의 세계를 함께 만든다.

실무는 어떻게 이 책무를 완수할 수 있을까? 효과적인 방법 하나는 잘 만들어진 이상적 결과를 먼저 상정하는 일이다. 사람들 체험의 감동을 가능케 하는 도시건축, 사람들의 의미가 가득 함유된 성공적인 인간적 도시건축을 한번 상상해보자. 이 안에서 사람들은 꿈과 뜻을 이루고 희망과 열정을 불사르며 자신이 찾아 헤맸던 온갖 해답을 얻을 것이다. 물론 이건 사람들의 행복, 사랑, 자유, 충만, 성장과 관련된 정념적 이상에 도달한 상태이다. 이런 세계는 사람의 거주역량과 실무의 지원역량의 합작이다. 당연히 실무는 이런 세계를 지어야 하는데, 이 이상적 세계의 그림에서부터 시작하여 인간 거주의 절차를 거꾸로 추적하면 꽤 유용한 실무 프로세스를 찾을 수 있다.

물론 인간 거주의 절차를 그대로 좇아 그들의 동기의식에서부터 계획을 시작해볼 수도 있다. 먼저 사람들의 요구, 생애목표, 기대, 소망, 열정이 무엇인지를 열심히 정의해본 후 이에 부합하는 도시건축을 지어보자고 할 수도 있다. 사실 이것은 실무가 정통적으로 사용해왔던 방법이다. 사람들의 요구나 선호나 만족이 무엇인지 먼저 밝힘으로써 성공적인 실무가 가능하다고 믿었다. 이것이 관례이고 또 그럴듯하게 보이기는 한다. 하지만 앞서 인간 동기의식과 요구에 관한 논의에서 밝혔던 것처럼 이 방법으로는 계획이 대단히 개인적이고 불확실하며 추상적인 개념에 의존해야 한다. 예컨대 실무가 인간의 요구나 의지에 열심히 매달린다 해도 그 정의는 결코 확실하거나 타당한 수준에 도달하기 어렵다. 사람들조차도 스스로 자신의 요구가 무엇인지 깨닫지 못하는 경우가 허다하다. 더욱이 요구나 의지는 세계, 경험, 행동과 같은 현실적 증상의 원동력에 불과한데, 실무가 이 같은 구체적 증상을 제쳐둔 채 어렵고 모호한 것에서부터 시작하는 것은 바람직하지 않다.

실무가 자원, 행동, 장소, 장면, 라이프 프로그램과 같은 경험적 소재에서 시작해야 하는 이유는 이런 현실증세를 다루는 계획이 오히려 인간적이라거나 인간 동기를 충족시키는 보다 타당한 방법이기 때문이다. 사람들이 스스로 모든 삶의 욕구와 거주역량을 불사른 후 내보이는 마지막 결과와 흔적들을 주워 모은다면 이 흔적들은 거꾸로 사람들의 욕구가 무엇이었는지, 어떻게 행동했는지, 그리고 실무가 무엇을 해야 하는지를 대단히 명확하게 보여줄 것이다. 물론 이 방법은 지난 사례와 보편적 자료, 즉 지금까지 현재와 유사한 상황에서 사람들은 일반적으로 어떻게 경험해왔는지를 폭넓게 참고한다. 의미목표나 장면 혹은 장소를 상상하고 추론하는 일이 모두 이렇다. 당면한 과제에 집중하지 못하는 방법이라고 비판을 받을 수도 있다. 하지만 이것 이외에 모든 가능한 실무 프로세스들이 유사하거나 보편적인 자료를 참고해야 하는 것은 마찬가지 아닌가!

역시 실무는 인간 거주의 절차를 역순으로 진행해야 한다. 원인보다는 결과를 먼저 묻고, 의식보다는 현상과 형상을 먼저 생각해야 한다. 실무는 동기, 세계, 경험, 의미, 소재, 실재의 순서보다는 의미실재 → 실체소재 → 의미체험 → 행동경험 → 세계계획 → 동기충족으로 진행할 필요가 있다. 보이는 것, 명쾌히 다룰 수 있는 것을 다루는 것이 진정 인간 거주의 절차를 지원하는 방법이다. 다른 말로는, 역시 실무는 소재로 의미를 계획하는 일이다. 소재가 인간 거주의 결과론적 증상임으로, 이들은 보이고 다룰 수 있을 뿐 아니라 이들로 인해 의미가 탄생하고 보관됨으로, 우린 자원, 우선행동, 장소, 장면, 라이프 프로그램과 같은 소재로 의미를 계획할 수 있다.

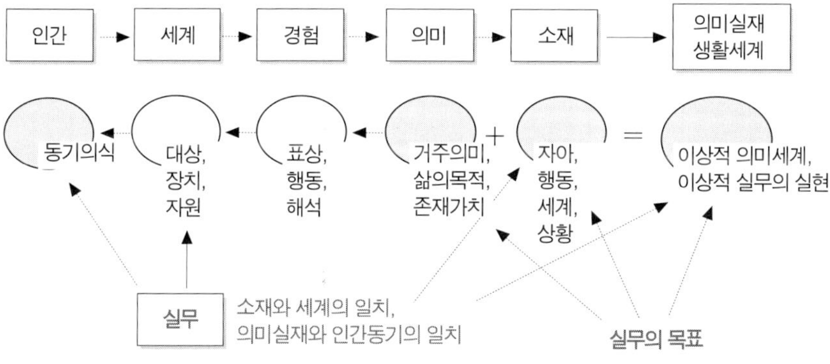

의미의 생산과 전회에 의해 나타나는 결과론적 증상들 즉 라이프 프로그램, 장면, 장소, 우선행동, 자원 등의 실체적, 가시적 증상들로부터 도시건축 실무가 시작되어야 한다. 실무는 이런 현상적, 형상적 실체소재들을 이용하여 의미의 도시건축 세계를 계획해볼 수 있다.

(6) 3단계 실무 프로세스

의미실재나 의미소재와 같은 인간 체험의 결과적 증상들을 테이블 위에 펼쳐놓고 실제로 실무에 한번 적용해보자. 앞뒤 없이, 무턱대고 이들을 이용할 수는 없다. 이 소재들도 나름대로 논리적인 순서를 가지고 있으며, 또 이들이 통상적인 도시건축 실무과정에 무난히 접목되어야 쓸모가 있다. 여기서 우린 세 가지 내용을 추가로 생각해야 한다.

첫째, 실무는 도달 가능한 인간적 실재 즉 이루고자 하는 의미세계로부터 계획목표를 도출한다. 근본적으로 실무계획이란 도시건축이란 세계를 창출함으로써 사람들로 하여금 거주동기를 실현하도록 도와주는 일이다. 이 세계의 경험을 통해 이를 자신의 의식세계 즉 감동과 의미체험이 가능한 의식세계로 변환하도록 지원해야 한다. 도시의 광장이나 가로, 학교나 병원, 도서관이나 박물관, 아파트나 단독주택, 어느 것을 짓든 실무는 그 안에서 사람들이 무엇을 어떻게 느낄 것인가, 바라는 것과 부족한 것을 채우고 있는가, 그것이 감동과 소망과 기억을 가능케 하는가를 생각해야 한다. 이것은 인간 거주의 동기와 도시건축 세계의 일치를 뜻한다. 실무는 이처럼 세계와 의미의 이상적 일치의 양상 그리고 그 형상적 표현에 대해 깊이 사유해야 한다. 실무의 계획목표가 이로부터 세워져야 한다.

둘째, 실무는 이 목표를 향한 실천적 지략을 구상해야 한다. 사업성 분석, 입지분석이나 시설계획, 공간프로그램, 레이아웃과 토지이용계획, 각가지 프로그래밍 등은 실무가 지금까지 이용했던 통상적 방법들이다. 이런 기술적 방법들로 진입하기 전에 실무는 인간 사용자를 위한 계획적 문제들과 이슈들을 먼저 생각해야 한다. 말하자면 휴머니즘 실무의 핵심은 사람들의 행동과 세계이용, 바람직한 생활장면과 이상적 거주양상을 세심하게 살피는데 있다. 우선행동과 장면에 대한 구상이 전제되어야 비로소 공간 레이아웃이나 토지이용계획 혹은 단지시설

계획 등이 가능해진다. 이같이 위 목표와 관련하여 행동과 장면을 중심으로 계획문제와 실천이슈들을 상정함으로써 도시건축이 앞으로 풀어야 할 과제들을 구체화한다.

셋째, 실무는 위 우선행동과 장면을 유도할 물리적, 지리적 실체를 계획해야 한다. 실체란 도시건축적 대상과 장치를 말한다. 여기서 실무는 사람들의 우선행동과 생활장면들을 가능케 하는 각가지 대상적, 장치적 자원 그리고 이 자원들을 함유하고 있는 시공간적 무대로서 장소를 구상한다. 자원이나 장소 같은 개념을 어렵게 생각할 필요는 없다. 이들은 실무가 일상적으로 이용하는 빛, 선과 면, 공간, 시설, 재료, 계획원리와 같은 전문언어 그 자체이며 또 이런 언어를 통해 실무는 자연스럽게 자원과 장소를 만들기 때문이다. 다만 이들 언어가 기술적, 기

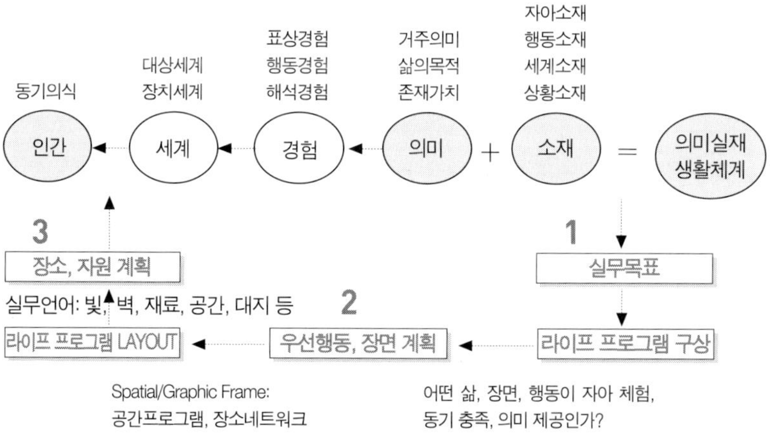

우리 이론이 제안하는 실무 프로세스는 사람들 삶의 의미와 감동과 체험에 대한 사유에서 실무 계획목표를 구성하고 이에 연관된 인간 우선행동, 바람직한 생활장면, 라이프 프로그램을 구상하여 이를 graphic thinking, layout, 그리고 빛과 벽과 공간과 재료 같은 실무언어를 이용하여 자원과 장소를 계획하는 작업의 순서로 진행된다. 이 결과는 인간과 세계가 연합하는 바로 그 지점에 영향을 미치고 다시 세계, 경험, 의미, 소재를 거쳐 인간 의미실재의 형성을 지원하게 된다.

능적 문제에 치우치지 않고 위에서 말한 우선행동과 생활장면에 관한 인간적 계획문제와 실천이슈들을 정확하게 해결하는 것이어야 한다. 이렇게 함으로써 실무는 사람들의 유의미한 행위와 체험을 가능케 할 자원과 장소의 네트워크, 공간설계, 시설 레이아웃을 만들 수 있다.

이처럼 우린 실무가 수행할 작업을 세 가지 큰 고리로 나누고 이를 3단계 계획프로세스로 요약한다. 이 3단계 프로세스에서 실무는 먼저 사람들이 가질 수 있는 감성적, 실용적, 정신적 감동이 무엇일지를 생각하여 의미론적 목표를 구축한다. 그리고 우선행동과 장면과 라이프 프로그램에 주목하여 인간 일상활동에 관한 계획개념과 문제와 이슈를 정의한다. 마지막에 실무는 각가지 계획언어를 구사하여 자원과 장소로 이루어진 실체세계를 계획해낸다.

세계	내용	중심언어	실무
의미세계	생활세계/의미실재, 의미와 소재의 체계	감정, 기분, 정념의 언어 (형용사)	Objectives & Directions
경험세계	우선행동, 장면, 라이프 프로그램	행동과 사건의 언어 (동사)	Project Problems & Design Issues
현실세계	자원 (대상과 장치), 장소	실체언어, 전문계획언어 (명사)	Solutions, Decisions, & Actions

다시 말하지만 이 프로세스는 인간 거주의 의미 그리고 절차에 관한 우리 이론에 근거하고 있다. 사람이 거주한다는 것은 객관적 현실세계를 경험을 통해 자신의 주관적 의미세계로 사유화하는 과정이다 (현실 → 경험 → 의미). 실무는 이를 역순으로 거슬러 세 가지 큰 작업을 수행한다. 인간이 도달할 의미세계로부터 목표를 구상하고, 행동과 장

면과 라이프 프로그램에 관련된 계획적 문제를 제시하며, 자원과 장소로 이루어진 하나의 구체적인 도시건축 세계로 이를 해결한다 (의미 → 경험 → 계획). 이를테면 이건 어떤 삶이어야 하는가, 어떤 생활이어야 하는가, 어떤 집이어야 하는가를 서로 연결하여 하나씩 해결하는 일이다. 각각의 단계에서 우리가 구체적으로 무슨 일을 해야 하는지 자세히 말해보자.

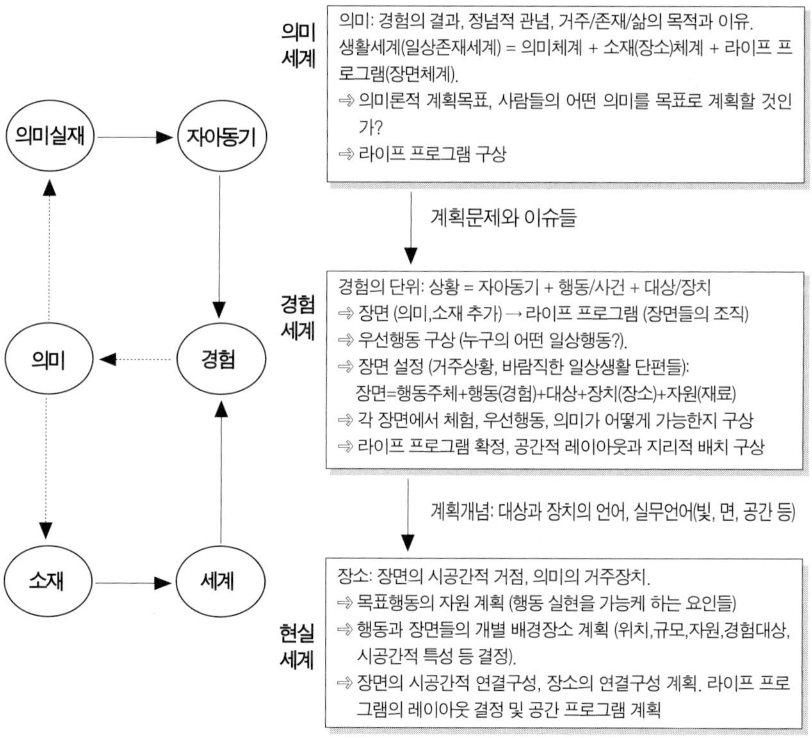

실무의 3단계 프로세스와 인간 거주의 절차

1 단계: 소재와 의미에 관하여, 인간적 실무의 목표

우린 이점을 예감해야 한다. 우리가 지금 만들려는 도시건축은 종국에 가서 그곳에 거주하는 사람들이 삶을 통해 형성하는 의미와 소재로 가득 찰 것이다. 만약 우리가 인간적 측면에서 가장 이상적인 세계를 만들고 싶어 한다면 우린 자신이 만든 이 도시건축의 온갖 것들이 사람들의 의미소재로 변모할 것을 예측해야 한다. 실무는 빛과 어둠과 반사, 선과 면, 볼륨, 표피, 모든 공간적인 것(크기, 형태, 단면, 빛, 개방성, 표면 등 공간의 속성들), 보는 것과 보이는 것, 소리와 냄새와 촉각 같은 지각적인 것, 움직임, 시간과 흐름, 데크, 돌과 하얀 벽돌과 나무와 콘크리트 같은 재료, 길, 마당, 공원, 건물들, 흙과 땅과 하늘과 대지, 호수와 자연, 의도적으로 남겨진 모든 것들, 제도와 규범, 그리고 이들이 나름대로의 질서로 정돈된 패턴과 조합으로 세계를 만든다. 실무는 이 하나하나가 유의미의 자원으로 봉사하여 누군가의 삶의 의미를 상징할 소재로서의 잠재력을 가지게 될 것을 기대한다. 주변 사람들, 온갖 사물들, 이들의 움직임들, 우리가 인지하는 시간의 단락들, 거리 이곳 저곳, 아이들이 뛰어 노는 공간들. 이 각각이 누군가의 소중한 체험으로 채워질 것을 확신한다. 우린 사유 속에서라도 주저 없이 이런 인간적 의미로 가득한 이상향을 그려볼 수 있다.

이 흥분된 예감으로부터 우린 목표를 정한다. 목표란 진정 인간을 위한, 인간적 계획을 이루는 일이다. 이건 거주의 절차 다섯 단계 중에서 최초 인간의 감성적, 실용적, 정신적 요구와 동기 그리고 최후 감성적, 실용적, 정신적 체험과 의미 등 동기-의미 두 단계의 상호 일치를 뜻한다. 이론적으로 말하면, 관념과 실체, 의미와 소재가 하나가 된 세계를 이른다. 실무의 시각에서 보면, 이건 내가 만드는 도시건축 세계가 인간에게 어떤 정서적 체험과 실용적 충만과 정신적 감동을 줄 것인지를 생각하는 일이다. 더 나아가 그 세계의 어디에서, 무엇을 통해 이런 의미를 얻을지를 구상할 수 있다.

이건 이를테면 이상적 세계를 꿈꾸는 일과 같다. 어떻게? 우린 네 가지 과제를 던져볼 수 있다.

첫째, 우린 먼저 어떤 삶을 이루려 하는지 생각한다. 도시건축이 어떻길래, 사람들은 어떤 반응을 보이고 어떻게 체험하며 무엇을 느낄지 그리고 사람들에게 무슨 의미인지를 곰곰 생각해본다. 예컨대 우린 삶을 문화적으로 풍요롭게 또 정신적으로 뜻 깊게 만들 수 있는 이 시대 여러 감성적, 실용적, 정신적 가치를 생각해볼 수 있다. 더 나아가 지각의 감동, 행동의 용이, 체험의 가슴 벅참에 관련된 몇 가지 중요한 형용사를 간추려볼 수 있다.

실무가 제시하려는 의미가 기쁨인지, 행복인지, 평안이나 안락인지, 효율이나 편리인지, 경제성이나 구매 적정성인지, 자유와 자기통제인지, 정숙한 사유의 깊이인지, 가슴 울리는 하루하루 일상인지를 그려볼 수 있다. 이것들을 목록이나 그림으로 만들어보는 일도 가능하다. 도시건축이 존재와 생활에 어떤 가치를 던져줄 것인가? 쾌적하고 건강한 생활, 평화롭고 안전한 거주, 건전하고 화목한 가족, 자연을 맘껏 즐기는 일상, 자유로운 활동과 선택, 친근한 이웃, 발전하는 생애, 아이들의 사회성 등을 나름대로 꼼꼼히 생각해볼 일이다 (이 책의 마지막에는 아파트에서 참고할 수 있는 9가지 대의미와 25가지 소의미가 예시되어 있다).

둘째, 내가 만드는 도시건축이 어떤 소재로 이루어질지를 생각한다. 우린 앞서 사람들이 의미를 자기 의식, 중요한 행동, 세계의 대상과 장치, 거주상황에 전회한다고 하였다. 그리고 우린 이들을 우선행동, 자원, 장소, 장면, 라이프 프로그램으로 바꿔 말하였다. 목표를 구성하는 이 단계에서 우린 큰 소재들 위주로 생각한다. 계획의 어디 그리고 무엇이 사람들 생애가치를 담을 큰 그릇이 될까? 가족, 이웃, 흥미롭고 두드러진 물체, 가로나 공원의 장소, 숨 넘어가게 놀아 제치는 아이들 소리, 주부들이 채팅과 가십을 꼬리처럼 늘이며 장보러 가는 길, 정숙하고 단정한 그러나 고급스런 건물들 모습, 정감 어린 공원, 좋은 학교 그리고 아이들 학교 가는 길, 흥겨운 놀이터의 오후, 바람 부는 언덕에서의 휴식. 소재로서의 역할은 계획이 제시하게 될 주변 사람들, 사물, 행위, 사회문화적 이념과 제도, 시간 그리고 장치, 사회적 체제와 조직, 여러 거주상황 등이 담당하게 될 것이다. 실무는 자신의 도시건축 어느 부분이 향후 소재로서 가장 가능성 있는 부분이 될지를 생각하게 된다.

셋째, 위 의미와 소재의 상호관계를 생각한다. 어떤 것을 어느 그릇에 담을 것인지를 그리고 의미를 어떤 소재로 실현할 수 있을지를 생각한다. 이건 위의 둘 사이를 사다리처럼 선으로 이어가는 게임과 같다. 한쪽에 의미들을 놓고 다른 쪽의 빛, 면, 공간, 재료, 길, 공원, 자연과 같은 계획언어 그리고 사람, 사물, 행위, 시간, 장소와 같은 가능한 소재들로 이어가는 작업이다. 이렇게 하면 무엇이 어떤 의미인지 구체적으로 그려볼 수 있다. 세심한 실무자는 아마도 꽤 긴 리스트를 만들 수 있을 것이다.

넷째, 마지막으로 우리에겐 지금까지의 것들을 장면의 이미지로 형상화하는 작업이 필요하다. 그림이나 사진을 모을 수도 있고 직접 그려볼 수도 있으며 머리 속에서 생각해 볼 수도 있다. 여러 이미지들을 모아보면 이들이 실무자의 상상력을 북돋울 것이다. 하나의 장면은 사람들의 행동과 자원과 장소를 보여준다. 이들은 구체적이고 현실적인 세계의 사건들이다. 이처럼 형상화 하면 앞으로 진행할 세계 계획이 훨씬 수월해진다. 장면들을 모으면 라이프 프로그램이 되는데, 우린 장면들을 여러 방법으로 엮어보며 그 안에서 맥락과 패턴을 찾으려 할 것이다.

사실 실무의 지상 목표는 라이프 프로그램을 더 깊게 또 더 넓게 확대하는 일일 것이다. 이건 도시건축을 통해 사람들의 삶을 더욱 뜻깊고 다양한 의미들로 채운다는 말이다. 이 일은 실무가 얼마나 많은 장면들을 구상하는가, 얼마나 다양한 인간 생활의 이미지를 그려내는가에 달려있다. 더 많은 생활장면을 구상할수록 라이프 프로그램의 구조적 범주가 확장된다. 이렇게 되면 실무는 사람들이 도시건축 안에서 행할 수 있는 각가지 행동대안들을 폭넓게 제시할 수 있고 또 그 행동이 사람들에게 안겨줄 의미의 폭도 확대할 수 있다. 행동뿐만 아니라 더 많은 자원과 더 다양한 장소 대안들도 제시된다. 사람들이 누릴 수 있는 행동과 자원과 장소와 장면을 확장하는 일 그리고 새로운 의미를 제안하고 잊혀진 의미를 회복하며 각 의미의 강도와 중요성을 키우는 일이 곧 우리 실무의 궁극적인 목표이다.

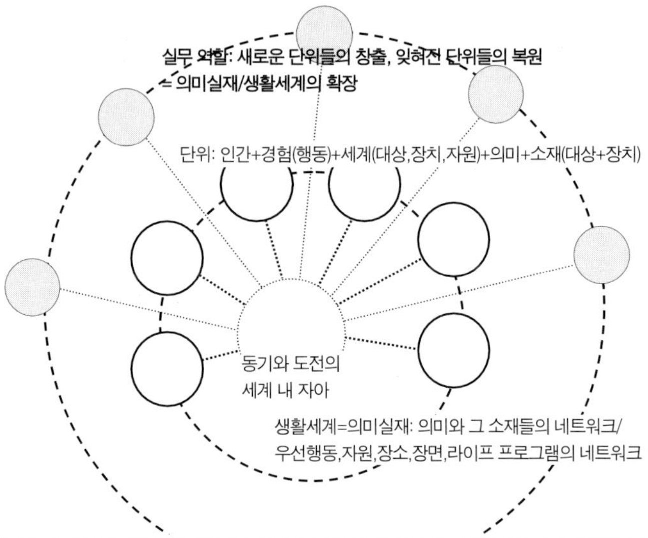

생활세계 즉 의미실재는 의미의 단위들 즉 우선행동, 단위의미, 장소나 사물과 같은 소재, 장면 등이 만든 덩어리들의 네트워크이다. 위 그림에서 자아와 덩어리를 잇는 선의 길이는 의미의 소중함의 강도를 나타낸다. 실무의 역할은 간단하다. 실무는 (1) 기존 덩어리들을 유지시켜야 하며, (2) 새로운 덩어리를 만들어내야 하고, (3) 새로운 덩어리의 소중함의 강도를 증대시켜야 한다. 이것이 앞서 프롤로그의 끝에서 말했던 새로운 경험을 가능케 하는 실무, 말하자면 인간 의미실재를 전에 경험치 못했던 새로운 의미세계로 확장시키는 실무이다.

2 단계: 목표의 조작적 정의, 계획적 문제와 이슈

목표는 인간의 이상적 세계, 바람직한 도시건축의 내용을 담고 있다. 이런 인간학적, 의미론적 목표를 정했다고 하자. 계획을 진행하기 위해선 목표를 실현할 실천방법을 마련해야 한다. 앞에서 정한 감성적, 실용적, 정신적 목표를 어떻게 계획으로 실현할 것인가? 새롭고 다양한 체험을 실현하기 위해 우린 무엇을 해야 하는가? 여기서 우린 실무가 향후 계획으로 풀어야 할 각가지 문제와 이슈들을 나열해야 한다. 마치 건축프로그래밍에서 여러 문제들을 찾고 해결의 대안적 방향을 지침이나 가이드라인으로 제시하듯이.

다행히도 이 단계에 앞서 우린 이미 입지분석이나 시설계획 같은 기술적 분석을 마쳤으며 또 바람직한 생활장면의 이미지들, 새로운 체험적 대안들을 구상하였다. 문제와 이슈를 정하기 위해 우린 주로 우선행동, 장면, 라이프 프로그램을 참조하는데, 특히 실무는 행동에 주목할 필요가 있다. 왜 그럴까? 그 이유는 행동이 위 장면과 라이프 프로그램이란 복합체를 분해했을 때 그것의 형성 여부를 결정하는 핵심적인 요소이기 때문이다. 행동으로부터 비롯되어 하나의 사건, 상황, 장면이 탄생한다. 또 다른 이유는 행동이 뒤 3단계에서 말할 자원과 장소의 형성을 위한 전제조건이기 때문이다. 행동을 보아야 자원과 장소를 정의할 수 있다.

쉽게 말하면, 장면 하나를 놓고 '자, 이제 이것을 어떻게 계획할 것인가' 를 말할 때 우린 '여기서 어떤 행위에 주목해야 하는가' 를 따져볼 필요가 있다. 다른 말로 바꾸면, 어떤 행동들이 이 이상적 생활상황을 떠받치고 있는지를 알아차려야 한다. 예컨대, 이 건강하고 안전한 생활모습 안에는 어떤 행동들이 있는가? 저 자유롭게 성장하는 아이들은 무슨 외부활동 때문인가? 이 행복하고 성숙한 이웃관계는 어떤 커뮤니티 행동들이 있어 가능한가?

이들이 모두 우선행동인데, 이런 행동들을 나열하면 우린 이들을 가능케 하기 위해 계획적으로 풀어야 할 문제와 이슈가 무엇인지를 쉽게 도출할 수 있다. 예컨대 과거 같으면, 골목길 아이들 놀이소리를 위해 길과 집들의 거리, 집의 출입문과 창문의 위치, 앞마당이나 포치, 길이라는 공간과 바닥의 성질, 길이 차지하는 접근성이나 일상 이용성이라는 문제를 생각해볼 수 있다 (이런 계획적 요구조건들은 아파트 보행로에도 적용될 수 있을 것같다). 마찬가지로 실무는 평안한 안식의 거주, 건강한 성장, 행복과 포용 등 각가지 목표를 위해 어떤 행동들이 있어야 하는지 그리고 이 행동들이 일상적으로 자연스럽게 나타나기 위한 계획적 방향은 무엇인지를 생각해보아야 한다. 자, 이제 모두 앞에서 세웠던 목표와 장면과 이상적 모습들로 돌아가보자. 인간행동을 생각하고 이로부터 계획적 조건들을 도출해보자. 그다지 어렵지 않다는 것을 알 수 있다.

3 단계: 세계의 계획, 실무

실무는 이제 이 우선행동과 장면을 불러일으킬 도시건축 세계를 계획해야 한다. 즉 앞서 나열했던 계획문제와 실천이슈들을 해결해야 한다. 우선행동을 일으킬 자원 그리고 장면이 나타날 장소를 계획해야 하는데, 여기서 실무는 자신이 사용해왔던 온갖 전문언어와 계획원리를 동원한다. 늘 사용하여 이미 익숙해진 실무언어를 적용함으로써 위 계획문제들을 풀어낼 수 있다. 이건 어렵지 않다. 왜냐하면 계획문제를 풀면서 사용하는 실무언어 자체가 우선행동을 위한 자원 그리고 장면의 장소가 될 것이기 때문이다.

실무는 대단히 유용하고 강력한 전문언어를 보유하고 있다. 앞서 여러 차례 말했듯이 언어란 빛, 선, 면, 볼륨과 표면, 공간, 시설, 지각적인 것, 움직임과 시간, 재료, 마당, 공원, 대지, 자연, 계획원리 같은 것들이다. 이들을 내키는 대로 혹은 무작위로 발휘해서는 안될 것이다. 당연히 이들은 지금까지 생각했던 목표와 계획문제에 정확하게 조준된 상태로 적용되어야 한다.

계획을 통해 대지와 자연을 다루고, 표면을 바꾸며, 또 공간과 매스를 형성하고, 시설의 레이아웃을 결정했다고 치자. 사실 이런 작업은 인간을 위한 도시건축의 부분부분을 세심하게 가려 만들어가는 일이다. 즉 계획을 통해 하나의 세계를 이루는 각가지 요소들, 사람, 사물, 시간, 공간, 제도, 이념, 조직, 체제, 신호, 정보 등을 엮어가는 일이다. 물론 계획은 이 요소들의 위치와 규격과 성질과 관계를 결정한다. 새로운 사물이나 공간을 생각해야 할 필요도 있다. 기존에 있었던 제도나 정보를 새롭게 변모시켜야 할 수도 있다. 또 요소들의 구성방식에 대한 창의적인 해결을 생각해보아야 한다. 실무는 이 모든 의사결정의 중간과 마지막에 과연 우리가 기대했던 사람들의 우선행동과 생활장면들이 나타날 것인지, 그리하여 우리가 목표했던 인간적 의미의 실재가 실현될 것인지 계속 눈뜨고 지켜봐야 한다. 계획이 이런 방향성을 갖추어야만 계획의 부분부분이 인간에게 감동과 의미를 전해주는 체험적 대상(자원) 그리고 이 체험의 경험적 장치(장소)가 될 것이다. 중간중간마다에 이런 인간적 인지성이 살아있어야만 계획 하나하나가 사람들의 우선행동과 장면과 라이프 프로그램을 실현하고 또 더 나아가 그들이 삶의 의미를 체험하는데 기여할 수 있다.

한번 생각해보자. 실무의 언어로 도시건축이 생겨나고 그 안의 사물과 공간과 시간과 신호 하나하나가 사람들의 목적 있는 행위들 그리고 원했던 삶의 장면들을 형성하는 모습을. 이것을 자원과 장소로 이용하여 삶의 진정한 목표를 향해 추진하는 감동적인 인간 거주의 절차를. 실무는 자기 언어를 능숙하게 구사하여 하나의 명사적 세계를 제시하고, 그 안에서 인간은 뜻 깊은 동사와 형용사로 가득 찬 삶을 살아간다.

말하자면 이건 실무가 인간과 시대에 제안하는 진정한 인가적 거주의 지침이다.

창의의 실무, 의미의 실무: 둘은 하나로 인간적이다

수백 장에 이르는 한 줄기 긴 사유를 거쳐 우린 사람들이 도시건축 세계를 그들의 의식으로 융해하는 과정을 이해하였다. 삶에 관한 절실한 목적과 가치추구의 열정을 지닌 인간, 이들의 주변을 감싼 경험 세계로서의 도시건축, 그리고 둘 사이에서 벌어지는 거주와 경험에 관한 불꽃 튀는 조우와 공명의 현상에 대해 말하였다.

인간 삶은 도시건축의 경험에서 비롯된다. 사람은 거주를 통해 이 세계를 끊임없이 경험한다. 그리고선 알게 모르게 생각한다. 자신의 경험이 어땠는지를. 이 생각이 곧 의미인데, 의미는 의식이 활동하는 삶에 관한 성찰이다. 자신과 세계에 관한 평가이며 반성이다. 삶과 도시건축을 분간할 수 없게 한데 모아놓고, 최초 생각했던 삶의 동기에 대해 다시 생각하며, 생의 체험이란 것에 대해 그리고 도시건축이란 세계에 대해 사유한다. '음, 이 부분이 이렇게 끝나는군' 하고 깨닫기도 하고, '이 일이 결국 이런 의미를 주는 것이었다' 고 결론을 내리기도 한다. 혹은 '저 사람은 나이게 이런 가치가 있어' 라고 생각한다. 여기서 삶과 도시건축은 하나가 되어 사람의 의식 속에서 의미와 소재라는 형태로 정착한다. 그 속을 들여다보면, 의미가 도시건축이고 도시건축이 의미이다. 인간과 도시건축의 실재이며, 생활세계이다. 이를테면 우린 자연스런 자리에서 '당신은 여기서 무엇을 얻었는가' 를 물어볼 수 있다. 어느 도시건축에서 무엇을 어떻게?

도시건축은 대개 두 가지에 관심을 둔다. 하나는 계획하고 설계하고 집 짓는 사람들끼리만 통하는 도시와 건축에 관한 다소 모호하고 관념적인 사색에 관한 것들이다. 빛이나 공간이라는 세계의 어느 부분 그리고 그 뒤편에 내재된 은밀한 원리에 대해 생각하고, 도시건축을 형성하는 재료나 면이나 선이나 표피의 본질에 대해 의논하며, 땅과 하늘과 물과 대지라는 실체를 도시건축적 관념으로 바꾸기도 한다. 또 이 같은 사념이 세계론적, 시대적 역사를 어떻게 만들어가고 있는지에 관심을 기울인다. 이것들에 관한 자취를 흘러간 영웅으로부터 배우고, 그들의 생각들을 사조로 신봉한다. 혹은 대단히 유물론적인 현실의 사정에 봉착하여 경제와 사업을 건축적 꿈과 조합하려 애쓴다. 그리하여 이들 모두의 언어와 수단적 가치를 결국 볼 것과 쓸 것과 느낄 것들로 만든다. 그리고는 스스로의 감동, 인간과 시대의 감동을 기대한다. 이것은 대단히 가치 있는 작업이며 또 창의적인 일이다.

또 하나는, 우리가 이 책을 통해 펼쳐 보이고 있는, 도시건축과 인간의 결합, '인간 존재의 가치를 향한 도시건축의 존재가치'에 관한 것이다. 실무가 빛과 공간을 어떻게 생각하고 선과 면과 재료와 그 조합을 어떻게 만들며 하늘과 자연과 대지와 도시건축을 어떤 세계로 그리든지 간에, 실무는 이들의 청사진 여기저기 마다 인간을 얹어놓고 자신이 만든 세계 안에서 인간의 생애와 체험을 함께 생각한다. 사람에 대해 어떤 사람인지를, 그 사람이 어떻게 보고 지각하고 쓰고 행동하는지를, 사람이 도시건축 안에서 어떻게 그것과 존립할 것인지를 생각한다. 사람이 가슴 벅차하거나 가슴 아파하는 현상에 대해 공감한다. 빛, 면,

공간, 표피, 재료, 길, 마당, 건물, 도시, 모든 조합되는 것 하나하나를 인간 체험의 의미라는 과녁에 정확하게 꽂히는 대단히 인간적인 것으로 만든다. 이것 역시 실무로서는 대단히 창의적인 작업이다.

둘을 양손에 놓으면 우린 알 수 있다. 하나가 무엇을 폐하는 것이 아니다. 이것은 하나가 다른 하나를 완전케 하려는 것이다. 다만 지금까지 도시건축은 어느 하나에 자신의 많은 부분을 놓은 채 다른 하나에는 다만 수많은 물음표만 찍어놓고 있었던 것이다. 감동 주기, 자아를 충족하게 하기, 삶의 질을 높이기는 '실무 안에 사람 놓기', '사람의 눈으로 자기 실무 보기', '몸과 피부로 대신 느껴보기', '먼저 행동하고 생활해보기', '사람들의 느낌과 체험을 예감하기', '삶이 어떻게 의미롭게 변할지 기대해보기' 이다.

그러기 위해 우린 지금까지 인간과 그의 삶에 관한 치열한 동기의식을 말했다. 이것을 말한 이유는 삶의 동기를 이론으로 포장하려는 것이 아니다. 그 이유는 도시건축의 빛과 공간과 면과 선과 재료와 대지와 건물에 관한 독특하고 전통적인 도시건축적 사색 안에 인간과 그의 삶을 한번 얹어놓으려 한 의도가 있었기 때문이다.

또 우린 지금까지 도시건축의 세계 그 대상과 장치와 자원이 무엇인지, 그것의 표상과 행동과 해석에 관한 인간의 경험은 또 어떤 것인지, 의미는 무엇이며, 세계의 실체와는 어떤 관계인지를 말했다. 이것 역시 실무가 지금까지 해왔던 작업이 어떻게 좀더 인간적일 수 있을지를 가늠해보기 위해서이다. 또 우린 인간, 세계, 경험, 의미, 소재가 어떤 인간 의식적 소화과정을 거쳐 어떻게 거주라는 세계적, 인간적 과정 안으로 몰입하는지를 말했다. 이것도 물론 세계를 만드는 실무가 자신이 해왔던 작업의 결과 즉 세계적 실체 안에서 어떻게 의미를 찾는 인간 거주와 온전히 인간적으로 만날 수 있는지를 보여주기 위해서이다.

여기에 덧붙여, 좀더 창의적이며 또 인간적인 실무작업의 한 방법을 보여주기 위해 우선행동, 자원, 장소, 장면, 라이프 프로그램과 같은 실천개념들을 제안하였다. 이 이유도 역시 지금까지의 창의적인 도시건축을 좀더 창의적으로 만들어볼 수 있다는 가능성 때문이다. 라이프 프로그램을 원래의 도시설계도나 토지이용계획 위에, 의미의 인간 생활장면들을 원래의 배치도나 마스터플랜 위에, 의미의 장소들을 원래의 평면도나 단면도 위에, 행동의 세계자원들을 상세도나 스케치 위에, 그리고 인간의 표상과 해석과 우선행동에 관한 체험적 현상들을 실무가 구상하는 온 세계 위에, 한번 추가해보면 좋겠다는 희망이 있었기 때문이다. 사람을 향한 도시건축, 휴머니즘의 실무, 인간 거주의 의미론적 시각은 지금까지 우리가 해 온 실무방식의 대안이 아니다. 그것은 손을 맞잡기 위한 것이다.

실무야, 너는 원래의 너대로 창의적이어라! 너의 고유한 사색과 작업에 몰두하여라. 다만 그것에 한 줄기 사색을 추가하여 너를 완성해보자. 사람의 체험과 감동과 삶의 색조를 말하는 형용사들을 도시건축의 목적과 계획설계의 목표로 덧붙여보자. 이 형용사의 실현을 위해 너는 사람의 세계경험 방식, 체험의 흐름과 변화, 삶에 의미를 던져주는 행동과 자원과 장소와 장면과 라이프 프로그램 같은 인간적 동사들을, 너의 빛과 공간과 면과 선과 재료와 대지와 건물에 관한 독특하고 전통적인 도시건축적 명사언어와 합쳐 좀더 인간적인 명사적 세계로 완성해볼 수 있지 않겠니?

의미의 인간거주를 위한 실천예제: 100 가이드라인

다음에 이어지는 내용은 창의적 실무의 표본을 실감 있게 보여주기 위해 만들어진 가이드라인의 예시이다. 앞서 설명했던 목표, 문제, 해결의 실무 3단계 방법을 이 시대 커뮤니티 계획에 적용할 수 있는 인간 의미세계의 목표(대의미), 거주경험을 위한 문제와 과제(소의미), 그리고 계획개념적 실천지침으로 구성하였다. 실무에게는 이 내용이 사람들의 거주장치를 만드는 작업 전반에 도움을 줄 것으로 기대된다. 이를 작업에 참고하거나 설계대안을 평가하는데 사용할 수 있다. 거주주체로서 개인에게는, 자기 거주일상의 현주소를 가늠하고 주변 도시건축의 현재와 미래를 평가하는 잣대가 될 수 있다. 어디에서 어떻게 자기 거주를 영위할지에 관한 선택기준으로 참고할 수도 있다. 물론 프로젝트마다, 실무자마다, 개인마다 어느 것이 더 중요하고 절실한지를 분별해야 할 것이다. 또 이것이 예시인 만큼 변경하거나 잘라내거나 덧붙이는 응용력도 필요하다. 다음 내용은 아래 표와 같이 구성되었다. 먼저 인간의 의미를 실용, 정서, 정신적 유형으로 삼분하고, 이를 좀더 구체적인 대의미로 풀어 총 9가지 의미론적 계획목표를 제시하였다. 각각마다 2-4개의 소의미 즉 실무가 풀어내야 할 계획적 과제를 만들어 총 25개 과제로 제시하였다. 더불어 각 계획문제를 해결할 수 있는 몇 가지 설계개념을 지침 형식으로 덧붙였다.

구 분	규 모	언 어	내 용
의미 (목표): 프로젝트의 방향과 전략	대규모 지침 (대의미)	형용사적 상태언어	인간의 정서, 실용, 정신적 상태, 감정과 느낌과 기분과 정념
과제 (문제): 계획에서 풀어야 할 현실요구와 이슈들	중규모 지침 (소의미)	동사적 경험언어	인간의 경험, 생활, 일상상황에 관한 우선행동, 장면, 라이프 프로그램
지침 (계획): 계획개념과 실천적 의사결정의 예시	소규모 지침	명사적 요소언어	현실 대상과 장치, 자원과 장소 만들기의 계획적 실행

1. 거주의 실용적 의미를 위한 가이드라인

의미 1. 건강하고 안전한 일상거주 (Healthy Living) – 거주의 기초 Well-being

과제 (1) Protected Shelter: 나의 일상, 우리 삶은 모든 거주 위해요인으로부터 안전하다

Basic Needs: 최소주거면적(1인당 주거면적, 실당 거주인구, 세대당 평균면적 등), 기초 인프라 시설(도로, 전력, 생활에너지, 정보통신, 상하수도 등)과 기본 위생설비, 자원 재활용과 생활폐기물 처리 여건, 건물 및 시설의 구조적 안전성, 기초적 냉난방 및 보온을 위한 조건, 대중교통 혜택, 양호한 기초 교육 및 의료서비스 등 제공.

Protection from External Hostilities: 자연재해(지진, 기후재해 등), 공기 및 물의 오염, 해충이나 병인(病因) 등 각종 외적 위해요인으로부터 보호. 홍수위를 고려한 계획. 범죄예방계획(Defensible Space, Crime Prevention through Environmental Design, 공간 가시성 및 생활영역 등) 및 보안설비의 Hard Targeting과 효과적 경비시스템.

Safety & Security: 차량 및 보행 통행의 안전성. 아동 및 노약자 생활공간과 차량 통행의 상호관계. 교통정온화 계획 (traffic calming: 통행규모, 도로 선형 및 차선 계획, 교차로, 도로 바닥처리, 표지판, School Zone 등). Universal Space와 Barrier-free계획에 의한 이동 및 이용상 안전성(아동, 노약자, 장애인, 임산부 등). 발생 가능한 각종 안전사고에 대한 사전대책 (붕괴사고, 놀이사고, 추락사고, 낙하물체, 공공장소 자살 등 예방).

과제 (2) Environmental Health: 쾌적하고 건강한 거주

Pleasant Microclimate: 쾌적 미시기후 (온도와 습도, 바람과 통풍, 생태적 미시기후 조절, 열섬 방지, 윈드터널이나 돌풍 예방, 겨울철 바람막이 벽 등). 따뜻한 햇볕(일조, 자연채광)과 선선한 그늘. 지역의 바람길. 실내와 주차장의 자연채광과 자연환기.

Perceptual Amenities: 맑은 공기(←→공기오염). 좋은 냄새(←→악취). 쾌적하고 활기찬 소리(←→교통소음, 생활소음, 공명현상). 좋은 조망(←→나쁜 조망). 지각적 프라이버시 (시각적, 청각적). 즐거운 촉감들. 일상의 가까운 지각적 즐거움. 지하 생활공간의 지각적 쾌적함 (지하 커뮤니티시설, 지하주차공간 등의 채광, 환기, 선큰 마당 등).

Living near Nature: 자연환경으로부터 얻을 수 있는 각가지 심신건강상 혜택을 활용한 계획. 집 근처 녹지 및 수공간 등 자연환경에 의한 미시기후 조절. 자연에 대한 일상적 지각경험, 자연으로의 조망 등 자연환경적 자극과 쾌감에 의한 심리적 안정감 및 지각적 건강. 휴게공간, 놀이공간, 운동공간, 보행공간 등 주요 외부공간에 대한 생태환경 및 녹지/녹음 제공.

Bio Design: 거주일상을 통해 자연스럽게 주민 건강이 증진되는 세심한 공중보건 계획. 건강테마공간, 주민체육공간, 친환경 웰빙 재료 등 고려.

과제 (3) Outdoor Life: 외부공간과 외부활동을 향한 적극적 일상

Starting from Voids (Open Spaces First, Buildings Later): 외부공간 계획에서부터 시작되는 도시주거계획 (건물배치에 앞서 외부공간의 구성원리 결정), 외부공간의 속성과 수준과 질서의 결정 → 도시 기본구상 및 커뮤니티 계획의 기본조직 및 구성원리로 활용.

외부공간의 공간적 구조 및 기능적 질서 (가로, 보행로, 공원과 녹지, 운동놀이공간, 마당 등).

외부공간 조직구성을 기반으로 전개되는 여타 시설의 배열원리 (주동건물, 부대복리시설, 차량동선과 주차공간).

Cluster Zoning, Compact Planning: 건물시설의 고밀도 집적개발에 의한 여유 외부공간의 확대 (자연환경, 가로, 녹지, 기타 외부 도시시설). 건물 위치와 규모의 정밀 결정에 의한 자연환경과 외부공간의 적극 확보. 단지 여유 외부공간의 상호 연결 통합. 주민 외부활동 촉진. 공용공간에서의 공동활동에 의한 공동체 의식 확대.

Outdoor Attractions: 일상운동과 건전한 삶이 주거지의 외부공간에서 일어날 수 있도록 유도하는 외부공간의 여러 유입요소들. 여러 주민계층의 다양한 외부활동을 유도하는 복합적 건축장치들. 쾌적하고 편리한 외부공간 환경여건 조성.

Leisure Path (길고 변화롭게 이어지는 산책운동길, 자전거 순환로). 아동, 청소년, 가족, 고령자 등의 각가지 일상운동이 가능한 장소들 (체육쌈지공원, 운동장 및 운동시설, 동호회 이용시설 등). 휴식, 감성, 지각의 흥미로움을 제공하는 감각적 장소들 (생태공원, 복합휴게공간 등). 아동과 청소년의 다양한 놀이/외부 활동의 지원. 각가지 옥외테마공간 및 자연생태공간 계획 (중심가로, 커뮤니티시설, 진입마당, 마을공원 등). 중요 실내공간에 연계된 특징적 소규모 외부공간들. 주민이 직접 가꾸고 지키는 여러 단지 시설과 생태공간들. 기타 외부활동을 흡입하는 장소와 재료 그리고 이용상 접근성, 안전성, 편이성, 쾌적성을 보장하는 지구의 각종 외부공간들과 그 배열질서.

의미 2. 편리하며 기능적인 일상생활 (Effective Living) – 기능과 효율

과제 (4) Movement & Transit: 원활한 이동과 소통, 가까운 도시 (Accessible Neighborhood)

Walkability: 효율적인 보행, 보행천국, 보행의 옵션들. 동네 주요 필요시설 및 대중교통까지의 보행접근 (반경 350-500m, 5-10분), 동네 가까운 곳은 어디든지 보행으로, 주요 시설에 주륜장 설치, Pedestrian Safety & Amenity: 안전/쾌적한 보행공간 (폭 3-5m), 다양한 보행경험을 위한 가로소품들 (streetscape), 보행로에 연접한 건물과 시설들.

통과차량의 축소와 우회 간선도로: 커뮤니티를 관통하는 통과교통의 최소화 (통과도로의 소음이나 먼지 등 배제, 횡단의 안전성, 생태 네트워크의 유지, 이웃 커뮤니티와의 연결.

보행의 안전과 연속성: 보행로 폭/바닥/경사 등 기본적 성격, 차량 통행과의 관계 (상호 간섭과 충돌 혹은 호혜의 통제), Barrier-free, 보행로의 연결 연속성.

Transit-Oriented: TOD 계획 (대중교통 거점 고려, 거점과의 보행거리), 대중교통 접근성.

체험보행: 지각적, 기능적으로 목적과 흥미를 제공하는 보행로. 테마 보행계획, 바닥처리, 가로공원.

접근성: 각종 커뮤니티 시설로의 보행접근 (등하교 동선 등). 여타 커뮤니티 공간과의 공간적/기능적 연결 및 보행 네트워킹.

대표적 경관요소로서의 중심가로: 보행가로환경, 커뮤니티생활문화, 서비스시설, 녹지환경, 연도건물 등이 어우러진 중심적 열린 가로에 의해 지구의 계획개념 및 차별적 계획특성 반영.

Manageable Journey to Job & City Amenities: 직장, 교육시설, 상업시설, 각종 문화시설, 공원녹지, 대중교통 등 주요 일상시설까지의 손쉬운 이동과 시설 이용.

Accessibility/Legibility: 찾기 쉽고 접근 용이한 장소들. 시각적으로 트인 공간/시설 (시각 밀폐된 공간은 곤란). 단순 명쾌한 배치구성. 매력이 쉽게 읽혀지고 지각되는 장소들. 유사용도 시설의 인접배치 혹은 주요 통행동선 인접 배치 등으로 접근 및 인지가 용이한 배치계획 (커뮤니티 시설의 집중 연계 배치 및 위치 결정 등).

Barrier-free Access (유모차, 휠체어, 카트, 자전거 등의 자유로운 이동). 장애인 엘리베이터. 자전거 주차장, 유모차 보관공간 등.

Living 'WITH' Automobiles: 차량과의 공존 (그러나 보행 우선의 차량 통행), 차량-보행-노변시설-외부공간의 융합, 생활 속의 쾌적 안전한 자동차 이용, Appropriate Parking (주차의 규모, 근접성, 접근성, 위치 및 배분 계획, 이용 안전성 등).

Parking: 주차 규모, 주차 유형, 위치 및 배분구조, 동선구조, 효율적 주차구획, 방범과 안전, 보행접근, 주차장 환경 쾌적성(채광, 통풍), 주차장의 옥상과 벽면 녹화.

Service Vehicles: 긴급차량과 일상 서비스차량의 통행과 주차.

과제 (5) **Usability & Convenience**: 사용과 행위, 쉽게 쓰고 편리하게 이용하기

User-friendliness: 필요한 공간/시설은 있는가? 이용 편리한가? 원하는 행위와 일상을 위한 건축적 장치와 자원이 제공되고 있는가? 공간/시설은 원하는 방식의 이용이 가능한가? 다양한 계층의 다양한 행위를 지원하는가? 이용의 장애나 불편함 혹은 불안함은 없는가?

Community Space Programming: 가로 및 광장/마당, 유아/아동/청소년의 보육 및 교육시설, 상업, 문화, 종교, 레저, 여흥, 놀이, 운동건강, 휴식, 공원녹지, 사회적 공간(교류와 소통), 관공서 및 공공기관, 협력 및 자치생활시설, 이벤트 공간, 주차 등 종합적 지역 공간프로그램. 시설의 규모와 위치 계획. 시설공간의 상호관계 설정과 조직구성.

Activity Clusters (Places): 중요 일상생활과 행위패턴이 정규적으로 반복되는 중심적 공간과 시설, 생활과 행위를 담는 공간적 클러스터 혹은 장(場), 주요 건축장치와 자원들이 집적된 핵심적 공간과 시설들 (나의 생활이 의존하는 중요 장소들의 존재 여부), 이 곳이 Activity Cluster임을 알리는 각가지 지각적 신호들 (예, 아이들 노는 소리, 먼저 앉아있는 사람들).

No Dead Zones: 사람들의 일상 이용과 행위상황 혹은 일상 경험범주 등에서 벗어난, 사용되지 않는, 공간은 있는지 (No one uses them)? 시간적/공간적 측면에서 활용되지 않는 땅과 버려진 공간들을 인간 통제와 생활영역의 공간화, 활용의 거주공간, 활발한 일상적 이용공간으로의 변환을 위한 제안.

Appliances & Means: 일상 거주기능(위생, 방범, 가사, 청소, 휴식, 가족생활, 수납, 재해예방, 안전사고 방지, 오수 및 쓰레기 처리 등)의 편이를 돕는 일체의 설비와 장비 그리고 이를 담는 합리적인 공간적 수단 (주방 공간형태, 서비스발코니와 보조주방 계획, 수납의 합리적 계획, 가사공간의 채광이나 실내환경 등). 신체적, 정신적 장애를 보완하는 기계설비. 각종 정보통신 설비와 원격조종수단. Home Automation 등의 구비. 각종 에너지 공급설비 (난방, 급탕, 전력 등). 건물과 공간의 사용 및 유지관리를 용이하게 하는 설계 및 설비 관련 제반 방법들. 각종 설비 인프라의 위치와 용량 및 효율성.

과제 (6) **Self-Control & Autonomy:** 효율적 변용, 주체적 공간이용 (필요에 따라 혹은 자기 필요의 변화에 대응하여 자유자재로 변화 가능한 자율적 이용방식)

Allowance & Versatility: 공간/시설의 이용 유연성 (← → 강제성, 경직성, 독단성), 시설의 기능적 Open-endedness (한 장소가 여러 계층의 요구 변화에 유연하게 대응하며 자원을 제공하는가?), User' s Self-control & Loose Parts (주민 계층별 요구 및 그 변화에 의해 주민이 자유롭게 조절 가능한 유연한 공간과 시설), 열린 소품과 열린 공간 (한 사물과 공간을 다양한 목적으로 변용, 계단에 앉기, 길거리 축구, 다용도 운동장, 꽃밭에서 벌레 잡기 등).

Options & Choices: 다양한 공간적 옵션의 제공, 다양한 이용옵션 제공, 어디에서 무엇을 할 것인가에 대한 선택의 기회 제공 (주택유형, 자연환경, 보행로, 할 것이나 놀 것 등).

Ease in Changes & Maintenance: 변경과 변형사용, 이탈이용, 적용과 조절이 용이한 계획 (가변적이며 유연한 변화 순응형 계획). 요구 변화 및 생활방식의 진화에 의해 비교적 자유롭게 개보수, 리모델링, 유지관리가 가능한 계획. 주민 스스로 쉽게 교체 변경할 수 있는 열린 시설.

의미 3. 풍요로운 거주생활과 다양한 경험기회 (Active Living) – 생활의 활력과 경험의 풍요로움

과제 (7) Life Situations: 활동의 삶, 행동하는 거주 (지각에서 이용으로, 방관에서 참여로)

Life Programs Design: 'Situation=(Activity + User + Place)' 거주생활의 개별적 상황 및 양상을 단위로 삼아 진행되는 계획 ('누가 어디에서 무엇을' 에 관한 Behavior Settings, Activity Systems 혹은 Behavior Long-units 단위기조를 중심으로 하는 계획).

주민 생활방식과 일상활동의 반영. 여러 계층의 다양한 이용패턴 도출. 생활상황과 건축장치의 상호 match와 mismatch 고려.

바람직한 생활양상 및 공간이용방식을 제안하고 이에 대응하는 장소 만들기.

User Programming과 Life Activity Programming을 기반으로 한 실내 및 옥외 Place 계획.

User Programming (생활행위 주체의 단위): 유아, 소아, 저학년 초교, 고학년 초교, Early Teens, Mid Teens, Late Teens, 청년 성인, 중년 성인, 고령자 (Female, Male), 주부+미취학아동, 주부+아동, 고령자+아동, 가족, 부부, 주민자치기구, 주민 전체 대상, 외부인 및 Strangers 등.

Life Activity Programming (생활양상과 일상거주행위): 출근길, 등교 길과 하교 길, 학원 가는 길과 돌아오는 길, 교통수단 기다리기 (대중교통, 학원버스 등), 외부 나들이와 시장 보러 가기, 간단한 물건 사러 가기 (심부름), 동네 찬거리 준비, 화초/텃밭/나무 등 가꾸기, 청소와 동네관리, 기타 각종 개인 및 협동 작업 (고추 말리기, 재활용 분리수거 등), 휴식과 안식, 피크닉, 독서, 다양한 비공식적 만남의 유형들, 한가한 모임 (주부들의 각종 집단과 모임의 유형들 그리고 소집단 메커니즘), 여러 목적성 모임(테니스 동호회, 축구 조기회, 종교모임 등), 산책, 속보운동 및 조깅, 자전거/인라인 등 타기, 기타 개인 및 집단의 일상운동(줄넘기, 훌라후프, 프리즈비, 배드민턴, 야구공 받기 등), 아이들의 각종 자유놀이, 공놀이, 놀이터 이용, 개인놀이와 집단놀이, 아이들의 교류와 만남 (문방구 앞 테라스 모임, 상가 뒤 빈터의 아이들 사회), 청소년의 제반 옥외활동과 교육문화활동, Hanging-out(배회, 몰려다니기), 여러 크고 작은 체험행위 및 인지행위 (자연환경 속에서의 각종 놀이 등), 기타 생활상황의 단위들.

Priority Behaviors Design: 거주공간은 주민들 일상의 중요한 삶의 상황들과 생활의 단편들을 포용하고 지원하는가? (거주상황 및 주민 Activity System의 정밀한 조사분석 필요). 가장 중요하게 다루어야 할 생활양상들 도출 그리고 생활양상들의 기능적, 공간적 상호관계 설정.

"Functional" as fit between life programs(priority behaviors) & design

Community as One Unit of Design, Planned Unit Development: 근린주구와 지구 전체를 총합적 계획단위로 인식 (일개 주동, 단지에 집중하는 관행에서 벗어나 주동과 단지, 단지와 근린주구, 주구와 지역을 관통하여 총체적으로 유기적 융합을 고려하는 계획 패러다임).

Total Integration & Ordering: 지형조건, 입지여건, 외부공간, 편의시설, 주거건물, Life Programs, 생태계 등 주요 계획요소를 아우르는 구성원리와 조직의 질서.

Contextual Regeneration & Collage: 현존 구조와 연계된 새로운 삶의 질서 제안.

Multi-layered Land Use, Mixed-use Planning: 거시에서 미시적 토지이용으로. 토지이용과 도시기능의 혼합 복합계획. 크게 자르고 개별 배당하는 계획에서부터 작은 부분의 계획과 귀납적 집합으로. 개별 뭉침과 상호 구분의 계획에서부터 펼침과 확장 그리고 상호 연결의 계획 패러다임으로.

Vertical Layers: 여러 투입 기능의 상관성 분석에 기초한 토지용도 유형화 계획. 토지이용의 수직적 단면 배열에 따른 한 획지 및 토지공간의 3차원 용도복합계획 (일개 토지단위가 복합기능 수용).

Temporal Design: 도시기능 및 토지이용의 시계열적 특성 파악. 주간과 야간의 이용농도 혼합 및 야간 이용의 유도 (학교, 상업시설 등). 일개 주요 공간/시설에 대한 시간적 이용순환 고려. 계절 변화 등 시간적 변화요인에 의한 지구 지역의 환경적, 기능적 변화 고려 (계절 식재, 언덕 및 경사의 겨울철 이용, 계절풍의 영향, 상업 및 공원 시설의 계절적 이용패턴 변화 등).

Complexity Planning: 유형의 혼합과 복합형식, 유형화와 형식화의 붕괴. 행위 및 기능의 구분에서부터 그 모호하고 유기적인 혼합으로. 이질적 형상들이 공존하는 시스템. 다양한 도시기능과 토지이용의 복합 시스템.

다양한 공간성격과 기능의 혼재. 건물유형, 주택, 필지, 입면과 조형 등의 혼재. 다양한 높이와 규모와 조형과 의장의 혼재 그리고 그 게슈탈트적 통일성 (패턴과 질서의 Integration). 건물과 시설 배치계획의 복합화.

계획요소의 다중성 (전용마당, 소정원, 테라스, 실내 중정, 다락, 천정계획/고천정/메자닌, 채광계획/광천정, 펜트하우스, 지상층과 최상층의 계획적 변화, 평형과 규모, 평면구조 유형, 건물 미시입지를 고려한 주동 및 배치계획 유형, 3세대 동거형, 원룸, SOHO형, 스튜디오 주택, 재택근무형, 비즈니스형 등).

다양한 이질적 일상들이 혼합 발생하는 다면적 장소들 (거리, 마당/광장, 놀이공간, 휴게공간, 공원 등).

Street Livability & Continuity: 가로생활의 활성화를 위한 가로 일상이용 계획 (일상과 교류와 소통의 공간으로서의 가로). 연도 시설 및 인접 건물과의 관계. 건물 저층부 및 인접공간의 용도 계획 등.

Livable Community Street Design: 가로의 위치와 길이, 가로의 용도와 방향, 가로 진입과 접근, 최소 차도 폭과 Traffic Calming, 여유 보도 폭, 가로 스케일과 공간감, 연도 건물과의 관계, 연도의 시설용도와 기능, Street Ecology(가로 자연생태요소와 가로녹지), 가로 소품과 액세서리/흥미요소들, 야간조명 및 조명경관, 가로 경관과 Vistas, 가로의 총체적 Ambience.

Street Use: 가로에서의 각종 생활행위 고려: 놀이, 휴식, 교류, 기다림과 만남, 레저, 운동, 식사, 상업 등.

가로테마계획: 가로 특성화 계획 및 특징적 개별가로 테마계획. 차별적 Streetscape. 보행 몰, 아케이드, Greenway 등 계획개념 고려.

Frontage Continuity: 가로 구간의 형태적, 기능적, 공간적, 생태적 '연속성' 확보. 가로 연도시설의 기능적, 조형적, 공간적 연속성. 가로 접근성과 연결성. 건물의 입면과 위요 공간.

과제 (9) **Micro-ism (Bottom-up Design)**: 작은 것들의 중시, 소(小)에서 대(大)로 향하는 계획

Small Communities, Small Blocks: 소규모 도시블록 (200x200m 이하), 작은 필지들, 휴먼스케일 커뮤니티, 작은 것들의 상호 연결에 의한 도시적 융합, 다수의 소폭 소(小)가로들과 그 유기적 연결.

Small Places, Small Group Use: 작은 이용을 위한 작은 공간들의 소규모 계획 (아동, 주부, 가족, 청소년, 고령자, 소규모 이웃집단 등의 일상적 은거공간).

Props & Resources: 소품들, 행동과 감정을 유발하는 작은 공간요소들, 행위나 이용방식에 영향을 미치는 Micro-elements (Micro Climate, 가로 소품들, 공간 장치들, 한 장소의 행위 유발 자원들의 마이크로 메커니즘).

2. 거주의 감성적 의미를 위한 가이드라인

의미 4. 섬세한 느낌과 감성의 나날 (Creative Living) - 기억과 감동의 깊이 있는 거주

과제 (10) **Serendipity**: 우연한 즐거움, 뜻하지 않은 삶의 발견

Middle Spaces: 건물과 외부공간의 관계, 한 공간과 다른 공간의 연결, 서로 다른 생활영역들 사이의 공간성격 등을 결정하는 중개자적 중간영역 (잉여공간이 아닌 중요 생활공간으로서의 영역).

포치, 테라스, Front Yards, Back Yards: 주동 현관 앞이나 커뮤니티 시설과 연계된 휴식, 교류, 놀이, 운동, 관찰 등 다목적 고유 용도를 지닌 중간 공간들. 작은 익명의 오픈 스페이스.

두 가지 이상의 이질적 개체/장치의 충돌을 중재하는 중개 영역들 혹은 그 매개영역기능의 공간적 구조패턴 (차폐조경, 완충녹지, 조경방음벽과 녹지, 진입마당, 기타 중간 영역).

동선과 가로공간: Middle Space로서의 동선공간, 가로공원, 복도 테라스, 계단 홀, 현관 테라스, 기타 동선의 매개공간 역할.

Multi-use Place: 기능적으로 열린 유연한 가변용도의 공간. 한 장소에서 여러 거주자 계층의 다양한 행위가 발현되도록 여러 계획적 재료(자원)를 제공. 한 장소에서 원하는 행위의 선택과 창의적 이용방식 가능.

과제 (11) **Continuity & Connectedness**: 연속적 일상, 삶과 행위와 체험의 유연한 연결과 흐름

Open Boundaries: 기능적, 지리적, 조형적 경계의 모호함. 한 개체의 유연한 Periphery. 열린 경계, 투명/반투명 울타리, 경계들의 중첩 → 둘 이상 개체들의 융합과 일체화 등 유기적 관계 형성 (공원과 건물, 가로와 건물, 건물과 오픈 스페이스, 가로와 녹지, 놀이공간과 공원 등). 경계를 넘나드는 자유 경험양식, 두 가지 이상의 동시 체험 → 느낌이 풍부한 일상 (←→ 무료와 단조로움과 획일의 생활). 공용이용시설이나 매개장소로 잇기.

Linked Space, Linked Use (Linked Play): 연결된 공간들 → 연결된 이용방식들, 이질적 경험들의 연속과 끊임없는 흐름, 기능과 감각과 접근의 상통이 가능한 융통적 구성질서, 공간들 상호의 간결한 접근 (A와 B가 연결되어 있음을 알리는 각가지 장치들), Connected Streets: 특징적 개별가로의 연결과 결절 부분(nodes on crossroads) 계획.

Relation between Buildings & Outdoor Areas, Ground-floor Use: 외부공간과 인접건물의 관계 (기능용도 관련, 공간적 관계, 동선과 접근성 관계, 입면과 조형과 의장 관련, 휴먼스케일 등).

주동 및 부대복리시설 등 건축물과 연계된 외부공간 계획: 가로, 광장, 휴게마당, 녹지, 소운동장 등 건물과 연계된 외부공간 설치. 건축물과 옥외공간의 상호 유연한 관통.

옥외공간과 인접건물의 공간적 관계: 가로 및 옥외공간의 특징적 공간감을 형성하는 인접 건물의 저층부 Set-back 및 지상층 공간계획. 주변 건물들이 만드는 가로나 옥외공간의 공간감과 위요.

건물 저층부의 의장계획: 휴먼스케일의 차별적 입면계획. 옥외공간 인접 위요 건물의 입면 파사드 효과 및 친근한 마감재료. 가로 및 광장 등에서 조망하는 건물 저층부 경관계획.

주요 옥외공간 인접 건물의 저층부 용도: 주요 공용장소나 가로의 인접건물 지상층 및 저층부에는 대중이용시설 및 일상생활행위 계획 (집회소, 상가, 식당, 서점). 열린 매개장치 및 매개영역 (Middle Spaces) 고려: 아케이드, 테라스, 화단, 데크, 건물 저층부 창문 및 발코니 등.

과제 (12) Memories & Reminiscence: 기억의 경험, 기억에 남을 나날들

Small Nooks & Private Places: 집 주변의 작고 쓸모 있는 공간들 (소공원, 휴게소, 작은 마당, 건물과 길 주변 소공간들), 이들이 연결되어 큰 공간으로 이어지는 공간적 pacing.

Interesting Places: 계절 꽃길, 바닥분수, 조각공원, 야생화 꽃밭, 공룡놀이터, 피크닉 잔디밭(소풍터), 길거리 학예회/장터 등 집 주변의 흥미 장소들.

Variety of Resources: 크고 작은 공간들, 다양한 행위 가능성들, 인공과 자연, 여러 형식의 가로들, 다양한 놀이/행위 장소들, 여러 앉을 휴식처들.

의미 5. 지각적 감동과 여운 (Perceptual Delights) - 지각과 느낌이 넘치는 생활, 지각적 풍성함의 삶

과제 (13) Visual Experiences: 보는 지각경험의 즐거움

Visual Channels and Opened Access: 시각적으로 개방된 공간 (조망 개방감). 시각통로와 축 경관. 가까운 조망/먼 조망 (근경, 중경, 원경). 조망대상의 설정과 조망대상의 변화 (복잡한 조망과 단순한 조망, 자연 조망과 도시 조망 등).

Things to View: Visual Objects (집과 동네에서 가깝게 혹은 멀게 즐길 수 있는 시각적 대상들, 열린 조망과 흥미로운 볼 것, 원경이나 개방된 조망의 중간에 위치한 시각적 매개체들, 가까운 시각 및 시선에서 친근하게 볼 수 있는 것들). Street Vistas (Sense of Destination), 이동 각도에 따른 경관적 차별성과 시각적 특징 (식별 가능한 시각적 종점들, 공원이나 커뮤니티센터).

과제 (14) **Neighborhood as Cityscape: 보여주는 즐거움**

Visual Oneness (Neighborhood Total Landscape)

시각 경험대상으로서의 전체 지역, 경관계획 (전체적인 시각적 즐거움과 지각적 조화, 변화의 통일성, 건물/가로/조경의 조화로운 경관적 일체성, 적절한 복합성/변화 등).

기존 주변의 자연적, 인공적 경관특성과 일체 융화된 계획경관의 Oneness --〉 경관적 Placeness.

가로경관의 Wholeness (도로공간 크기, 도로바닥 처리, 인접건물의 규모와 형상, 도로와 건물의 간격, 건물 상부와 저층부의 기능과 의장 및 재료, 가로공간의 자연요소와 소품들이 어우러져 형성하는 휴먼스케일의 종합적 경관이미지).

Showing-Off: 외곽과 도시에서 조망하는 지역의 경관특징.

Neighborhood as Public Visual Objects: 스카이라인, Mass계획, 지구 파사드, 건물입면계획, 자연생태환경 등이 개별적으로 혹은 총체적으로 제공하는 지역경관 특징.

Contribution to Civic Art and Cityscape: 도시와 지역의 전체적인 경관성격에 어떤 작용을 하는가? (건물과 시설의 규모, 높이, 색, 재료특성, 밀도 등이 경관 컨텍스트에 미치는 영향). 새로운 경관특성이나 경관적 자랑거리를 제공하는가? (시설경관, 가로경관 등).

Preferred Viewpoints & Angles: 거점경관, 조망 거점의 결정 (근경, 중경, 원경), 도시 및 외곽으로부터의 경관 앵글 중 두드러진 경관시각 결정.

과제 (15) **Making It Perceptually Rich: 흥미로운 지각적 자극들, 풍요로운 지각체험의 가능성**

Perceptual Linkage and Openness: 공간과 공간 그리고 영역과 영역 사이의 지각적 연결과 소통 (Perceptual & Visual Access to Things, People, & Life Situations), 한 장소의 지각적 개방성 (시각, 청각, 후각 등), 장소와 장소를 잇는 지각통로들, People Watching, 볼 것과 만질 것 그리고 앉을 곳과 먹을 것, 일상과 가까운 여러 지각적 자극들 (예, 일상의 자연요소들, 새소리, 물소리).

Pedestrian Interests: 이동체험, 이동공간(동선공간)은 장소다! 여러 행위와 경험이 가능한 이동계획, 보행 경험성 (다양한 것을 보고 만지는 경험의 보행, 앉을 곳과 모일 곳, 감각과 지각체험이 풍부한 가로), 이동 초입에 흥미유발요소 계획, Nature on the Road (Ped-Nature Linkedness): 일상 이동 중의 자연생태환경, 보행과 생태네트워크의 중첩과 이완.

Perceptual Nature: 자연은 다양해야 한다 (작은 나무, 큰 나무, 여러 방식의 물, 바람, 각가지 자연소리). 지루하고 쓸모 없는 자연은 가라!

의미 6. 완전한 안식과 조화의 지속가능성 (Serenity & Peacefulness) - 안정과 조화의 삶

과제 (16) Natural Living: 깊은 자연적 삶, 생태적 거주

Intimate Nature: 가깝고 친근한 자연경험 (자연은 가까운 것이어야 한다. 상시 즐기는 자연, 일상에서 항상 보고 이용하는 자연생태환경. 자연의 First-hand Experience, Face-to-face Contact).

Ecological Living: 푸른 마을을 꿈꾼다 (자연 속의 삶). 기존 생태적 가치의 보전 (생물 육생 및 서식지, 하천, 생태, 지반 및 지하수, 환경부하 고려 등). 생태계의 복원과 자생 자전하는 건강한 생태환경 복구 (기존 자연환경과의 생태적 네트워킹, 지형과 경사를 고려한 단지계획, 표토 보전, 지구 안의 녹지와 소생태계, 습지와 하천/수로 등). 풍부한 자연환경 제공과 각종 녹화계획 (옥상, 벽면, 담장, 옹벽 및 법면, 주차장, 인공지반 등의 녹화 및 토심/토질 확보). 친환경 재료 사용. 생태적 수순환체계 (우수 저류, 배수용량 및 표토 우수저장능력 조절, 개거형 배수로, 지표 투수, 물 오염 예방, 습지생태와 물 순환, 친수조경 및 수경생태환경 등). 주민의 일상적 Ecological Behaviors와 자발적인 생태계 유지관리.

Behavioral Intimacy of Natural Environment: 상시 접근과 이용 (지각의 자연에서 이용의 자연으로). 자연은 쉽고 다양하게 이용하는 것이어야 한다 (놀이, 운동, 휴식, 만남과 교류, 이벤트, 기타 여가활동). 일상적 체험생태와 자연학습. 수변 보행/산책이나 물 환경을 활용한 주민 레저활동.

Diversity: 다양한 자연환경(경사, 숲, 물, 바람, 흐름의 유형들). 자연생태공간 각각은 개별적으로 여러 성격의 체험 가능성을 담는다 (다양한 사용방식, 각가지 행위, 활발한 이용).

Natural Pacing: 자연 단계구성 계획 (집의 자연→집 앞의 자연→분구의 자연→주구의 자연→ →지구의 자연→도시 자연), 단계별로 차별적인 자연생태환경 조성 (규모, 자연경험요소 등).

생활권 계획과 리듬을 같이 하는 자연생태적 단계구성론

Ecological Continuity, Linked Nature: 자연생태계의 연결과 소통. 생태 네트워킹 (Pacing 구성단계 상호간 수직적/종적 구성, 구성단계 상호간 수평적/횡적 연결). 도로 및 교통공간을 관통하는 자연생태 연결. 단 차와 경사의 극복. 녹지의 주요 축(軸).

Ecological Nodes: 친환경 생태녹지의 거점 및 지구/단지의 중심 생태거점 및 생태체험공간 조성 (소생태계 집중 지점, 생태네트워크의 결절점 및 집중점, 보행로 및 Natural Pacing과 연계된 친환경 테마공간, 지구/단지의 특성화 요소로 제시 가능). Activity Cluster, 주요 외부공간, 커뮤니티센터, 중심가로, 보행네트워크 등과의 연계 및 중첩계획 고려.

My Nature: 자연은 사람들이 직접 가꾸고 다듬어야 한다 (자연생태공간의 주민관리와 소유의식). 스스로 가꾸고 키우는 녹지와 식재. 생활권 영역별로 소유의식/관리의식이 담긴 생태환경공간. 소유의식을 유도하는 생태환경 배치계획.

과제 (17) **Stability & Expect-ability**: 예측 가능성 안에서의 감동과 변화, 기대의 흥미와 기대충족

Patterns & Orders: 규칙과 원리의 큰 원칙 안에서 진행되는 계획, 질서와 구성의 원리 안에서 조직되는 공간적/조형적 직조, 점감이나 점증과 같은 예측적 원리 (← →충돌, 돌연변이, 예측불허의 괴팍한 드라마).

Changes within Routines: 행위와 이용방식의 예측 가능성 (어디에서 누구와 무엇을 할 것인가에 관한 공동의 인지방식), 건축적 장치를 사용한 행위 예측성의 신호 전달, Behavior Settings (일정한 방식의 반복적, 정규적 행동 및 이용방식), Pattern Languages.

3. 거주의 정신적, 관념적 의미를 위한 가이드라인

의미 7. 사회적 안식, 소속, 의사소통과 교류 (Social Living) - 커뮤니티 공동체

과제 (18) **Living Together & Social Tie:** 공동체 의식, 공동의 생활행위, 공동의 이용장소

Mixed-Class & Place Sharing: 이질 집단의 공생 (아동-장년-노년계층, 서로 다른 경제적 집단, 여러 가치관과 라이프스타일, 각가지 육체적/인지적 수준집단, 장애인과 정상인, 외국인과 내국인 등), 주요 기본일상행위(Priority Behaviors)를 위한 공동 장소들 (근린장보기, 일상보행, 공원, 가로, 운동/놀이 공간 등), 다른 계층들과 공유하는 나의 중요 일상생활과 그 장소들 (계층 경계부의 공용 장소와 시설), Shared Places에서 벌어지는 이질적 사회집단들의 공동행위들.

Social Life Programs & Social Places: 주민과 계층의 Social Life Programs(각가지 사회교류행위와 사회적 생활양상들) 목표 설정. 이에 부합하는 여러 유형의 사회적 장소들 구상 (작은 교류공간들, 커뮤니티 생활시설이나 가로 혹은 마당과 같은 대교류 장소들, 공식적/비공식적 모임들과 일상의 만남 및 소통을 위해 자유롭게 선택하는 장소들, 이벤트 공간시설, Social Nooks, Places for Social Gatherings).

Community Programs & Activity Centers: 주민 공동프로그램(문화이벤트 등) 구상과 그 외부/내부시설 계획(다용도 시설), 지구 중심생활시설 계획(중심가로, 커뮤니티 콘서트 홀, 청소년문화센터, 공동마당, 운동시설 등)과 공동 이용 및 관리, 주민이 공동으로 아끼고 이용하는 도시시설들 (공동체적 사회 통합을 위한 Good School System, 공동의 체육시설, 마을 동산과 마을 숲 등). 생활문화 복합커뮤니티센터.

과제 (19) **Ethological Space Model:** 나의 존재영역, 우리의 거주생활권 (고유 생활영역과 그 경계)

Neighborhood Pacing & Community Zoning

"Our Territories" : 개인 및 집단의 크고 작은 생활권 계획, 소집단의 고유한 Life Spaces와 생활영역 계획, 여러 다른 규모의 사회적 Bubbles 조성 및 그 사회적 연계구성의 질서 (micro, meso, macro bubbles). Bubble 별로 특징적인 계획환경 특성 (중소규모 생활권 별 미시 입지여건이나 거주주민 계층성격을 고려한 독특한 거주환경으로 조성. 경사 테라스 계획, 수변 대응형 계획, 공원 인접형 계획, 고지대 거주형식 계획 등).

Community Zoning: 생활영역의 규모별 단계구성과 그 공간적 질서 (Territories, Core Areas & Home Ranges). 작은 공동체 공간영역과 큰 공동체 공간영역의 동심원적 확장과 축소. 사회적 세포분할 (공동체 영역간 교제 및 중첩에 의해 구성되는 중생활권 및 지역

생활권 공동의 Home Range).

Territorial Places: 크고 작은 각각의 생활권역에 부속되는 공동생활공간과 부수시설들.

Blurred Social Boundaries: 생활영역 사이의 모호한 경계 (물리적 경계의 제거, 동선 및 기능적 상호 접근성), Jurisdiction Areas 배열 (경계에 위치한 공동 이용 장소로서 인접한 공동체들 상호 합의에 의해 하나의 공동체가 자기의 프로그램과 여건을 가지고 일시적으로 자유롭게 사용할 수 있는 공용공간, 예: 소운동장이나 공동약수터와 같은 사회적 Bubbles의 중첩부분들).

Front & Back: 한 생활영역의 전면(public)과 후면(private)의 구분, 전면과 후면에 각각 필요한 생활공간과 장소 계획, 작은 영역의 전면이 큰 영역의 후면이 되는 생활영역들의 사회적 상생 진화고리, Back Stage Life의 신중한 고려와 적절한 계획.

과제 (20) **Community Stability**: 사회적 지속가능과 안정된 공동체

Self-contained: 자활/자립적 사회공동체 계획, 자족적 시설과 환경여건 (직장과 산업, 도시생활 기본시설, 대중교통, 도시 유틸리티 인프라 시설, 운동과 레저 시설, 공원과 녹지 등), 단지 공동체의 자족적 유지관리와 생존권 확립노력을 유도하는 계획, 각가지 자족적 생활프로그램.

Class Reciprocity & Social Mix: 사회계층간 호혜관계 유지(A가 있어야 B도 유리하다)--〉 존재가치의 상호인정, 이질 계층들의 공생, 공동생활영역 유지, 계층 간 Social/Economic Complementation (경제적/사회적 상호 협조/혜택), 공간적 Tolerance(공동공간 이용패턴의 사회적 질서).

의미 8. 확장과 발전의 삶 (Progressive Living) - 육체적, 사회적, 정신적인 지속 성장

과제 (21) **Future Life Projects & Chances of Experience**: 성장하는 미래지향적 삶, 체험의 확대

Good Community Facilities: Desirable Life Programs와 이에 대응하는 필요 공간/시설의 제공, 다양한 개인과 계층이 필요로 하는 풍부한 커뮤니티 시설들 (적절한 규모와 질의 교육환경, 녹지생태환경, 상업시설, 운동레저시설, 각종 사회문화집회시설 등).

Small Societies: Micro-scale Place Design, Small Group Activities 계획, 작은 커뮤니티 생활권 계획, Open Space First 계획, Options & Choices 계획 등에 의한 개인의 체험 참여권 확대 (체험적 방관자 내지는 소극적 체험의 제거).

Educating Environment, Environmental Learning: 개인의 미래 프로젝트를 담아내는 계획, 지각/이용 경험에 의해 학습과 성장 효과를 주는 도시건축장치들, 자발적이며 창의적인 생활을 독려하는 계획 (새로운 경험과 창의적 이용방식 그리고 다양한 체험옵션 ←→ 소극적, 수동적

체험방식).

과제 (22) Special Needs of Special Groups: 여러 계층의 동등하고 풍요로운 삶

Children' s Play: 주거지=아이들의 천국, 아이들 외부활동과 놀이행위 그리고 놀이를 통한 성장을 위한 다양하고 흥미로운 놀이의 장(場)들, 아이들의 사회적/문화적 성장을 위한 '아이들 사회' 의 장소와 동네 안팎의 문화생활시설들.

Opportunities for Teens: 청소년의 건전한 성장을 독려하는 도시주거 계획, 청소년들의 Semi-private & Private Turfs와 Teens' Places, 청소년 및 '청소년+가족' 의 건전한 생활시설 (공원과 녹지, 문화센터, 운동과 놀이 시설, 박물관, 도서관 등).

Life for the Elderly: 노인의 지속 가능한 거주, 노인의 적극적인 외부활동과 사회생활을 위한 고려, 노인의 사회참여를 독려하는 주거계획, 3세대 인거형 주거지 혹은 동네 안의 노인요양시설.

Universal Spaces Design: 사회적 Underrepresented 집단(장애인, 빈곤층, 노약자와 같은 소수집단)이 정상집단과 동등한 수준 및 질의 삶을 누릴 수 있는 제반 계획적 고려.

Design for Family Life: 가족의 사회적, 신체적, 문화적 발전에 기여하는 계획, 건강하고 행복한 가정의 건전한 거주생활을 담는 장소들, 가족 구성원의 상호 의지와 협력생활을 고려하는 계획.

과제 (23) Contextual Fit-in: 기존 주변과 조화를 이루는 삶, 주변의 성장과 발전에 기여하는 주거계획

Fit-ins: 기존을 존중하고 주변에 새로운 질서를 창출하며 함께 성장하는 계획.

Historical Fit-in: 지역의 역사적 특징과 지역성에 대한 인식과 계승, 역사지리적 맥락 잇기, 지역의 지리적 자취와 사회문화적 흔적의 번역과 재창출.

Spatio-Functional Fit-in: 도시 및 지역의 공간적 구조와 기능적 현존 질서의 맥락 잇기, 도로와 오픈 스페이스의 네트워킹, 기능적 연결 및 확장 그리고 현존 기능의 이용과 공동성장.

Circulation Fit-in: 현존 주변 교통질서 및 보행구조와의 연속적 네트워킹.

Ecological Fit-in: 현존의 환경적, 생태적, 지리적, 지형적 컨텍스트 안에 앉히기. 환경 부하를 최소화하고 환경지리적 잠재력을 증대시키는 개발.

Formal Fit-in: 조형의장적 맥락 잇기, 현존 지역의 조형적 특성에 대한 이해와 해석을 바탕으로 한 조형의장계획, 전체적인 조형적 조화와 재창조 (매스, 형식, 규모, 입면, 재료 등).

Visual Fit-in: 시각적 창문 열기 (기존 경관을 살리는 통경 축, 시각적 개방, 시각적 프레임들/외부→단지→지구→기존), 지역의 Total Cityscape에 기여하는 경관계획.

의미 9. 정체성과 정주의식 (Rooted Living) - 정착과 뿌리의식

과제 (24) Pride: 자랑스런 내 동네, 가슴 뿌듯한 거주, 항상 생각하고 말하고 나의 도시

Pride Points: 동네를 자랑스럽게 만드는 요소 (이 지역의 특징이나 자랑거리는 무엇인가?), 지역/동네의 대표적 속성 (독특한 커뮤니티센터, 운동시설, 자연생태적 요소, 꽃이나 나무 혹은 바람이나 특정 동물, 특징적인 주민공동프로그램, 다운타운, 중심/근린 상업지역, 학교, 공원, 길 등의 개별 요소 혹은 이들의 상호 관계와 집적), 이 지역에 거주하는 일에 대한 자신감 (생활방식과 계획의 일치, 요구의 적절한 충족, 거주생활과 환경에 대한 만족).

Preservation of Historic Heritages: 지역의 역사문화적 유산, 문화적 가치를 함유한 땅, 건물, 자취 등의 보존과 맥락 잇기 (보존의 네트워크, '보존+창조' 의 조화). 유산 및 기존 장소성에 기초한 지구 중심테마 계획 (디자인 중심개념 및 모티브로 활용).

Community Participation: 정책과 설계의 의사결정에 주민 참여, 주민 의사/의견 반영.

Project Ownership & Action Research Methods: 거주의 자치, 자생과 진화, 자발적 통솔과 자기 관리, 관심과 자기 치유의 독려 --〉 계획 과 거주생활에 대한 주민 Ownership, 자기것(우리 것)으로서의 내 동네, 주민의 미래 생활과 그 유지 그리고 동네와 지역의 자생적 성장을 고려한 계획 (기술과 전문지식의 전수와 이양).

Participatory Design: 주민참여계획(계획과 유지관리의 주요 의사결정에 대한 주민참여), 거주자 의사전달의 기회 확대, 주민 요구사항과 일상생활에 대한 고려 그리고 이를 반영하는 계획.

과제 (25) Identity & Sense of Place: 삶과 '나' 그리고 거주지와 '나' 의 동일시 현상

Symbolic Places & Objects: 사회적 정체성 그리고 뿌리의식과 공동체 의식을 담는 지역의 중심적 상징시설과 오브제들. 지역 및 생활권의 입구 명시성과 미적/기능적 진입부 특화계획. 각 생활권영역에 합당한 작은 아이덴티티 표상방법들.

Space Identity(상징공간): 커뮤니티 진입부 혹은 중심부의 상징마당. 특정 가로의 특징적 성격과 경관 특화계획. 공원/녹지의 특징적 성격 및 구성질서. 기타 특정 외부공간 내지는 공간적 구조의 특성이 주는 마을 상징성.

Facility Identity(대표적 중심시설): 커뮤니티 생활문화센터, 커뮤니티 홀, 랜드마크 건물, 지역의 기존 대표시설 등.

Symbolic Objects: 랜드마크, 진입부의 게이트 혹은 기념광장/공원, 상징기념물(환경조형물). 특정 건물 혹은 건물집단의 매스, 입면, 재질 및 색채, 식재 및 조경, 배치 등 건축적 특징에 의한 아이덴티티.

Integrated Cityscape Identity: 마을과 지역의 대표적 상징개념이나 디자인모티브 혹은 경관모티브 제시 (기존 지역경관/자연경관을 활용한 지구 상징성 디자인, 커뮤니티를 대표하는 특징적 관념요소, 스카이라인, 지구 및 생활권의 독특한 복합경관테마, 특화된 자연생태환경, 물길, 마을 숲, 길이나 마을의 이름, 역사지리적 유산 등).

Lifeworld & Cultural Landscape: 거주지의 사회문화적 정체성을 말하는 총체적 지역환경 및 통일된 주야간 거주경관 제시. 커뮤니티 전체 경관의 총합적 인식성.

Social Mirror & Image Making: 자아-삶-동네-지역의 이미지 Integration. 사는 사람의 사회문화적 성격과 정체성에 대한 정의 그리고 이를 상징하는 주거환경계획. '여기에 사는 사람은 누구인가' 를 대변하는 거주환경 (경제수준, 생활수준, 생활방식, 가치관, 미래지향성 등). '우리는 무엇이며 어디로 향해 가는가' 를 지시하는 신호로서의 총합적 지역환경과 나의 삶을 상징하는 도시환경.

Cultural Ambience Design: 한 단지, 주거지, 지역의 사회문화적 게슈탈트 계획(건물, 소품, 조경, 사물, 형상, 주민생활과 일상행위, 장소, 인간집단의 관계 등 제반 요소가 융화되어 나타나는 일체적 지역 이미지 창출, 지역의 공간구조 특성 등), 독특한 문화적 풍경 그리고 독창적인 인간-환경 및 사회-동네의 관계 형성, 새로운 시대의 비전에 관한 총합적 이미지, 앞으로 나타날 새로운 지역 역사성/장소성 창출.

Design for Cultural Context: 지역 기존의 문화적 풍경에 대한 포괄적 이해, 지역특성과 도시입지의 문화적 Revitalization을 위한 계획방향 (지역의 지형과 자연생태적, 도시입지적, 사회문화적, 시설규모적, 조형의장적, 상징적 고유성의 발견 그리고 지역의 총체적 문화상징성의 복원재생), 지역의 밀도, 획지, 배치, 용도, 외관, 공간 및 시설 등 계획을 통한 총체적 문화상징성의 재구축.

에필로그

얼마 전 개봉한 영화 '카포티'는 20세기 중반 미국의 작가 트루먼 카포티의 인생 한 단면을 보여준다. 자신의 '책 쓰는 일'을 위해 어느 사형수의 생명과 죽음을 이용한 카포티는 결국 자신과 전혀 다를 바 없는 그 사형수에게 공감하며 마음의 문을 연다. 쓰디 쓴 매암열매처럼 그 사람의 인생에 알알이 박혀있는 깊은 고통들이 곧 자신의 것임을 알게 된다. 삶에 관한 유일한 진실은 이런 존재의 공감, 마음과 마음이 접하는 부분에 있다.

얼마 전 방송에는 '울트라 마라톤'에 참가한 어느 중년부부가 소개된 바 있다. 강화도 서쪽 끝에서 강원도 경포대까지 308킬로미터의 거리를 74시간 안에 달려가는 여정이 울트라 마라톤이다. 통상 한번에 200여명이 참가하는데 그 중 75%의 참가자가 정해진 시간 안에 완주한다고 한다. 부부는 중도에 20분씩 혹은 1시간씩 잠을 아껴가며 달려 그 75% 안에 들었다고 한다. 달려보지 않은 사람들은 극한의 저 육체적, 정신적 고통을 잘 알지 못하겠지만, 그래도 우린 그 의지에 공감하며 감탄한다.

용인 구성의 초등학교 5학년 단기는 어쩌다 축구에 빠져 매일같이 친구들을 찾아 다니며 축구 할 궁리에 날 저무는 줄도 모른다. 그럴듯한 운동장이나 공원이 있으면 자전거를 타고 혹은 보드를 타고 친구들과 어울려 놀 수 있을 텐데, 어쩔 수 없이 자전거에서 내려 찻길을 건너가며 학교 운동장으로 향한다. 학교 파한 운동장에 미리 축구 하는 친구들이 몰려 있으면 좋으련만, 할 수 없이 공 메고 자전거 끌며 홀로 돌아와 아파트 주변을 서성거릴 수 밖에. 나는 그 아이의 축구를 위해 이사라도 가야 할 일이라고 마음먹었었다.

서울시 성동구 행당동에는 서울시가 마련한 커다란 아파트 단지들이 몰려있다. 그런데 언론은 여기에서 일어난 괴이한 현상 하나를 소개하고 있다. 분양아파트와 임대아파트를 연결하는 단지 안 도로의 한가운데 돌기둥을 서너 개 세우고 있다는 것이다. 하기는 봉천동에서도 그렇고 신길동에서도 그렇다. 분양과 임대 단지 사이에 철조망으로 길을 막거나 콘크리트 벽을 치고 하는 일은 입에서 입으로 여러 차례 전해진 바 있다. 철조망 따라, 벽 따라 두 단지에 사는 사람들 사이의 마음도 꽁꽁 닫아건다는 것이다. 당해보지 않은 사람들은 그 속타는 심정을 잘 알지 못하겠지만, 그래도 우린 분양이든 임대든 어느 쪽이나 사는 사람들의 기분을 조금은 이해할 수 있을 것 같다.

살아가는 일, 거주한다는 것은 묘하게 다사다난하다. 동물이나 식물의 생애에는 거주라는 말을 쓰지 않는다. 인간은 뛰어난 지적 능력에 의해 자신의 의지와 목표를 정할 줄 안다. 인간은 의지에 따라 자신의 행동을 계획하고 실천한다. 그리고 거주와 관련하여 묘한 감정과 느낌과 기분을 가지게 된다. 대개는 이 감정적 여운에 따라서 자기 거주, 삶, 존재를 판단하게 된다. 좋은 감정이면 삶은 아름답고 행복하며, 슬픈 감정이면 삶은 슬프고 고달프다. 우리에게 주어진 이 현실은, 심지어는 우리 각자의 순수이성이나 개별행동들 조차도, 인생의 이 심적 감상들로 환원될 때 비로소 가치가 있는 것이다.

작가 윤후명은 불어로 번역된 우리 시 한편을 읽는 프랑스 사람들의 엉뚱한 무지와 오해에 대해 말한 적이 있다. 이를테면 성덕대왕신종(에밀레종)을 이전할 때 행했던 우리 전통 춤 의식을 우연히 목격한 해외 관광객은 춤의 그 절절한 한(限)을 이해할 수 있을까? 블루스를 나바호 인디언이나 호주의 애브오리진(원주민)이 부르면 어떨까? 그저 즐기거나 이해하기까지는 하겠지만, 시(詩)나 춤이나 음악의 근원적인 의미가 마음에서 마음으로 통하기는 어려울 것이다.

한 사람이 다른 사람의 마음에 철저히 공감한다는 건 상대의 존재 그 본질에 다다르는 일과 같다. 본질에 다다르려면 먼저 자신의 마음을 닦는 자기 영혼의 정화가 필요할 것 같다. 그런 후엔 마음도 서로 통하고 의미도 순탄하게 소통할 것이다. 이제 비로소 우린 삶의 의미를 찾는 거주에 대해 말할 수 있을 것 같다.

우리가 지금 살고 있는 이 도시와 아파트와 거주장치들을 지어주는 사람들은 어떤가? 그들은 인간 거주의 의미를 마음으로 깨닫고 있을까? 이를테면 아파트는 개수로 따져 천만 세대 이상 지었는데 그 평면들은 아직도 손가락으로 꼽을 만큼 몇 가지 패턴을 맴돌고 있다. 입면이나 배치, 단지계획 또한 몇 가지 되지 않는다. 쓸모 없거나 불편하거나 덤덤한 것은 많은데, 살맛 난다거나 신명이 절로 날만한 것은 드물다. 화목하거나 흐뭇하지 않으며 그다지 평화롭거나 자유롭지도 않다. 우린 지금 마음이 통하지 않는 사람들이 의미가 통하지 않게 지어준 집에서 사는 것인지도 모른다.

집을 짓는 실무자나 전문가들 중 많은 이들이 인간 거주의 의미,

삶의 목적, 존재의 가치와는 동떨어진 개념들로 무장되어 있다. 가령 그들은 경관이나 스카이라인에 대해 말한다. 그 말 중 많은 부분이 사람의 체험이 아니라 물리적인 치장이나 '보기 좋음'의 문제에 한정되어 있다. 더구나 복잡한 것이 보기 좋은지 단순한 것이 보기 좋은지조차 모호하다. 보기 좋은 것은 또 대개 비싼 것인데, 집과 도시가 보기 좋게 치장되거나 비싸게 보기만 좋아서야 '내 마음의 집'이 될 수 없다.

또 우린 요즘 친환경적이니 생태적이니 하는 말을 여러 차례 듣고 있다. 집을 지으며 지구와 자원과 생명의 지속을 논하는 중차대한 일이다. 그러나 자연을 자연답게 보존하는 것이 자연만을 위한 일로 그치고 이것이 인간의 거주를 위한 일은 못 되는 것 같아 아쉽다. 지구나 자원이나 생명은 결국 인간 마음 속의 정념이며 의미가 아닌가! 최근 연구는 사람들이 주거지에 계획된 자연을 이용치 않는다는 점을 지적한다. 보기만 하는 자연으론 곤란하다. 체험하는 자연, 행동하는 자연, 사용하는 자연, 의미와 마음의 자연이 중요하다.

집 짓는 사람들이 보여준 아쉬움의 사례들이 어디 이뿐이겠는가? 열거하자면 한두 가지가 아니다. 국내는 물론이고 해외에도 집 짓는 방법, 도시 만드는 기술에 관한 지침이 많다. 인동간격, 주동배치, 공원면적, 놀이터 위치, 주차장 형식, 차선과 노폭, 보행로 형식, 보행과 차량의 관계 등 이렇게 하라, 저렇게 만들라는 지시는 많은데 각각의 지시는 그곳에 살고 있는 사람들의 체험과 행위와 마음에 대해서는 말을 아낀다. 지침에 따라 세계를 만들 수는 있겠지만, 그렇게 하면 거주하는 인간들은 어떻게 된다는 뜻인지 가르쳐주는 사람은 드물다.

형상과 형식과 기술은 대개 실체이며 물질로서, 명사의 현실세계를 이룬다. 공원, 놀이터, 주차장, 보행로 등이 다 그렇다. 반면에 그곳에서 거주하는 사람들의 생애는 행위이며 생활이며 장면과 같은 동사들로 이루어져 있다. 사람들의 동사가 명사를 만나면 마음의 상태, 의미의 형용사가 된다. 그리하여 좋은 거주, 풍요로운 삶, 기쁜 나날, 아름다운 인생, 살맛 나는 동네라는 표현이 가능해진다. 말하자면 명사가 동사를 거쳐 형용사까지 이르러야 집 짓는 일이 끝난다는 말이다. 우린 결국 좋은 것, 풍요로움, 기쁘고 아름다운 것을 위해 살아가는 것이 아니었던가!

집 짓는 사람들, 실무자와 전문가들은 인간 삶의 뜻과 거주의 의미, 그 형용사적 상태를 먼저 세밀히 살펴야 한다. 그리고 난 후에 이 상태를 가능케 하는 여러 동사들, 사람들의 행동과 이용과 장면과 라이프를 생각해야 한다. 그 후에 비로소 이런 동사적 증상들을 가능케 하는 명사들, 세계의 대상과 장치의 언어들을 고안해야 한다. 하지만 지금 이 도시와 집들 그리고 이들을 어떻게 만들라고 말해주는 수많은 책들과 자료들과 기술적 주장들과 지침들을 보면, 아뿔싸, 대개가 명사로만 말하고 명사로만 만들어진 명사의 것들이 아닌가! 형용사는 고사하고 심지어는 동사에 대해 말하는 경우 조차 드물다.

필자는 여기서 인간 거주의 의미에 대해 말하며, 사람들의 의미를 다독이는 거주장치란 무엇인지에 대한 대답 하나를 제시하려 했다. 여기 페이지마다에는 거주하는 자아가 도시건축 세계 속에서 거주한다는 것이 무엇을 뜻하며, 그것이 무엇을 위한 것이며, 그래서 도시건축 실무가 어떻게 해야 하는지에 대한 논의가 있다. 특히 책의 마지막 부분은 자신이 계획가, 정책담당자, 행정담당자, 교육자, 학생, 시민단체,

부모로서 다른 사람들의 삶에 영향을 미치는 위치에 있을 때 그 사람들을 위해 어떤 일을 할 수 있는지에 관해 말하고 있다.

여기서 필자는 인간 거주라는 존재론적 사건을 인간(동기의식), 세계(대상과 장치와 자원), 경험(표상, 행동, 해석), 의미(존재의 가치와 이유에 관한 정념), 소재(의미를 담는 실체적 상징기호)로 풀어 설명하였다. 어쩌면 일상의 작은 일과에서 이런 전략적 과정을 미리 생각해 계획적으로 살아가는 사람은 드물 것이다. 하지만 우린 삶에서 틀림없이 어떤 결정들을 내리고 끊임없이 무언가를 선택한다. 오늘은 무얼 할까, 어느 영화를 볼까, 어느 길로 갈까, 어디서 쉴까, 산책인가 축구인가, 누구에게 연락할까? 거주는 수많은 결정과 선택들로 이루어져 있다. 더욱이 각각의 결정과 선택은 그것이 도달하고자 하는 체험과 기분과 감동에 조준되어 있다. 오랜만에 아내 기분을 맞추기로 작정한 남편은 자신이 좋아하는 영화보다 아내가 좋아할 영화를 보기로 결정한다. 따라서 어느 영화관, 지하철 대신 자가용, 영화 후에 찾아갈 식당, 풍경 좋은 산책길 등을 선택한다. 작은 의사결정에서도 우린 자신도 모르는 사이 어떤 체계적 절차를 밟고 있는 것이다. 감정이나 기분에 관련된 의미를 생각하고, 언제, 어디서, 누구와, 무엇을, 어떻게 등 경험과 관련된 문제를 제기하며, 그 해결을 향한 현실적 행동을 수행한다.

도시건축 세계를 만드는 실무의 직책도 이와 다르지 않다. 만약 실무가 진실로 자기 책무에 진지해지고자 한다면 사람들 거주의 근원적 목적과 이유에 대해 신중히 사유해야 할 것이다. 이로부터 작업의 목표와 문제와 해결을 실 뽑듯이 뽑아내야 한다. 만약 인간 의미로부터 이어지는 의식과 세계 사이의 역학관계를 잘 해명할 수 있다면 실무는 사람마다 본능적으로 갈구하는 자기 실존의 길에 의외로 큰 도움을 줄 수 있다. 자기 탐구를 향한 사람의 거주 하나하나를 옹골진 의미로 다채롭고 깊이 있게 만드는데 공헌할 수 있다.

필자는 이 책을 쓰면서 데카르트, 후설, 하이데거, 하버마스, 예수, 그리고 여러 시인과 사색가들로부터 끝없는 영감을 얻었다. 그들은 인간 존재에 대해 또 존재를 명철하게 이해하는 일과 관련해서 인간의 감정적 상태, 정념과 기분의 중요성을 일깨워주었다. 정념이나 기분과 같은 의식은 영혼과 감정과 마음으로 읽혀진다. 마음으로 지금의 집을 보면, 우리 거주는 위태롭기 짝이 없다. 이렇게 느낄 때 필자는 위의 정신적 영도자들로 귀환하고 싶다. 지금의 도시건축적 장치, 지금의 거주에 관한 모든 것을 불신하며 부정하고 난 후에 남는 한 가지 결론, 그것은 '사람들은 나름대로의 의미를 위해 사는 것이며 마음이 있기 때문에 거주하는 것이다.' 이처럼, 끝없는 회의(懷疑)의 뒤란에 남는 인간 거주의 의미에 대한 집착으로 우린 새롭게 시작할 수 있다.

개개인의 거주가 삶의 현재와 미래에 연관된 의미체계를 향해 조율된다는 전제, 이 의미연관의 지식체계가 일상경험을 거쳐 끊임없이 내적 진화를 거듭한다는 가설, 이 세계에 의지하여 비로소 인간은 자기의 존재가치와 삶의 의미를 정의한다는 제안, 인간 삶의 이 의미론적 목적을 향해 도시건축 실무가 재편되어야 한다는 주장. 우리의 사색이 여기에도 한번 머무를 수 있다면 우린 새로운 실천에 대해 꿈꿔볼 수도 있다. 우린 이 결론이 누구나의 거주일상에도 적용되는 절대 이상이라고 주장한다. 우린 또 이 결론이 도시건축 실무가 자기 존재를 정당화하기 위해 끝없이 고민해야 할 절대 화두가 되어야 한다고 믿는다.

찾아보기

민병호(閔丙昊)

서울 생. 서울고등학교(27회) 거쳐 서울대학교 건축학과(33회)와 동 대학원에서 설계와 POE 공부하고 미국 위스콘신 대학에서 과학철학, 연구방법론, 환경심리, 휴머니즘 도시건축 등 공부. 건축학박사 취득 (1988년). 한국건설기술연구원 건축연구실장을 거쳐 (1989-1994) 아주대학교 건축학부 재직 (1994-2007). 도시주거의 인간학적 접근과 도시설계 및 주거단지계획에 관해 대한건축학회논문집, 한국도시설계학회논문집, 국제환경심리학회지(Journal of Environmental Psychology) 등에 학술논문 게재. 관련 실무와 설계에도 지속 참여. 경기도, 수원시, 성남시, 광주시 등 심의위원. 한국토지공사, 대한주택공사, 경기지방공사, 행정중심복합도시 건설청 등 자문위원. 저서로 일본에서 출간된 '건축계획독본' (오사카대학 출판부, 공저), '라퓨타를 찾아서: 아동을 위한 주거단지계획' (세진사), '도시주거의 비판적 휴머니즘' (Spacetime) 등 집필. 미국 위스콘신대학교 연구논문공모 우수논문상, 대한주택공사 주택공급 100만호 달성기념 연구공모 최우수 학술상, 오사카대학교 공과대학 Fellow, 2006년 JAABE Best Paper Award(한중일 건축학회 통합영문논문집 올해의 논문상), 2007년도 한국도시설계학회 학술발표대회 최우수발표논문상 등 수상.

주거의 의미

2007년 9월 5일 1쇄 발행 | 민병호 저 | 발행인 김기현 | 발행처 ***Spacetime*** · 시공문화사 | 등록 1993.3.12 제1-1493 | **표지** · 편집디자인 space | 인쇄 예림인쇄사 | 제본 문종문화사 | 용지 대림지업(주)

120-796 서울시 서대문구 현저동 200번지 극동상가 5층 | 전화 02-3147-1212 | 팩스 02-3147-2626

e-mail spacetime@korea.com www.spacetime.co.kr

ISBN 978-89-5592-084-0

정가 12,000원